张海鹏 总主编

李金明 主编

中國海域史

南海卷

绪　言

在中国大陆的南面,有一片广阔浩瀚的海洋,那就是"南海",亦称"南中国海"。它介于中国大陆与东南亚各国之间,是沟通太平洋、印度洋和联系亚、欧、非洲的海上枢纽。南海拥有亚洲两个重要的港口——香港港和新加坡港,以及扼太平洋、印度洋咽喉的马六甲海峡、巽他海峡和龙目海峡,是世界上一些重要的商业航线的必经之地。

自公元前 2 世纪汉武帝开辟从广州经南海、东南亚至南印度的海上丝绸之路以来,经过隋、唐、宋、元几个朝代的不断发展,到明初郑和下西洋时,这条海上丝绸之路已延伸至西亚、东非等地。在 17 世纪西欧殖民者东来后的大航海时期,明朝政府在福建漳州月港部分开放海禁,准许私人海外贸易船出洋贸易。于是,大量的中国生丝和丝织品被运载到马尼拉,经西班牙大帆船转运到南美、欧洲等地,使这条海上丝绸之路发展成为贯穿全球的主要贸易航线。本书着重回顾了这条海上丝绸之路的发展历程,目的是为构建"21 世纪海上丝绸之路"提供一些历史经验,同时也为"海上丝绸之路"申报世界文化遗产提供一些历史素材。

南海疆域问题是本书不可或缺的一个内容。因此,本书引用宋元至明清史籍中有关南海疆域的记载,论证南海诸岛自古以来就是中国领土,还列举了中国人民开发经营西沙、南沙群岛的证据,并考释了越南史书中所谓的"黄沙"、"长沙"不是中国的西沙、南沙。

本书涉及的内容多、范围广,而作者的学识有限,难以充分展开论述,不足之处在所难免,敬请专家、读者不吝赐教。

李金明识于厦门大学海滨东区寓所

2016 年 8 月 20 日

目　　录

第一章　中国南海海域概况

第一节　海域范围与海洋地理

一、海域范围

南海,亦称南中国海(South China Sea),指的是在中国东南方向,位于北纬01°12.0′—23°24.0′,东经099°00.0′—122°08.0′之间的广大海域。其北部连接中国的海南岛、台湾岛、广西壮族自治区、广东省、香港特别行政区、澳门特别行政区和福建省;东部与菲律宾的吕宋岛、民都洛岛和巴拉望岛相邻;南部是马来西亚的沙巴与砂拉越州,文莱,印度尼西亚的纳土纳群岛和新加坡;西部从新加坡延伸到西马来西亚的东海岸,经过泰国湾、泰国和柬埔寨,沿着长长的越南海岸到东京湾。整个海域为一由东北朝西南走向的半封闭海域,东西距离约1 380公里,南北距离约2 380公里,总面积约350万平方公里。

在中国的南海海域中,有举世闻名的“南海诸岛”,即东沙群岛、西沙群岛、中沙群岛、南沙群岛。南海诸岛的海域范围,北起北纬20°附近的北卫滩,南至北纬3°58′附近的曾母暗沙等,东起东经117°48′的黄岩岛,西至东经109°36′的万安滩,由多座岛屿、沙洲、暗礁、暗沙和暗滩组成;分布于海南岛以南和以东,东西距离约900公里,南北距离约1 800公里。

二、海底地质地貌

地质专家认为,南沙群岛地块是破碎的华南大陆边缘陆块,在其地质历史上曾是破碎的华南古陆边缘的一部分。而今天的格局是在后期的地质历史演化过程中向南运动、推移的结果。研究表明,南沙群岛及其附近海域属于年轻的新生代沉积盆地,其发育特点与越南所在的中南半岛上的中生代沉积盆地明显不同。[1] 也就是说,南沙群岛同其他南海诸岛一样,原来都是中国大陆的一部分,经过长期的地壳运动才漂移至目前的位置。它们与南海周边东南亚国家的大陆架没有关联。

南沙群岛的海底地貌比较复杂。据美国学者摩根(J. Morgan)与瓦伦西亚(M. J. Valencia)编,1984 年由加利福尼亚大学出版的《东南亚海上政策地图集》(*The Atlas for Marine Policy in Southeast Asia*)一书中的描述,南沙群岛中部的"危险地带"是巽他大陆架东南边缘的一个地区,在边缘消失处延伸出一片高 200 米的丘陵阶地,宽 284、长 559 海里,支撑着无数不规则的暗礁、沙滩和阶地。巽他大陆架边缘最浅的阶地支撑着广雅滩、西卫滩、人骏滩、李准滩和万安滩;在东南方,从大陆架突出的另一小阶地坐落着南通礁。这个突出向"危险地带"的东端延伸,支撑着皇路礁、弹丸礁、息波礁、南海礁、海口礁和司令礁。一条深 1 800—2 000 米的凹陷把北边这些浅阶地与东边的主要沙洲区分开来,主要沙洲区包括安波沙洲、单柱石、柏礁、南薇滩、奥援暗沙、日积礁、西礁、中礁、东礁、尹庆群礁和华阳礁。

"危险地带"的中部是一系列高约 2 000 米的小高原,但被一些凹陷分隔开。高原区支撑着永暑礁、小现礁、大现礁、西礁、郑和群礁、道明群礁、渚碧礁、中业群礁、双子群礁、南子岛、北子岛、乐斯暗沙、景宏岛、鸿庥岛、太平岛、南钥岛、中业岛、西月岛、费信岛和马欢岛。高原区的北端是一长 100、宽 100 海里,高 1 000 米的高原,上面有两个沙洲;东北部长 85、宽 65 海里,在 200 米等深线内有礼乐滩、忠孝滩和棕滩;东南部是一由东北向西南延伸的小阶地区,水深不足 200 米,包括红石暗沙;仙宾礁则坐落在延伸至此阶地南部的一个海岬上。大陆坡从"危险地带"急遽向北下降融入深海底。

巴拉望海槽从东北向西南延伸,最深处达 3 475 米,把"危险地带"与婆罗洲西北的大陆坡分隔开,向北是巴拉望西北外海和卡拉棉群岛,其外缘为一些凹陷地所压而形成的一个广阔的大陆隆起,凹陷地的最北端落入马尼拉地沟。西吕宋的大陆外缘狭窄陡峭,向北延伸后消失于 500 米深的马尼拉地沟。但是,从中吕宋向北至台湾最南端,有一被一系列延长的高原所覆盖的海底山脊,在水下 1 500 米处把向北延伸的马尼拉地沟与深海底的一个隆起的东北岬分隔开来。[2]

[1]　潘石英:《南沙群岛·石油政治·国际法》,香港经济导报社,1996 年,第 68 页。

[2]　R. Haller-Trost, The Contested Maritime and Territorial Boundaries of Malaysia, London, Kluwer Law International, 1998, pp.295 - 296.

三、潮汐、海流与气象

（一）潮汐

太平洋潮汐由巴士海峡和巴林塘海峡传入南海后，主要向西南方向传播，沿途有部分进入北部湾、泰国湾和南海西南海域，少量进入南海北部陆架。受海陆分布、水深和科氏力[1]的影响，南海海域的潮汐形成了半日潮、全日潮、不规则半日潮和不规则全日潮等类型。南海以不规则全日潮为主，以南海中部为中心连片分布；规则半日潮分布在台湾海峡、泰国湾、苏门答腊岛和加里曼丹岛之间的南海西南海区，以及加里曼丹岛中部陆架；全日潮分布在北部湾以及吕宋岛西海岸，北部湾是世界上相当典型的全日潮区；不规则半日潮区广泛分布于广东沿海陆架、台湾海峡至吕宋北端西侧海域、加里曼丹岛西北陆架、马六甲海峡东口、泰国湾湾口西侧、湄公河口东侧以及中南半岛东北陆架。[2]

（二）海流

南海的海流主要依季候风而定，可分为东北季候风海流和西南季候风海流。

东北季候风时海流通常趋向西南，速度则视风力而定。当风力减低或吹微风时，则流速减小，甚至静止不流。南沙群岛的右侧，如日积礁附近一带，海流颇为缓慢，即使在猛烈季候风时也是如此。有时其流向竟与风向相反，尤其是在日积礁至双子群礁一带的海流，经常流向东北，很少变动。南沙群岛往往有大漩涡形的海流，故形成洋流与风向相反的现象。

在南海西部，越南沿岸至马来半岛一带的海流，于每年10月中旬即开始向南流动，持续至次年4月，在越南海岸有时更早。每年3月，在奥尔岛的海流多趋向南或东南。如接近海南岛的越南沿岸，其海流每当9月中旬即开始变动，由南而趋向西南。北纬15°—11°接近陆地之处的海流，其流速愈近岸则愈加强，惟其速率亦随南流之程度而作正比例之减小。北纬14°至巴达伦角（Cape Padalan）沿岸之海流，每当东北季候风时，其南流速率在24小时内为40—50海里，有时竟超过80海里。不过这种速率系偶然现象，且仅限于上述地域范围。

---

〔1〕 科氏力又称科里奥利力，是对旋转体系中进行直线运动的质点由于惯性相对于旋转体系产生的直线运动的偏移的一种描述。在地球上，相对于地球运动的物体会受到另外一种惯性力的作用。这种惯性力，以首先研究它的法国数学家科里奥利的名字命名，叫作科里奥利力。它是一种惯性力，它是取不同参照系产生的一种差异，我们拿自己生活的地球为参照系就有了科里奥利力。宇宙中的任何一个星球上，只要它自转，就会存在科里奥利力。

〔2〕 南京大学海岸与海岛开发教育部重点实验室：《数字南海研究文摘》2013年1月，第10页。

如在巴达伦角以下,则流速减小,以缓慢之速度趋向西南,转入泰国湾。[1]

每年4月末至5月初,南海中部和南部的海流开始向北流动。在强烈的西南季候风作用下,水流继续保持东北流向,直至9月为止。不过在此期间,海流方向并非保持不变,偶尔风力缓和时,也可能随之转变。当季候风减弱之后,海流会随之减弱或静止而流向东北,其间亦可能流向南方。每年4—10月,在南沙群岛西部,即越南沿岸阿庇岛(Pulo Obi)至巴达伦角的海流,常流向东北而与海岸平行。在此季候风周期内,所有沿马来亚半岛从新加坡海峡起至泰国湾止的海流,通常都向北流。在西南季候风时,于巴达伦角的北部近岸处,仅有微弱的海流,惟在东京湾的海流,则时而向北,时而向南。当烈风从东京湾内吹出,由西北或正西方向到达西沙群岛及其附近群礁时,其海流趋向西南与正南,与从东京湾吹出的风适成交汇,或与之反向,致使海中波涛汹涌。[2]

(三) 气象

南海属热带海洋性季风气候,受西太平洋副热带高压、孟加拉湾赤道西风带、澳大利亚越赤道气流和亚洲大陆中高纬度高压天气系统的影响,常夏无冬。南海北纬6°—7°以北属热带季风气候,干湿季分明,台风活动频繁;以南为赤道热带气候,全年多雨,没有台风活动。南海东北部中国大陆沿岸为亚热带气候。

南海气温终年较高,平均气温自北向南递增。位于亚热带的汕头年平均气温为21.3℃,香港为23.0℃;位于热带的海口年平均气温为23.8℃,西沙群岛为26.6℃,南沙群岛为27.9℃,至曼谷一带达到最高的28.3℃;由于雨水的调节,赤道热带气温反而比热带南部低,如加里曼丹岛古晋年平均气温为27.2℃,坤甸为26.8℃。南海各个海区最热月份的出现时间先后不一,南部海区在四五月份,北部海区在八九月份,自南而北推迟3到4个月。南海最冷月份的出现时间除北部近海为2月外,其余各海区均为1月。

南海降雨量充沛,大部分海区年降雨量在1 500—2 000毫米之间,海面降雨量有自北向南递增之势。降水的年际变化,赤道热带较小,而热带和亚热带较大。亚热带(南海北部沿岸)的年降水量在1 200—2 000毫米之间,但海丰、阳江和东兴多雨区的降水量可超过2 000毫米。热带年降水量在1 000—4 000毫米之间。南海中部岛屿降雨量和雨日由北向南逐渐增多,年均降雨量在东沙岛为1 459.3毫米,永兴岛为1 505.3毫米,太平岛为1 841.8毫米;年均降雨日在东沙

---

〔1〕 赵焕庭:《接收南沙群岛——卓振雄和麦蕴瑜论著集》,海洋出版社,2012年,第107页。

〔2〕 同上书,第110页。

为 109 天,永兴岛为 132.5 天,太平岛为 162 天。雨季北短南长,东沙岛为 5—10 月,永兴岛 6—11 月,太平岛 6—12 月。

南海与世界屋脊喜马拉雅山之间巨大的海陆地形反差,引起强劲的季风。冬季来自西伯利亚的高压干冷气团长驱直入穿过东亚大陆,向南一直扩展到海上,受北半球地转偏向力影响,风向向右偏转,形成东北季风到达南海,使南海冬季偏干,降雨量减少;夏季南半球的东南信风,越赤道右偏为湿润的西南季风通过南海。由于季风的干扰,南海没有赤道无风带和东北信风带,取而代之的是冬夏交替的季风,自北向南分别为亚热带季风气候、热带季风气候和赤道热带季风气候。

据统计,南海北部 9 月开始盛行东北风,北—东北风向出现的频率为 70%—80%,11 月东北风控制整个南海。冬季风控制南海的时间随纬度降低而缩短,北部海区约 8 个月,南部海区只有 6 个月。西南风 2 月开始出现在南海南部,泰国湾南—西南风出现的频率可达 30%,4 月增至 50% 以上,但南海其他海区仍受东北风控制。5 月,西南风控制南海中南部;6 月,整个南海盛行西南风,南—西南风出现的频率达 60%—70%。南海冬季风时期风力最强,10 月份开始南海冬季风迅速增大,北部海面 12 月最大,南部海面 2 月最大。[1]

第二节　岛屿与岩礁

一、东沙群岛

东沙群岛是南海诸岛中最北的一个群岛,由东沙岛、北卫滩、南卫滩和东沙礁组成。

东沙岛位于北纬 20°42′、东经 116°43′,坐落在东沙环礁的西边,环礁内围一潟湖。岛为平坦沙洲,东北高,西南低,东西长约 5 公里,南北长约 1.5 公里,高潮时高出水面约 12 米。岛的南北各有一条水道可通潟湖,南水道较北水道宽、深,吃水 4.6 米以下的船只可以通行;北水道在东沙岛北约 2.25 海里,多数地方水深 2.3—3.7 米,但有无数珊瑚礁头,有些深仅 0.6 米。

南卫滩和北卫滩位于东沙岛西北约 45 海里处,是隐没在水下的珊瑚礁滩。两滩排列呈东北向,相距约 5 海里。北卫滩位于东北,较南卫滩大,200 米等深

〔1〕 南京大学海岸与海岛开发教育部重点实验室:《数字南海研究文摘》,第 5、7 页。

线呈椭圆形,长 11 海里,平均水深 185 米,最浅处水深 64 米;南卫滩 200 米等深线亦呈椭圆形,长约 10 海里,最浅处水深 50 米。两滩之间隔着一条 334 米深的海沟。

二、西沙群岛

西沙群岛位于新加坡至香港主航道的西部,坐落在北纬 15°46′—17°08′、东经 111°11′—112°54′之间。它由两个主要岛群,即宣德群岛和永乐群岛,以及一些小岛、暗礁组成。

宣德群岛由南北两个部分组成,中间隔一条宽约 4 海里的深水道。北部一群有东、西二礁,被宽约 0.5 海里的赵述水道隔开。

西礁长约 6 海里,宽约 1.75 海里,其西端有一沙岛,名"西沙"（West Sand）,东端距礁岸约 2 海里处,为赵述岛(Tree Is.)。

赵述岛位于北纬 16°59′、东经 112°16′,距东岛西北约 32 海里,岛上覆盖着热带灌木,周围有白色沙滩环绕,岛所在的礁盘向东延伸约 1.5 海里,向西延伸约 4.5 海里。

东礁长约 4 海里,包括有三岛与三沙,即北岛、中岛、南岛和北沙洲、中沙洲、南沙洲。北岛位于赵述岛东南约 2 海里,被赵述水道隔开,有一暗礁向其西北延伸约 0.5 海里,向东南延伸约 4 海里;中岛和南岛位于此暗礁的南边,距离北岛分别为 0.5 海里和 1 海里。三岛岛上都覆盖着热带灌木。靠近暗礁的东南端是三个沙洲,亦为热带灌木所覆盖。

宣德群岛的南部一群分东、西两部分。东部有一礁,礁上有两岛,即永兴岛与石岛;西部有一滩,即银砾滩。

永兴岛位于北纬 16°50′、东经 112°20′,距赵述岛东南南约 9 海里,为宣德群岛中的最大岛,略呈椭圆形,东西最长处 1 950 米,南北最宽处 1 350 米,面积约 1.85平方公里。岛上覆盖着热带灌木和椰子树、木瓜树等,周围有白色沙滩环绕。

石岛位于永兴岛东北,两岛相距约 730 米。石岛略呈圆形,东西长 375 米,南北宽 340 米,面积约 0.08 平方公里,高潮时高出海面 13.7 米,为群岛中之最高岛。岛位于一个暗礁的外缘附近,暗礁露出水面,向永兴岛东北延伸约 0.75 海里,向北延伸约 0.4 海里,深约 18.3 米。

银砾滩位于永兴岛西南约 7 海里,深 14.6—18.3 米,长约 3 海里,宽 0.5 海里,四周峭崖外为深海。永兴岛南 4 海里另有一滩,深 21.9 米。

永乐群岛位于永兴岛西南,相距约 37 海里,由几个岛、礁和沙洲组成,状似

月牙,故西人称之为"新月群岛"(Crescent Group)。其主要岛礁有:

金银岛,位于北纬 16°27′、东经 111°31′,高潮时高出水面约 6.1 米,岛上覆盖着热带灌木。此岛坐落在一个暗礁的西端,这个暗礁被一条宽约 1.5 海里的水道从永乐群岛的西南角分开。暗礁上还有几个沙洲,位于金银岛的东部。

羚羊礁,位于永乐群岛的西南角,长约 3、宽 2 海里。礁上有部分已露出水面,其东南端有一个沙洲。

甘泉岛,位于羚羊礁北约 0.5 海里处,高潮时高出水面约 7.9 米,边上有一个暗礁。全岛为草木所覆盖。岛向东北延伸约 0.5 海里处,水深 9.1 米。

珊瑚岛,位于甘泉岛东北约 2 海里,长 0.5、宽 0.25 海里,高潮时高出水面约 9.1 米,岛上覆盖着热带灌木。岛周围的暗礁向西南方向延伸一小段距离,向东北方向延伸约 1.75 海里。礁的边缘有一块石头露出水面,距离珊瑚岛北约 0.2 海里。礁的另一侧有一条明显的水道。岛的南边有一个小湾,低水位时小船可以登陆,但在海岸附近有石头。

银屿,位于永乐群岛的北端,在珊瑚岛东北约 6 海里处,附带有一个覆盖着灌木林的沙洲,环绕沙洲的暗礁向西北和东南方向延伸约 1 海里。银屿和向珊瑚岛东北延伸的暗礁中间有一个孤立的暗礁,靠近这个暗礁的南端深 5 米的水下有一个小礁块,靠近其东北端又有一个小小的孤立礁。在此孤立礁与向银屿西部延伸的暗礁之间的水道中,有一个小礁块在 7.8 米以下的水里。

晋卿岛,位于银屿东南约 7.5 海里,长 900、宽 493 米,高潮时高出水面约 4.6 米,岛上覆盖着热带灌木林。环绕晋卿岛的暗礁向岛的南端伸出一小段距离,向东北伸出约 4 海里,从这里再向西北弯曲约 4 海里。晋卿岛与银屿之间是多暗礁的复杂的海底地貌,有几个沙洲,高约 0.9—3.0 米,有些覆盖着灌木林。

琛航岛位于永乐群岛的东南角,在晋卿岛西南约 1.5 海里外,中间隔一条航道。琛航岛由珊瑚构成,为沙丘所连接,覆盖着热带灌木,环绕它的一个暗礁向岛的北部延伸一小段距离,向南延伸约 0.5 海里。

三、中沙群岛

中沙群岛位于从新加坡至香港的主航线的东部,范围大约在北纬 15°24′—16°15′、东经 113°40′—114°57′之间。中沙群岛几乎都是隐伏在水下的环状珊瑚礁,黄岩岛是惟一高出水面的小岛。

黄岩岛,位于北纬 15°08′—15°14′、东经 117°44′—117°48′,在中沙群岛东南约 160 海里,1748 年英国船只 Scarborough 号在此触礁,故西人名之为 Scarborough Reef。岛周边陡峭,形成一个狭窄的珊瑚地带,内围一海水碧蓝的潟湖。岛上有一些岩石,高潮时高出水面约 0.9—3.0 米,其中南岩为最高,位于岛的东南端。南岩之北有一水道,宽约 400 米,深 9.1—11 米,流入潟湖,但被一些小礁阻挡;潟湖的入口处比较浅,深仅 2.7 米。

四、南沙群岛

南沙群岛在南海诸岛的南部,位于北纬 3°40′—11°55′、东经 109°30′—117°50′之间,东西宽约 400 多海里,南北长约 500 多海里,总面积达 24.4 万平方海里。南沙群岛由多个岛屿、礁滩和沙洲组成,其中露出水面的岛屿有 25 个,明、暗礁 128 个,明、暗沙 77 个。[1] 群岛中部海区的岛礁、沙滩星罗棋布,被称为“危险地带”。“危险地带”周围的岛礁,可分为东、西、南三群,东群多礁滩,西群多岛礁,南群多暗沙和暗礁。下面分述主要岛礁的情况:

(一)“危险地带”以西的岛礁

1. 郑和群礁

由一个周围是浅滩的潟湖组成,礁的深度不一,有的部分已露出水面,其中有两个上面有岛,另一个有沙洲。潟湖里有几个珊瑚小礁,深约 9.1—11 米。

太平岛,位于北纬 10°23′、东经 114°22′,在郑和群礁的西北端,岛周围的暗礁向外延伸约 0.5 海里。岛形狭长略呈东东北—西西南方向横列,长 1 400、宽 460 米,面积约 0.43 平方公里,为南沙群岛中的最大岛。

鸿庥岛,位于北纬 10°11′、东经 114°22′,在郑和群礁南边。岛高 6.1 米,覆盖着灌木丛和小树林,周围的暗礁向西延伸约 1 海里,向东延伸约 0.35 海里。

舶兰礁,为珊瑚礁,边端陡峭,向郑和群礁东北突出约 5 海里。礁呈卵形,长约 1 海里。

安达礁,位于郑和群礁东端,距舶兰礁东南约 7 海里。礁上有几块露出水面的大岩石和许多小岩石,其东北端较狭窄且陡峭,有一条约 1 海里长的狭长隆起部。

南薰礁,有两个礁,其西北一个距郑和群礁西南端约 2.5 海里,东南一个位于鸿庥岛西约 6 海里。

敦谦沙洲,在太平岛东 6 海里处,位于一珊瑚礁之中心,礁略呈圆形,直径约 0.75 海里。

---

〔1〕 李金明:《南海波涛:东南亚国家与南海问题》,江西高校出版社,2005 年,第 1 页。

2. 道明群礁

位于郑和群礁北部，陡峭，由一个被浅滩包围的潟湖组成，其深度无规则。群礁的南端有暗礁，其中有两个沙洲，即杨信沙洲和双黄沙洲；最南端有一个岛，即南钥岛。

南钥岛，位于北纬 10°40′、东经 114°25′，高潮时高出水面约 1.8 米，覆盖着热带灌木丛。岛在道明群礁之南端，距郑和群礁北约 16 海里，周围是一圈露出水面的礁石，向北延伸约 0.5 海里。

杨信沙洲，位于南钥岛东北约 6.5 海里，由沙构成，坐落在一个暗礁的中部，这个暗礁向外延伸约 0.5 海里。沙洲的东北 3 海里和 4 海里处，分别有两个露出水面的珊瑚礁。

双黄沙洲，位于道明群礁西南端，是一处礁中央的小沙洲，平时露出水面；其东面有一浅滩，水深 5.4—9 米。

3. 双子群礁

位于北纬 11°23′—11°28′、东经 114°19′—114°25′，由珊瑚构成，陡峭，距中业岛约 20—28 海里。礁的中央相当平整，平均深度不超过 36.6 米，其周围有一个浅滩，浅滩的宽度不断改变，深不到 9.1 米。在群礁的东北和西南端，礁区继续扩展，退潮时可露出水面；在群礁的西北边有两个小岛，即北子岛和南子岛，本群礁因之而得名。

北子岛，位于北纬 11°27′、东经 114°22′，高潮时高出水面约 2.4 米。岛立在一个暗礁之上，暗礁零星露出水面，向岸外延伸约 0.1—0.5 海里。

南子岛，位于北子岛西南约 2 海里，高潮时高出水面约 4 米。两岛被一条水道分开，水道里有无数小礁，深仅 9.1 米。岛的周围有一个珊瑚暗礁，零星露出水面，向岛的东南边延伸约 0.05 海里，向其他方向延伸约 0.3 海里。

4. 中业群礁

由几个危险的小礁组成，礁上有两个珊瑚洲，被一条狭而深的水道分隔开。

中业岛，位于北纬 11°03′、东经 114°17′，高潮时高出水面约 3.4 米，坐落在珊瑚洲的西端，距渚碧礁东北约 14 海里。岛上覆盖着灌木丛，岛顶高约 18.3 米，边上有一露出水面的礁石，向其东北延伸约 0.5 海里。

渚碧礁，位于南钥岛西北约 21 海里，由露出水面的珊瑚构成，外观零碎陡峭，内围一个潟湖，没有进入潟湖的水道。

5. 郑和群礁西南的礁群

永暑礁，位于"危险地带"的西部边缘附近，礁陡峭，由无数珊瑚小礁组成，其中有部分已露出水面，有部分尚淹没在水下，礁间深约 14.6—40.2 米。礁的西南端附近有一块高约 0.6 米的岩石,高潮时亦不会被淹没。[1]

大现礁,位于北纬 10°00′—10°08′、东经 113°52′—113°53′,大部分已露出水面,礁上有几块出水岩石,在永暑礁东东北约 54 海里处。礁中间有一潟湖,没有入口水道,在其东北 10 海里处,有一深 73.2 米的暗礁或浅滩。

小现礁,在大现礁南端以东约 10 海里,为一露出水面的圆形珊瑚礁,周围水非常深。

福禄寺礁,位于北纬 10°14′、东经 113°38′,在大现礁北端西西北约 17 海里处。礁的西南端有一些隐伏水下的岩石碎块,其他地方深 1.8—5.5 米,陡峭且危险。

6. 尹庆群礁

位于永暑礁之南,其西端距南威岛东北约 21 海里,由西礁、中礁、东礁和华阳礁四个礁组成。

西礁,位于北纬 8°49′—8°53′、东经 112°12′—112°17′,居群礁之最西端。礁周围边缘是一些分散的露出水面的珊瑚群,其东边有一个高 0.6 米的沙洲;礁中央深 11—18.3 米,带有一些珊瑚群。

中礁,位于西礁东北约 8 海里,是一个淹没水中的珊瑚小礁,内围一浅潟湖。礁西南端有一个沙洲,高潮时被淹没,中礁与东礁、西礁不同,平时没有大波浪。

东礁,位于西礁东约 16 海里,内围一潟湖。礁上浪很大,其西端有一两块露出水面的岩石,没有进入潟湖的航道。

华阳礁,位于东礁东约 9 海里,距"危险地带"西端约 6 海里。礁被水淹没,陡峭,内围一潟湖。

7. 安波沙洲和南威岛

安波沙洲,位于北纬 7°53′、东经 112°56′,靠近"危险地带"西南边。沙洲由两个部分组成,东部是一片沙滩和零碎的珊瑚礁;西部为鸟粪和碎石所覆盖。沙洲周围是珊瑚暗礁,有部分已露出水面,向岸外伸出约 0.2 海里,涨潮时波浪极大。

日积礁,位于南薇礁以北约 42 海里,由珊瑚礁组成,内围一潟湖,湖底有白沙。礁有部分露出水面,有部分仍在浅水中,船不能渡过潟湖。

南威岛,位于日积礁以东约 15 海里,高 2.4 米,平坦,边缘有白沙和零碎的珊瑚礁,经常有大量的鸟栖息岛上。岛立于一长 1 海里、宽 0.75 海里的珊瑚礁

---

[1]　我国于 2014 年开始在南沙 7 个岛礁:永暑礁、渚碧礁、美济礁、华阳礁、赤瓜礁、东门礁和南薰礁进行岛礁扩建工作,现已基本完成。在永暑礁上建有长 3 000 米的飞机跑道,还有灯塔、先进的通讯设施、港口码头和医院等,这些建设旨在为地区和平、航行安全、防灾减灾、海上搜救和海洋科研等服务。

西端,四周有突出水面的岩石。在岛的北部约 0.75 海里处,水深 6.4 米;岛的东北约 0.5 海里处,水深 12.8—14.6 米。

（二）"危险地带"以南的岛礁

1. 北部险滩

南通礁,位于北纬 6°20′、东经 113°14′,由珊瑚组成,礁高 1.2—1.8 米,礁周围水深 91.4 米。

皇路礁,位于南通礁东北北约 42 海里,形似长方形,其东南边附近有一些圆石,高 0.6—1.2 米;东北边有一些淹没水下的岩石。

弹丸礁,位于皇路礁东北北约 27 海里,由一狭窄的珊瑚带构成,内围一全浅盆地,靠近其东端有一些岩石,高 1.5—3 米;在其东南侧附近也有若干岩石露出水面。

息波礁,深 4.1 米,其最浅部分在北纬 7°57′、东经 114°02′。

2. 南部险滩

南屏礁,位于北康暗沙南端,为一露出水面的陡峭小礁,终年波涛汹涌。

南安礁,位于南屏礁西北北约 10 海里,深 3.7—11 米,其东边陡峭,靠近南面有一孤立的珊瑚礁,西面约 2 海里处有一露出水面的小礁,波浪甚大。

海宁礁,位于南康暗沙南端,距巴拉姆岬西西北约 84 海里,为一环状小珊瑚礁,直径 0.4 海里。礁上水深 5.5 米,礁中央 54.9 米,礁陡峭,难以辨认。

琼台礁,位于海宁礁东北约 3.25 海里,露出水面,那里海浪甚大。

海安礁,位于北纬 5°02′、东经 112°30′,距海宁礁西西北约 9 海里,呈马蹄形,水一般深 4.6—11 米。其西北端附近有一小礁,深 4.9 米。

潭门礁,位于琼台礁东北约 2.5 海里,其中心附近至少深 4.9 米,在东北北和西南南方向有一长约 2 海里的隆起部。

澄平礁,位于巴拉姆岬以西约 89 海里,在其西南南约 25 海里处,有一露出水面的小沙洲,水清澈透明。

3. "危险地带"以东的岛礁

舰长礁,位于巴拉望航道最狭窄部分的西侧,距半月礁东东北约 23 海里,由一块宽约 0.05—0.2 海里的整块珊瑚礁组成,礁上有一些露出水面的岩石。石龙岩,位于礁北端,露出水面约 0.6 米。礁的外缘陡峭,在 0.05 海里之内深超过 182.9 米。高水位时船可以越过礁石进入潟湖,潟湖深 27.4—31.1 米,由沙和珊瑚构成,湖内也有一些珊瑚小礁。

半月礁,位于巴拉望航道的西侧,在巴拉望南端的布利卢扬角西北约 60 海里,由淹没在水下的珊瑚带组成。礁上有大量岩石,露出水面约 0.6 米。有两条水道通往潟湖,分别位于礁东南 0.2 和 0.5 海里处。水道的南端,在入口处的北边有一群岩石为标志,岩石露出水面约 0.6 米,入口处水深 7.3—16.5 米。潟湖水深 25.6—29.3 米,有大量的珊瑚小礁。

指向礁,位于北纬 8°28′、东经 115°55′,因 1887 年英国三桅帆船"指向"号(Director)在此触礁而得名。

司令礁,位于北纬 8°22′—8°24′、东经 115°11′—115°17′,礁有部分由沙地组成,有些岩石露出水面 6—9 米,周围海浪甚大。

4. "危险地带"以内的岛礁

"危险地带"以内的岛礁星罗棋布,不仅数量多,而且范围广,至今尚未全部探测。其分布情况大致是西部多岛屿,中部多暗礁,东部、南部多暗沙,而北部则全是暗滩。

费信岛,位于北纬 10°49′、东经 115°50′,在马欢岛以北约 5 海里。岛长约 200 米,宽约 40 米,面积约 0.06 平方公里,为一平坦的小沙岛。

马欢岛,位于北纬 10°44′、东经 115°48′,岛长约 580 米,为一杂草丛生的白沙岛。岛东南 6 海里处,有一水深约 45 米的大滩;岛南边水深 12—22 米。

西月岛,位于北纬 11°05′、东经 115°02′,在费信岛西北,岛长约 1 000、宽约 500 米,面积约 0.157 3 平方公里。岛上覆盖着灌木丛,周围是白色沙滩。

景宏岛,位于北纬 9°53′、东经 114°20′,在鸿麻岛以南约 17 海里,面积约 0.04 平方公里,高约 3.7 米。岛上有灌木覆盖,多海鸟栖息。

毕生礁,位于北纬 8°56′—8°59′、东经 113°39′—113°44′,在华阳礁东,呈环状,长约 5 海里,宽约 1 海里。岛南侧有一水道,可进入潟湖。岛上有两个沙洲:东北部一个,高 1.8 米;西南部一个,高 0.9 米。

柏礁,位于北纬 8°04′—8°17′、东经 113°15′—113°23′,呈长棱状,中围一潟湖,深约 2—4 米,没有入口水道。

五方礁,位于北纬 10°27′—10°32′、东经 115°42′—115°48′,在马欢岛以南约 10 海里,为一直径约 5.7 海里的圆形大环礁,附近有 5 个礁滩,其中 2 个呈环形,一个在东南,另一个在西北。

仙娥礁,位于北纬 9°22′—9°26′、东经 115°26′—115°28′,在美济礁以南约 27 海里,为一长 4、宽 2.5 海里的小环礁。礁外缘陡峭,北端有一白色沙洲,高 1.5 米,东南端有一些露出水面的礁石。

美济礁,位于北纬 9°52′—9°56′、东经 115°30′—115°35′,在仁爱礁西南,为一长 4.6、宽约 2.7 海里的椭圆形环礁,内围一潟湖,深 25 米。有三条水道可进入潟湖:西南一条宽约 90 米,长约 280 米,水深 18 米;南部的东面一条较狭窄,宽约 18 米,西面一条宽约 36 米,长 274 米,水深 18.3 米。

南海礁,位于北纬 7°56′—8°00′、东经 113°53′—113°58′,在簸箕礁西南约 13 海里,退潮时露出水面。其环礁向西北和东南方向延伸约 6 海里,中有高 1.5 米的白色沙洲,将潟湖分成两半,无水道进入潟湖。

六门礁,在毕生礁东南约 12 海里,为一长 11、宽约 4 海里的环礁,内围一深水潟湖,湖北侧有露出水面约 1 米的礁石。

南华礁,在六门礁东南约 10 海里,为一退潮时露出水面的环礁,内围一深约 9 米的潟湖,礁东南侧有一些露出水面的小礁石。

无乜礁,在南华礁之东,为一退潮时露出水面的三角环礁,礁内周围有白色珊瑚。

第三节 海洋资源

一、油气资源

有关南海的油气资源,1987 年,中国南海海洋地质研究所在南沙群岛部分地区做了一次地质调查,证实可进行商业开采。1989 年,中国在南海地区做了另一次地质调查,估计南沙群岛蕴藏有 250 亿立方米天然气和 1 050 亿桶石油。1988 年,美国地质学家估计,南沙群岛蕴藏有 21 亿—158 亿桶石油。另一次调查是 1995 年由俄罗斯外国地质研究所所做,估计南沙群岛可能蕴藏有 60 亿桶石油,其中 70%是天然气。[1] 至于对整个南海石油资源的估计,中国方面一般被认为是过于乐观,而西方对南海的石油蕴藏量的估计则偏低,如美国能源信息局在 2003 年估计,可证实的石油蕴藏量约 9.6 亿吨,或约 70 亿桶。这种估计仅把南海的石油生产等同于挪威或阿塞拜疆的水平,而不是中国所称的"第二个波斯湾"。[2]

南海海域油气资源储量丰富的地区有:南沙海槽(原称为巴拉望海槽)西北部,此处有三个油田被发现和开发;文莱-沙巴盆地有大量的油气并已生产石油

〔1〕 Yann-huei Song, United States and Territorial Disputes in the South China Sea: A Study of Ocean Law and Politics, University of Maryland School of Law, Maryland, 2002, pp.19 - 20.

〔2〕 Leszek Buszynski and Iskandar Sazlan, Maritime Claims and Energy Cooperation in the South China Sea, Contemporary Southeast Asian, Vol. 29, No. 1, 2007, p.156.

和天然气;在文莱-沙巴盆地的西南,有几个主要的油气田在开发之中;在中康暗沙井架台和砂拉越海岸有油气田被发现;东纳土纳盆地有被证实为世界上最大的天然气田;万安滩东部的大熊油田是越南至今发现的最大油田,青龙油田可能有高达 2.72 亿吨的石油储量。

南海石油潜力最大的地区可能是台湾与海南岛之间的大陆架一带。另外,越南到加里曼丹岛之间的最宽陆架区,其中生代和第三纪的沉积厚度很大,已探明石油储量为 6.4 亿吨,天然气储量为 9 800 亿立方米,是海底石油的富集区。

南海天然气资源亦相当丰富,在中国 10 个主要的沉积盆地中,以珠江口和莺歌海盆地的储量最为丰富。在中国已发现的天然气储量中,南海西部海域的储量估计占 50%。仅海南岛附近的莺歌海盆地就探明储气量达 2 147 亿立方米,而整个南海至少可找到 250 个油气田,有 12 个可望成为大型油气田,其中储气量达 968 亿立方米的崖 13 - 1 气田已投产,并向广东和香港供气。

二、可燃冰

可燃冰是天然气水合物的俗称,是近 20 年来在海洋和冻土带发现的新型洁净能源,可作为传统能源如石油、煤炭等的替代品。在中国地质调查局的组织部署下,中国从 1999 年起开始对可燃冰开展实质性的调查和研究。2002年,中国正式启动对本国海域可燃冰资源调查与研究的项目,执行时间为2002—2010 年。

近 10 年来,广州海洋地质调查局作为项目具体执行单位,在南海北部陆坡区,特别是西沙海槽、神狐、东沙和琼东南四个海域,开展了可燃冰资源调查与评价工作。到 2016 年为止,该调查团队已取得了四个方面的突破性成果:1. 发现了南海北部陆坡可燃冰有利区,在西沙海槽、东沙、神狐和琼东南等海域发现了可燃冰存在的深-浅-表层地球物理、地球化学、地质和生物等多层次、多信息异常;2. 评价了南海北部陆坡可燃冰资源潜力,初步圈定了其异常分布范围;3. 确定了东沙、神狐两个可燃冰重点目标,圈定了南海北部陆坡可燃冰远景最有利的目标区,为实施可燃冰钻探验证提供了目标靶区;4. 证实了中国南海存在可燃冰资源。2007 年 4 月—6 月,神狐海域的钻探活动成功获取可燃冰实物样品。这使中国成为继美国、日本、印度之后的第四个通过国家级研发计划在海底获得可燃冰实物样品的国家。[1]

然而,由于可燃冰埋藏在海底的岩石中,与石油、天然气相比,它不易开采和

---

〔1〕《南海可燃冰调查获四大突破》,《大公报(菲律宾版)》2011 年 1 月 4 日第 6 版。

运输,需要克服开采过程中引发的系列地质问题。目前,世界上尚无成熟的可燃冰开采技术装备和方案。尽管在广州海洋地质调查局完成的《南海北部神狐海域天然气水合物钻探成果报告》中披露,中国南海北部神狐海域钻探目标区内预测拥有储量约为194亿立方米的可燃冰。但该局指出,中国尚未具备可燃冰的开采条件,实现商业化开采最快也要等到2030年。[1]

三、水产资源

南海是陆地—印度洋—太平洋最大的生物物种交汇区,其岛礁保护着早期印度洋-太平洋的植物群和动物群,如珊瑚、软体动物、鱼、海鸟和海龟,其中包括一些稀有和濒危物种。在浩瀚的南海,岛礁对鸟类、鱼和哺乳动物的迁徙特别重要,为濒危的海龟提供了食物和筑巢地。南沙群岛所有高出水面的海滨和沙滩,都成为鸟类和海龟的筑巢地。海豚和鲸鱼的迁徙也经过该地区。该海域也是著名的金枪鱼觅食地。黄鳍金枪鱼在8月至10月从苏禄海迁移到南沙群岛,在6月至8月返游回去。

南海是世界上最重要的商业渔场之一,数量较大的如竹笺鱼、鲭鱼,迁徙频繁的如金枪鱼和类金枪鱼都是该地区最常见的商业鱼类。该地区的捕鱼可分为两种,即近海捕鱼和远洋捕鱼。远洋捕鱼一般不如近海捕鱼多样化,近海捕鱼的区域有菲律宾中部、泰国湾、东京湾、砂拉越、文莱和台湾岛西岸的沿海地区,以及越南、海南岛、民都洛岛、巴拉望岛和纳土纳岛沿海一带。远洋捕鱼是南海最重要的渔业,各种海产都分布在南海的远洋地区,主要种类包括沿海金枪鱼、鲭鱼、竹笺鱼、沙丁鱼等等。[2]

我国第一艘自主设计建造、亚洲最大的渔业科考船"南锋号",2013年3月抵达南沙群岛海域执行专项渔业资源调查任务。据初步调查,位于南海南部的南沙群岛及其附近海域渔业资源十分丰富,蕴藏量约180万吨,年可捕量约五六十万吨,名贵和经济价值较高的鱼类有20余种。[3] 另据海南省调查,三沙渔业资源的潜在捕获量约为500万吨,每年的可持续捕获量在200万吨,而目前海南每年的捕获量仅为8万吨左右,开发前景巨大。[4]

〔1〕《可燃冰开采,中国或需等20年》,《大公报(菲律宾版)》2011年1月18日第2版。

〔2〕 Kuan-Hsiung Wang, Bridge over Troubled Waters: Fisheries Cooperation as a Resolution to the South China Sea Conflicts, The Pacific Review, Vol. 14, No.4, 2001, pp.535–536.

〔3〕《中国调查南沙渔业资源》,《大公报(菲律宾版)》2013年3月19日第3版。

〔4〕《海南30艘渔船赴南沙作业》,(菲律宾)《世界日报》2012年7月13日第9版。

第四节　战略地位

南海作为太平洋和印度洋的主要通道,其战略地位特别重要。美国从其太平洋舰队派出的军舰(包括航空母舰),航经南海以执行其在阿拉伯海和波斯湾的军事任务。美国曾反复宣称,坚决承担维护南海国际航行权的义务,包括在冲突之时。早在 1995 年 6 月,当时的美国国防部副部长约瑟夫·奈就说过,如果航行自由受到威胁,美国海军将为通过该地区的任何民船提供保护。奈还解释道,美国的"中立"政策包括三个方面,即在南海领土争议问题上美国仍保持中立;反对以武力解决争议;不准对该地区的和平与稳定构成威胁。为了达到这些目的,美国已在该地区集结了庞大的军事力量,包括 6 艘航空母舰和 27 艘核潜艇。[1]

南海的重要性在于其为世界上第二繁忙的国际航道,每年世界上的超级油轮有一半以上航经马六甲海峡、龙目海峡或巽他海峡进入南海。通过马六甲海峡的油轮是通过苏伊士运河油轮的 3 倍,是通过巴拿马运河油轮的 5 倍,几乎所有航经马六甲海峡和巽他海峡的船只都必须通过有争议的南沙群岛附近海域。

南海的战略地位使之成为中东石油输出国与东北亚缺油国之间特别重要的通道。东北亚市场的快速发展造成了对能源的大量需求。载运原油和液化天然气等的货轮经南海—马六甲航道输往东北亚国家。通过马六甲海峡的货轮,大约有三分之二(按吨位计算),通过南沙群岛的有一半,都是载运的波斯湾原油。世界上的液化天然气贸易也有三分之二航经南海,其中有一半以上是运往东北亚国家。日本是当今世界上最大的液化天然气消费国,其次是韩国。东北亚市场能源消费的增加,就意味着对南海航道依赖性的增大,由此可见南海航道重要之一斑。[2]

维护南海航道安全对日本最为重要,日本是主要的国际贸易国,在 2004 年的世界商品贸易中列第 4 位,出口价值达 5 660 亿美元;与东盟成员国的双边贸易总额达 1 400 亿美元,列在中国、美国和欧洲共同体之后,为东盟第 4 大贸易伙伴国。日本也是一个主要的海上商业国家,按其注册与控制的吨位计算,在

〔1〕　David Rosenberg and Christopher Chung, Maritime Security in the South China Sea: Coordinating Coastal and User State Priorities, Ocean Development & International Law, Vol.39, No.1, 2008, p.53.

〔2〕　Dana R. Dillon, The China Challenge: Standing Strong against the Military, Economic, and Political Threats That Imperil America, Rowman & Littlefield Publishers, Inc. Lanham, Maryland, 2007, pp.29-30.

2006 年 1 月,仅次于希腊,列第二位。日本对进口的依赖度很高,几乎所有日本的石油供应都从中东经南海或其周围的群岛航道进口。其进口石油的 99% 和食品的 70% 经由海运,大多数航经马六甲海峡;日本出口数量的 99% 也经由海运。毋庸置疑,南海的航行安全已成为日本国内经济发展至关重要的一部分。[1]

〔1〕　David Rosenberg and Christopher Chung, Maritime Security in the South China Sea: Coordinating Coastal and User State Priorities, pp.55 - 56.

第二章　秦汉时期的海外交通

第一节　秦汉时期的南海

秦始皇三十三年(前214年),曾"发诸尝逋亡人、赘婿、贾人略取陆梁地,为桂林、象郡、南海"三郡。[1] 当时的桂林,相当于今日之广西,象郡为今越南北部一带,南海即今日之广东地区。《淮南子》谓秦始皇当时经略岭南的目的是"利越之犀角、象齿、翡翠、珠玑"。[2] 由此可知,当时岭南与内地已有了一定的贸易往来。

前206年,汉高祖刘邦在农民战争的基础上建立了西汉政权。西汉经过文景时期的"与民休息"后,社会经济逐渐得到了恢复和发展,至汉武帝时,已呈现出一派繁荣景象:"都鄙廪庾皆满,而府库余货财。京师之钱累巨万,贯朽而不可校。太仓之粟陈陈相因,充溢露积于外,至腐败不可食。"[3]当时在农业生产方面,已普遍使用了铁制农具和牛耕技术;水利事业也很发达,不仅关中开凿了许多渠道,形成一个水利灌溉网,而且黄河的泛滥也得到治理,重新流归故道。在手工业方面,除了冶铁业和采铜业的发展外,丝织业已成为重要的手工业部门之一。织机构造复杂,能够织出各式各样的花纹。这些精美的织物通过馈赠、互市和贩卖,大批输往边陲各地,且通过"陆上丝绸之路"远销至中亚各国和罗马等地。在商业方面,首都长安已成为全国最繁华、最富庶的城市,市场上不仅有本地或附近出产的各种物产,而且还有从全国各地运来的货物。洛阳、邯郸、临淄、宛、成都、番禺等城市,亦是全国的主要都会。当时的海外交通,据说也已开

---

[1] 司马迁:《史记》,中华书局,1963年,第253页。
[2] 何宁:《淮南子集释》,中华书局,1998年,第1289页。
[3] 司马迁:《史记》,第1420页。

始,《汉书·艺文志》天文类上载有《海中星占验》、《海中五星经杂事》、《海中五星顺逆》、《海中二十八宿国分》、《海中二十八宿臣分》、《海中日月彗虹杂占》等航海书籍。可见航海已成为一种专门的学问。社会经济的繁荣与航海技术的进步,为汉朝统治者打开与印度、东南亚的海上交通创造了有利条件。

汉武帝元鼎六年(前 111 年),南越成为汉之郡县,其都城番禺(即今广州)亦成为当时南海海外交通的中心和海外奢侈品的集散地。《史记》记载:"番禺亦其一都会也,珠玑、犀、瑇瑁、果、布之凑。"〔1〕《汉书》亦称南越"处近海,多犀、象、毒冒、珠玑、银、铜、果、布之凑,中国往商贾者多取富焉。番禺,其一都会也"。〔2〕可见当时广州的海外贸易已十分繁荣。

汉武帝开辟从南海经东南亚至南印度的海上丝绸之路,大抵缘起于张骞出使西域。据《汉书·西南夷传》记载,元狩元年(前 122 年),博望侯张骞禀告,他出使大夏(今阿富汗北境一带)时,曾在当地看到蜀布和邛竹杖(指四川西部邛崃山出产的方竹杖)。他问当地人这些东西是从哪里获得的? 当地人说是从东南数千里外的身毒国(Sind,专指印度西北部)购得。于是,张骞认为,在中国西南与印度之间必有一条便捷的通道。

从现在的地图上看,由滇池西之安宁向西至大理,再由大理至永昌、腾越、干崖而入缅甸之八莫有驿道,早期必有商人利用它往来于中国西南和印度之间。张骞在大夏时所见的邛竹杖、蜀布,应皆由此商道输入。后来,汉武帝派遣张骞、柏始昌、吕越等人探觅此道,皆为滇王所阻,仅到昆明而未能再往西。汉武帝迫于无奈,只好从广州另辟通往东南亚、印度的海上丝绸之路。

《汉书·地理志》"粤地"条记载了这条海上丝绸之路的航程:"自日南障塞、徐闻、合浦船行可五月,有都元国;又船行可四月,有邑卢没国;又船行可二十余日,有谌离国;步行可十余日,有夫甘都卢国。自夫甘都卢国船行可二月余,有黄支国,民俗略与珠崖相类。其州广大,户口多,多异物,自武帝以来皆献见。有译长,属黄门,与应募者俱入海市明珠、璧琉璃、奇石异物,赍黄金杂缯而往。所至国皆禀食为耦,蛮夷贾船,转送致之。亦利交易,剽杀人。又苦逢风波溺死,不者数年来还,大珠至围二寸以下。平帝元始中,王莽辅政,欲耀威德,厚遗黄支王,令遣使献生犀牛。自黄支船行可八月,到皮宗;船行可二月,到日南象林界云。黄支之南,有已程不国,汉之译使自此还矣。"〔3〕

---

〔1〕 司马迁:《史记》,第 3268 页。
〔2〕 班固:《汉书》,中华书局,1964 年,第 1670 页。
〔3〕 同上书,第 1671 页。

这条海上丝绸之路航经的各个国名,虽经不少中外学者反复考证,但至今仍未取得一致意见。不过,我们可先看看这条航线的起点——日南,它是中国当时最南的地点。汉武帝在平定南越王之乱后,从两广至今越南北圻、中圻分别设置了九个郡,其中最南的一郡就是日南郡,在今越南中圻,郡治朱吾;另一个起点——合浦郡,则在今雷州半岛,郡治徐闻。

了解到航线的起点后,我们可再看看已基本成为定论的航线中点——夫甘和航线终点——黄支。根据法国汉学家费瑯的考证,夫甘系指缅甸的蒲甘(Pagan)古城,今伊洛瓦底江左岸尚可见其废址;而黄支则是印度东海岸的建志(Kanchi),也就是今印度半岛东南部的康契普腊姆(Conjervaram)。[1] 明确了航线的起点、中点和终点后,我们可以确定,汉武帝开辟的海上丝绸之路是从日南、徐闻、合浦出航,沿着越南海岸航行,中经缅甸的蒲甘到达南印度的康契普腊姆。也就是说,早在公元前2世纪,中国已开通了联系东南亚、印度的海上丝绸之路。

由于当时航海技术未精,船舶制造简陋,仅能沿海岸慢慢航行。他们从日南、徐闻、合浦出航后,经过九个月又二十余日的航行,外加登岸步行十余日,才到达缅甸的蒲甘,而后由外国商船转送至目的地。这条航线的贸易,大抵是由官方主持,任命黄门中官为译长,至于应募者,则是些牟利的商人、水手。因在西汉时,大凡出使西域,"非人所乐往",皆采取招募的办法,"吏民毋问所从来,为具备人众遣之,以广其道","故妄言无行之徒皆争效之。其使皆贫人子,私县官赍物,欲贱市以私其利外国"。[2] 他们带去的是黄金、各种丝织品等货物,买回的是明珠、璧琉璃、奇石等奢侈品。

这条航线返程的时间是"平帝元始中",与去程记载的"自武帝以来"前后相差了大约150年之久。返程中所经过的"已程不"和"皮宗"两地,经史学家考证,亦殆成定论。苏继庼先生认为,锡兰岛的巴利语名称为Sihadipa,读如"已程不"的对音,意曰师子洲。[3] 而"皮宗"一地,按美国汉学家柔克义(Rockhill)的说法,为Pisang之对音,意即香蕉岛,在马来半岛西南沿岸。[4] 由此看来,这条航线的返程已不像去时那样沿海岸慢慢航行,而是直接从印度东海岸经斯里兰卡至苏门答腊岛,其间用了八个月时间。然后再用两个月时间,航行到日南象林

---

〔1〕 〔法〕费瑯著,冯承钧译:《昆仑及南海古代航行考、苏门答剌古国考》,中华书局,2002年,第56—57页。

〔2〕 司马迁:《史记》,第3171页。

〔3〕 苏继庼:《汉书地理志已程不国即锡兰说》,《南洋学报》第五卷第二辑,1950年。

〔4〕 〔法〕费瑯著,冯承钧译:《昆仑及南海古代航行考、苏门答剌古国考》,第57页。

界。于是,有的史学家认为,当时的航海者可能已经懂得了利用季候风航行。[1] 因为在南印度东海边,冬季(阳历 10 月中旬至 12 月中旬间)刮东北风,夏季(阳历 5 月下旬至 9 月中旬间)刮西南风。[2] 每次季候风持续的时间至下次季候风转换的时间差不多八个月。也就是说,他们曾在苏门答腊岛停留等待季候风的转换。

然而,又有学者认为,印度洋上的季候风是公元 50 年始由埃及水手锡巴路士(Hippalos)所发现,汉使的航行比之早 45 年,知道利用季候风纯属臆测。[3] 按笔者之见,这位学者的说法可能忽视了自然规律的作用。因季候风本身就是一种自然规律,它不以人的意志为转移,不管承认与否,它总是存在并且发生作用的。虽然还没有发现汉使航行时对季候风的记载,但他们在横越印度洋时,必然会受季候风的影响。

汉武帝开辟这条海上丝绸之路,除了进行贸易外,还有外交上的目的。汉武帝即位之后,黄支国曾派遣使者来朝。汉平帝元始年间,汉朝也曾派遣使者携厚礼赠予黄支王,并要求其遣使献犀牛。黄支王即于元始二年(2 年),派遣使者来献犀牛。[4] 可见当时中印两国经这条海上丝绸之路的友好往来还是比较密切的。

东汉时,中印之间的海上交通又有所发展。据记载,在和帝时(89—105 年),印度曾多次派遣使者前来朝贡;至桓帝延熹二年(159 年)、四年,又频繁派人"从日南徼外来献"。[5] 而桓帝亦派出使者到印度问佛求法,从印度引进佛教,遂开中印文化交流之嚆矢。

第二节　东汉与罗马的海上交通

中印之间的海上丝绸之路开辟后,中国丝绸源源不断地输入印度,而印度有来自地中海的罗马商人。英国历史学家爱德华·吉本在《罗马帝国衰亡史》一

---

〔1〕 韩振华:《公元前二世纪至公元一世纪间中国与印度东南亚的海上交通》,《厦门大学学报(社科版)》1957 年第 2 期。

〔2〕 〔日〕足立喜六著,何健民、张小柳译:《〈法显传〉考证》,商务印书馆,1937 年,第 251—252 页。

〔3〕 周连宽:《汉使航程问题——评岑、韩二氏的论文》,《中山大学学报(社科版)》1964 年第3 期。

〔4〕 范晔:《后汉书》,中华书局,1973 年,第 2836 页。

〔5〕 同上书,第 2922 页。

书中写道：罗马每年有 120 艘商船从埃及的迈奥霍穆港到印度的马拉巴海岸和斯里兰卡，同亚洲远邦商人进行贸易，其中包括中国商人。当这些商船回非洲后，便将买到的货物从亚历山大港运入罗马都城。[1] 到东汉时，随着海上交通的发展与航海技术的提高，这种经印度为中介的间接贸易逐渐消失了，代之而起的是中国与罗马之间的直接交往。

在东汉时罗马被称为"黎轩"，或"黎靬"，又称"大秦"。"黎轩"为亚历山大里亚（Alexandia）的缩译，因埃及于公元前 1 世纪为罗马所征服，成为罗马领土的一部分，故"黎轩"也就用来指罗马。[2] 而"大秦"却纯属汉名，不是译音，因"其人民皆长大平正，有类中国，故谓之大秦"。[3] "大秦"一名还因时代的不同而所指不一，张星烺先生认为："《后汉书》之大秦，似指罗马帝国全部而言，其国都在意大利罗马京城。《魏书》之大秦，似乃专指叙利亚，国都为安都城（Antioch）。"[4]

罗马人酷爱中国丝绸，据说早在公元前 1 世纪，中国丝已出现在罗马；至公元 1 世纪，在罗马已有中国丝的贸易。当时因西域交通中断，故这些中国丝大多由海道经印度转运而来。[5] 当时罗马国内对中国丝绸的消费量很大，据白里内（Gaius Pliny the Elder）在《博物志》（*Natural History*）一书中的记载，罗马每年为购买中国丝绸而流入印度、中国及阿拉伯半岛的金钱不下一亿罗马币（Sesterces）。他为罗马人的骄奢淫逸深表痛心，感叹道："此即我国男子及妇女奢侈所付出的代价。"[6] 经营这种中介贸易的安息（即波斯，今伊朗）、印度亦从中牟取暴利。《后汉书》称，"安息、天竺交市于海中，利有十倍"。[7]

这些经过几次转手才到达罗马的中国丝绸，当然价值异常高昂，韦尔斯在《世界史纲》中写道："罗马王安敦时代（161—180 年），须经遥远而迂回之路程，方能运抵罗马之丝，其价值高于黄金。"[8] 因此，罗马王为了减少丝的中转，曾力求寻找打开与中国直接通商的航道，但苦于安息从中作梗。如《后汉书》所

〔1〕 张铁生：《中非交通史初探》，生活·读书·新知三联书店，1973 年，第 2、71 页。
〔2〕 莫任南：《汉代有罗马人迁来河西吗》，《中外关系史论丛（第三辑）》，世界知识出版社，1991年，第 231 页。
〔3〕 范晔：《后汉书》，第 2919 页。
〔4〕 张星烺：《中西交通史料汇编》，中华书局，1977 年，第 12 页。
〔5〕 方豪：《中西交通史》，岳麓书社，1987 年，第 165 页。
〔6〕 H. Yule, Cathay and the Way Thither, Vol.1, p.200.
〔7〕 范晔：《后汉书》，第 2919 页。
〔8〕 转引自李金明、廖大珂：《中国古代海外贸易史》，广西人民出版社，1995 年，第 7 页。

述:"其王常欲通使于汉,而安息欲以汉缯彩与之交市,故遮阂不得自达。"〔1〕安息为了图利,不仅不让罗马直接与中国沟通,而且对中国派往罗马的使者亦加以阻拦。据记载,和帝永元九年(97年),都护班超派遣甘英出使罗马,到达条支(阿拉伯半岛)欲渡大海时,安息西界的船人告诉甘英说:"海水广大,往来者逢善风三月乃得度,若遇迟风,亦有二岁者,故入海人皆赍三岁粮。海中善使人思土恋慕,数有死亡者。"〔2〕甘英被他们这样一吓,遂中止了渡海的念头。于是,中国谋求与罗马直接沟通的企图未能实现。

中国与罗马在海上的直接往来一直到桓帝延熹九年(166年)才开始。当时正值罗马国王安敦(Marcus Aurelius Antoninus)在位期间,他于162年至165年派兵东征安息,收复了美索不达米亚,控制了波斯湾,使通往东方的海道不再受阻。因此,罗马使者得以在公元166年到达中国。《后汉书》记载道:"至桓帝延熹九年,大秦王安敦遣使自日南徼外献象牙、犀角、瑇瑁,始乃一通焉。"〔3〕因使者带来的贡物不是罗马本土出产的奇珍异宝,而是东南亚的土产,故被怀疑是冒充的罗马商人,而不是真正的使者。其实,早在永宁元年(120年),掸国(今缅甸境内)王献给汉廷的幻人就是罗马人。他们"能变化吐火,自支解,易牛马头,又善跳丸",自称是海西人,"海西即大秦也"。〔4〕可见当时已有罗马人经印度进入缅甸,但他们并不是从罗马直航中国的先驱者。

中国与罗马直接通航后,罗马商人频繁地来到扶南、日南、交趾等地进行贸易。他们从罗马运来了金、银、琉璃、珊瑚和象牙等珍奇异物,而从中国贩运回去的则以丝、铁为大宗。〔5〕孙吴黄武五年(226年),有一名叫秦论的罗马商人来到交趾从事贸易:"交趾太守吴邈遣送诣权,权问方土谣俗,论具以事对。时诸葛恪讨丹阳,获黝、歙短人,论见之曰:'大秦希见此人。'权以男女各十人,差吏会稽刘咸送论,咸于道物故,论乃径还本国。"〔6〕可以说这位"秦论"是中国与罗马交通史上第一位留下姓名的罗马商人。由此说明,在东汉末三国初,罗马商人仍不断地从海道来到中国南徼一带进行贸易。

〔1〕　范晔:《后汉书》,第2919—2920页。
〔2〕　同上书,第2918页。
〔3〕　同上书,第2920页。
〔4〕　同上书,第2851页。
〔5〕　转引自李金明、廖大珂:《中国古代海外贸易史》,第8页。
〔6〕　姚思廉:《梁书》,中华书局,1973年,第798页。

第三章　魏晋南北朝时期的南海与
跨海的文化交往

第一节　朱应、康泰出使扶南

公元 220 年,曹操之子曹丕废除了东汉最后一个皇帝,自己在洛阳称帝,国号为魏,从此中国历史进入了魏晋南北朝时期。此时期的中国,虽然长期处于分裂状态,但是与南海周边国家的交往却不断发展,尤其是地处江南的孙吴政权以及后来的东晋、南朝。

孙吴以水军立国,拥有船舶 5 000 余艘。为了适应水战和江海交通的需要,大力发展造船业,并在造船中心建安郡的侯官(今福建闽侯)设有典船校尉,监督罪徒造船。[1] 孙吴的水军主力虽然在长江,但是航海规模亦很大。黄龙二年(230 年),孙权曾派遣将军卫温、诸葛直率领载有万名士兵的大船队到夷州(今台湾省)、亶洲,掳得夷州人数千;嘉禾二年(233 年),派遣将军贺达率兵万名浮海到辽东;赤乌二年(239 年),派遣将军孙怡击辽东,掳得男女;赤乌五年,派遣将军聂友率兵三万攻珠崖、儋耳(海南岛)。[2] 这几次大规模的远海征战,充分显示了孙吴时造船与航海技术的进步。到东晋、南朝时,造船业的规模更大。据说在东晋安帝时,建康的一次风灾就毁坏了官商船万余艘。在孙吴时,海上大船长二十余丈,可载六七百人,装万斛重的货物;而到南朝梁时,大船可载二万斛,可见南朝的造船技术比孙吴时有了更大的进步。

三国鼎立时期,孙吴政权依靠江南经济的发展,利用发达的造船和航海优势,积极扩大与南海周边国家的海上交往。大约在黄武五年(226 年)至黄龙三

---

〔1〕　沈约:《宋书》,中华书局,1974 年,第 1093 页。
〔2〕　陈寿:《三国志》,中华书局,1964 年,第 1136—1145 页。

年之间,孙吴统治者曾派遣宣化从事朱应、中郎康泰出使扶南,以了解南海诸国及印度的风俗民情,开辟海上通道,为扩大与南海周边国家的友好交往作准备。

扶南这个国家,大体上相当于现在的柬埔寨,扶南人也就是吉蔑人。"扶南"两字是从古吉蔑的 Baman 或现代的 Phnom 音译而来,意思为"山",亦称为"山王"。最先考证扶南为柬埔寨的是两位法国学者——艾莫涅(Aymonier)与伯希和(Pelliot),两人的考证文章题目都是《扶南考》(Le Fou-Nan),都发表在1903 年。艾莫涅发表在《亚洲学报》(Journal Asiatique),伯希和发表在河内的《法国远东学院学报》。两位均主张扶南的疆土是在后来的真腊,即现在的柬埔寨所在地。[1]

三国时期的扶南,位于泰国湾口,为南海沿岸的最大王国。3 世纪初,其国王范蔓曾"治作大船,穷涨海,攻屈都昆、九稚、典孙等十余国,开地五六千里",[2]几乎控制了从越南南部到马来半岛的所有土地。其属国"典逊(一作顿逊),在扶南渡金邻大湾(今泰国湾)南三千里的海崎(海曲)上,今泰国南部班当湾及其以南的 Tung Song"。[3]《梁书·扶南传》称其"东界通交州,其西界接天竺、安息徼外诸国,往还交市",也就是处于东西方交通之要冲。亦称"顿逊回入海中千余里,涨海无崖岸,船舶未曾得经过也",[4]可见顿逊正位于马来半岛地峡上,无论是从南海来的船,还是从印度洋来的船,均须停泊于此,故顿逊成为一个东西交汇的中心。其贸易特别兴旺,"日有万余人,珍物宝货,无所不有"。而另一属国九稚(一作句稚),在今马来半岛西部海岸的吉打(Kedah)地区,则位于马来半岛地峡的另一端。它与顿逊互为横越半岛路线的终点和起点,即控制了地峡东、西两端的出海口。[5]

扶南除了地处南海与印度洋的交通要冲,拥有东西交汇的贸易中心外,还具有较高的造船水平和航海技术。据记载,扶南建造的船舶长 12 寻(一寻=8 尺,12 寻=96 尺,吴时 1 尺大概是 23—25 厘米,因此 12 寻相当于现在的 22—24米),宽 6 尺,头尾似鱼,全用铁镊露装,可载运 100 余人。且根据船只大小,从船头至船尾配有 40—50 名水手,每名水手配长、短桡和篙各一把,行时用长桡,坐时用短桡,水浅则用篙,步调非常一致。[6] 万震在《南州异物志》中说过,这些

---

〔1〕 冯承钧:《西域南海史地考证译丛七编》,中华书局,1957 年,第 75—119 页。

〔2〕 姚思廉:《梁书》,中华书局,1973 年,第 788 页。

〔3〕 韩振华:《魏晋南北朝时期海上丝绸之路的航线研究》,《中国与海上丝绸之路》,福建人民出版社,1991 年,第 235 页。

〔4〕 姚思廉:《梁书》,第 787 页。

〔5〕 韩振华:《魏晋南北朝时期海上丝绸之路的航线研究》,《中国与海上丝绸之路》,第 235 页。

〔6〕 李昉:《太平御览》,中华书局,1966 年,第 3411 页。

船视其大小设有四帆,每帆长丈余,四张帆不是固定向前一个方向,而是随风向转移,以便取得风力,保证船只既稳定又迅速地航行。[1] 这些优越条件,使扶南有可能横越印度洋,同印度保持交通往来。据说扶南国王范游曾遣亲人苏物出使印度。他从扶南出发到湄南河口,循暹罗大湾,正西北航行,历孟加拉湾数国,一年多到达恒河口,然后溯恒河而上,航行七千里到达天竺,使天竺国王惊叹不已。[2]

正因为扶南具有上述地缘优势,故孙吴统治者才派遣朱应、康泰出使该国,借以了解南海沿岸诸国及印度的国情。而朱应、康泰亦不辱使命,在出使扶南期间,顺利地完成了任务。当时正值苏物出使印度返国,天竺王差遣陈、宋等二人随苏物到扶南,朱应、康泰则乘此机会会见陈、宋等人,并向他们了解印度的风俗民情。[3] 据记载,朱应、康泰当时"所经及传闻,则有百数十国,因立记传"。[4] 这些记传后来亡佚,仅散见于《水经注》、《通典》、《太平御览》中的《扶南传》、《扶南土俗传》,以及张守节《史记正义》中的《康泰外国传》或《康氏外国传》等书中。诸书所引除了南海沿岸诸国外,也有关于大宛和天竺之事,可见朱应、康泰所立传记亦包括有西亚和南亚之全部。[5] 这些传记为了解当时南海沿岸诸国的风俗、民情、贸易等情况提供了极其宝贵的资料。

第二节　法显印度巡礼

东晋时,中国与印度之间的交往已较密切,从广州经南海至印度、锡兰(斯里兰卡)的贸易航线已被普遍使用,中国丝绸亦经由这条航线被大量载运到印度等地。这一点从著名僧人法显到印度巡礼的历程就可看出来。

法显俗姓龚,东晋平阳郡武阳(山西省襄垣县)人,于隆安三年(399年)偕同伴数人,从长安出发,渡流沙,逾葱岭,过五河之地,遍历恒河流域,涉圣教之本地,广寻佛迹。他在外15年,于义熙九年(413年)从印度经锡兰回国。在锡兰时,他看到商人将一把中国产的白绢扇供奉在玉佛像前,不禁勾起思乡之情,"不觉凄然,泪下满目"。

法显所撰行传,在诸经录及《隋书·经籍志》中,有《历游天竺记传》、《佛国

---

〔1〕 李昉:《太平御览》,中华书局,1966年,第3419页。
〔2〕 姚思廉:《梁书》,第798页。
〔3〕 同上书,第798—799页。
〔4〕 同上书,第783页。
〔5〕 [法]伯希和:《扶南考》,《西域南海史地考证译丛七编》,第19—21页。

记》、《法显传》等篇。现仅存一本行世,或名《佛国记》,或题《法显传》。据《法显传》述其归国航程,从多摩梨帝(Tamralipti),即今印度西孟加拉邦南部的塔姆卢克(Tamluk)港起航,搭乘可载200余人的商人大船,乘冬初季风西南行14天到师子国(今锡兰岛),留住两年。后又搭商人大船乘季风东行,两天后遭遇大风,飘流13天到一岛,补船破漏后继续前行,90天左右到耶婆提。停此国五月日,再随其他商人大船赍50天的粮食,以四月十六日出发,乘东北风朝广州方向航行。一个多月后的一天夜鼓二时遇黑风、暴雨,天多连阴,海师误路。按船上的商人说,在正常情况下,只要航行50天就可到达广州。但已经70多天,尚不见海岸,于是朝西北方向航行,寻求靠岸。12昼夜后到达山东之牢山湾南岸,时在七月十四日。[1]

有关法显中途停留五个月的"耶婆提"为何地,虽然学术界尚有争论,但一般还是倾向是爪哇的一个地方,其对音为Yavadvipa。新加坡学者许云樵先生曾以风向考订过法显的航程。他认为,法显由锡兰东航,出新加坡海峡后于十二月中旬到达耶婆提,可见利用的是东北季候风。在这段时间里,由于在马来亚与婆罗洲之间的海面上有强烈的东北风,故法显的船只绝不可能从新加坡附近东航直达北婆罗洲的文莱,而是越过赤道被西北风吹到爪哇西部。[2]

至于从耶婆提返广州途中被吹到山东牢山湾的问题,笔者认为是受到洋流的影响。因南洋群岛的海水与其他赤道的海水一样,都受到气温的影响,形成了有名的赤道洋流,分别向南北涌进,在南者称为南赤道洋流,在北者称为北赤道洋流。中国南海的洋流属于北赤道洋流的一个支流,从越南南部朝东北方向曲折流向中国广州南面,进入台湾海峡,与暖洋流汇合,由此朝西北方向又产生另一支流。这两支洋流,一支流向日本,另一支触山东半岛的海角而进入渤海湾。法显在返广州途中,当航行到越南东南端的昆仑岛与七洲洋一带时,遇上台风被吹过台湾海峡后,则卷入这支洋流而漂到胶州湾附近。

从上述法显印度巡礼后返国的航程可以看出两点:一是当时中国丝绸已经商船运往印度、锡兰等地,故法显会在锡兰看到商人将一把中国产的白绢扇供奉于玉佛像前;二是当时从广州经南海到印度、锡兰的贸易航线已被普遍使用,否则船上的商人不会如此准确地说出航程需50天时间。据记载,当时广州已成为南海诸国的贸易中心,外国商船一年数至,外国商人汇集在这里进行贸易。有些州郡官员,以低价买进,高价卖出,赢利数倍,被视为常事。故有人讥讽广州刺

〔1〕 [日]足立喜六著,何健民、张小柳译:《法显传考证》,商务印书馆,1937年,第255、273—292页。
〔2〕 许云樵:《据风向考订法显航程之商榷》,《南洋学报》第六卷第二辑,1950年。

史,经城门一过,便得三千万钱。交州、日南也是当时中国与南海周边国家交往的主要港口,据《宋书》称:"通犀翠羽之珍,蛇珠火布之异,千名万品,并世主之所虚心,故舟舶继路,商使交属。"〔1〕《南齐书》亦曰:"商舶远届,委输南州,故交、广富贵,牣积王府。"〔2〕《晋书》也指出,南海沿岸诸国商人从海路运宝物来交州贸易,交州、日南太守贪利侵侮,折价百分之二三十;在姜壮任交州刺史时,曾派韩戢领日南太守,他折价百分之五十,并调集船舶,声言征伐外国船只,引起外国商人的愤怒,遂使贸易中断。〔3〕

　　当时南海诸国来中国朝贡的使者亦络绎不绝,其中如赤乌六年,扶南王范旃遣使献乐人及方物;泰始四年(268 年),扶南、林邑各遣使来献;太康六年(285年),扶南等十国来献;太康七年,扶南等二十一国遣使来献等。据《梁书》记载,晋代因通中国者较少,故未载入史书,至宋、齐时来朝贡者有十多国,始为之立传。自梁朝革运,其奉正朔,修贡职,航海岁至,已超过前代。这些使者带来的方物多属奢侈品,诸如玳瑁、海贝、沉香、古贝、犀角、象牙、琥珀等,以及各种金银制品等等,中国输出的主要是各种不同质地的丝绸和锦缎。在这些贸易交往中,有些外国植物亦随之传入中国。如《南方草木状》记述,晋惠帝永康元年(300 年)时,"耶悉茗花、末利花,皆胡人自西国移植于南海,南人怜其芳香,竞植之"。此外,有一些香料,如乳香、没药等,已开始作为药物使用,可见这个时期中国与南海沿岸诸国的交往不仅繁荣了中国南方沿海一带的社会经济,而且对丰富人民生活、发展医药卫生亦起到一定的积极作用。

〔1〕　沈约:《宋书》,第 2399 页。
〔2〕　萧子显:《南齐书》,中华书局,1972 年,第 1018 页。
〔3〕　房玄龄等:《晋书》,中华书局,1974 年,第 2546 页。

第四章　隋唐时期的南海与海上交通

第一节　隋炀帝派常骏等出使赤土

隋文帝统一全国后,采取了一系列政治、经济措施,缓和阶级矛盾,减轻刑罚和徭赋,促进农业生产的发展,使社会经济迅速得到恢复与发展。隋炀帝继承皇位后,为了加强中央对地方的控制,集中人力、物力营建洛阳和开通大运河,且凭借隋文帝所积蓄的国力,耀威异域,广泛搜求海内外奇珍异宝,以满足自己穷奢极侈的需要。

大业元年(605年),隋炀帝即位不久,就派遣刘方率领"步骑万余及犯罪者数千人"攻打林邑,洗劫了林邑都城,掠走了18尊赤金佛像和1 350余部佛典。[1] 此后,从比景、林邑与海阴这三个新设置的郡输入的商品,在一定程度上满足了隋朝都城的大量需求。[2] 大业三年,隋炀帝为求异俗、扬国威,两次派遣朱宽渡海到流求(今台湾岛)。大业六年,又派陈稜、张镇州率兵攻打流求。他们从义安(广东潮州)出发,经高华屿(澎湖花屿)、龟鳌屿(奎辟屿)到达流求。[3] 这三次出征,除了俘掠数千男女外,别无所得。由此可见,隋炀帝为满足自己的侈心,向海外扩张是不择手段的。他极力招募能出使绝远地方的人,终于引出了常骏等人出使赤土一事。

据《隋书·赤土传》记载:"炀帝即位,募能通绝域者。大业三年,屯田主事常骏、虞部主事王君政等请使赤土。帝大悦,赐骏等帛各百匹,时服一袭而遣,赍

---

〔1〕 魏徵等:《隋书》,中华书局,1973年,第1833页。
〔2〕 王赓武:《南海贸易与南洋华人》,(香港)中华书局,1988年,第93页。
〔3〕 魏徵等:《隋书》,第1825页。

物五千段,以赐赤土王。其年十月,骏等自南海郡乘舟,昼夜二旬,每值便风。至焦石山而过,东南泊陵伽钵拔多洲,西与林邑相对,上有神祠焉。又南行,至师子石,自是岛屿连接。又行二三日,西望见狼牙须国之山,于是南达鸡笼岛,至于赤土之界。其王遣婆罗门鸠摩罗以舶三十艘来迎,吹蠡击鼓,以乐隋使,进金锁以缆骏船。月余,至其都,王遣其子那邪迦请与骏等礼见……寻遣那邪迦随骏贡方物,并献金芙蓉冠、龙脑香。以铸金为多罗叶,隐起成文以为表,金函封之,令婆罗门以香花奏蠡鼓而送之。既入海,见绿鱼群飞水上,浮海十余日,至林邑东南……循海北岸,达于交趾。骏以六年春,与那邪迦于弘农谒,帝大悦,赐骏等物二百段,俱授秉义尉,那邪迦等官赏各有差。"[1]

常骏等人出使赤土是从广州起航的,经"昼夜二旬"到达焦石山(大约位于海南岛东北角的七洲列岛),再向东北航行,停泊于陵伽钵拔多洲[为梵文 Linga-parvata 的对音,Linga 梵文意为林伽,Parvata 意为山,整个词的意思是林伽山。由于林伽是湿婆神拔陀利首罗(Bhadresvara)的象征,故亦称为灵山、大佛灵、佛灵山等等,其地位于越南最东端北纬 12°53′、东经 109°27′的华里拉岬(Cape Varella)],又向南航行至师子石(即今新加坡,新加坡一名,出自梵文 Singapura,意曰狮子城,师子石指的是师子岛),接着又航行二三日,向西看到狼牙须山(此地应为马来半岛西岸的吉打一带),于是再向南航行至鸡笼岛(即 Kellah 的对音,法国汉学家费瑯认为在马来半岛的克拉地峡),则到达赤土的边界。赤土国王即派遣婆罗门鸠摩罗率船 30 艘前来迎接,继续航行月余后始至赤土国都城。

根据这一记载,韩振华先生将赤土国的位置考订在锡兰岛。其理由是:根据中外史籍记载,在七八世纪的马来半岛,有一部分是在印度锡兰国王的管辖之下,且后来义净在《大唐求法高僧传》无行禅师条中亦说,自马来半岛西岸的羯荼(Kedah)航行到师子洲(锡兰岛)共 32 天,与上述记载的月余相吻合。[2] 此外,韩先生还根据《隋书》记载的赤土国的四至:"东波罗刺国,西婆罗娑国,南诃罗旦国,北拒大海"进行考证。他认为,《隋书》记载的波罗刺,在《通典》中为波罗刹,"刺"为"刹"之误,两者都是 Baros 的对音,亦即义净所记的"婆鲁师",其地在今苏门答腊岛的西岸,也就是位于锡兰岛的东边。《隋书》记载的"婆罗娑",《通典》写作"罗婆",为印度半岛西南岸的马拉瓦(Malava),正是在锡兰岛的西边。《隋书》记载的"诃罗旦",《通典》作"诃罗旦",即梵语

〔1〕 魏徵等:《隋书》,第 1834—1835 页。
〔2〕 韩振华:《公元六、七世纪中印关系史料考释三则》,《厦门大学学报(社科版)》1954 年第 1 期。

Rakchas(罗刹)的对音,就是位于锡兰岛南部的罗旦城(Ratanpura)。至于"北拒大海",锡兰岛的北面正是孟加拉湾。[1] 由此看来,常骏等人当时不仅到达了马来半岛上赤土国的边界,而且被盛情迎接到其锡兰岛上的都城,还将带去的绸缎5 000匹赠送给赤土国王。赤土国王亦派其子那邪迦随常骏等人到隋朝,贡献金芙蓉冠、龙脑香等方物,且接受隋炀帝的赏赐。

此后,据《隋书》的记载,赤土国又多次遣使经南海来贡方物。其他南海周边国家,如真腊、婆利、朱江等亦陆续遣使来隋朝朝贡。这些记载说明,隋朝虽然统治的时间不长,但是与南海沿岸诸国仍然保持着一定的友好交往。

第二节　唐代广州与阿拉伯海上交通航线考释

在唐代,广州与阿拉伯地区海上交通发展迅速。公元762年阿拔斯王朝迁都巴格达后,每年有不少阿拉伯商船来广州贸易。据公元748年第五次东渡日本而遭遇大风漂到海南岛万安州的鉴真和尚说,在广州江中"有婆罗门、波斯、昆仑等舶,不知其数,并载香药、珍宝,积载如山"。[2] 另据《贞元新定释教目录》记载,公元717年金刚智搭船从锡兰出航时,有大约35艘波斯商船随行,驶向苏门答腊的巴邻旁,然后再前往广州。[3] 同时代的阿拉伯旅行家马苏第(Mas'ūdī)在《黄金草原》一书中亦写道:"广府(khānfū)河在距广府下游六日行或七日行的地方入中国海。从巴士拉、锡拉夫、阿曼、印度各城、阁婆格诸岛、占婆以及其他王国来的商船,满载着各自的商货逆流而上。"反之,到阿拉伯贸易的中国商船则"直接驶往阿曼、锡拉夫、波斯沿岸、巴林沿岸、奥博拉(Oballa)和巴士拉等国"。[4] 由于广州与阿拉伯地区之间商船来往频繁,故史书中有关这些海上交通航线的记载甚多,本节拟根据这些记载对该航线作一初步的考释。

一、《中国印度见闻录》中阿拉伯通广州航线考释

《中国印度见闻录》系由几位曾到过中国的阿拉伯商人根据亲身见闻记录

〔1〕 韩振华:《公元六、七世纪中印关系史料考释三则》,《厦门大学学报(社科版)》1954年第1期。
〔2〕 [日]真人元开著,汪向荣校注:《唐大和上东征传》,中华书局,2000年,第74页。
〔3〕 转引自[法]费琅编,耿昇、穆根来译:《阿拉伯波斯突厥人东方文献辑注》,中华书局,1989年,第17页。
〔4〕 同上书,第114页。

而成,据阿拉伯史学家阿布·赛义德·哈桑(Abu Zuid Hassan)的考订,该书大约撰写于公元851年。其史学价值按1946年法译本译者索瓦杰(J. Sauvaget)所言:"就目前看,是任何别种著作也不能比拟的,这部著作比马可波罗早四个半世纪,给我们留下了一部现存的最古的中国游记。"日译本的译者藤本胜次亦说道:"这个文献,对当时的阿拉伯伊斯兰商人,或更确切地说,对当时的尸罗夫商人,堪称是一部通俗的南海贸易指南。"〔1〕该书记载了从阿拉伯到广州的海上交通航线,下面分段将航线中的有关地名进行考释。

1. 从伊拉克阿拉伯河口的巴士拉(Basra)出航,向东航行经过的第一个海是波斯湾的法尔斯(Fars)海,第二个海是拉尔(Lar)海,第三个海是哈尔干(Harkand)海。

拉尔,一般认为是印度西海岸北部古吉拉特(Gujarat)的别称,拉尔海指的是古吉拉特所处的阿拉伯海。

哈尔干海,即孟加拉湾。"哈尔干"来自梵文"Harikeliya",指的是东孟加拉湾。〔2〕

2. 海尔肯德海与拉尔(Lâr)海之间,岛屿星罗棋布,据说共有一千九百个,标志出上述两片海域的分界。那些岛屿中的最后一个是锡兰岛,在海尔肯德海中,所有被称为迪瓦(diva)的诸岛中,锡兰岛是最主要的一个。

在孟加拉湾与阿拉伯海之间星罗棋布的岛屿,指的应是拉克代夫群岛和马尔代夫群岛。马尔代夫群岛由19组环礁、1 200多个珊瑚礁组成。

锡兰岛,今斯里兰卡(Sri Lanka);迪瓦,为梵文dvipa或巴利语dipa的音译,意为岛、洲。

3. 船只向锡兰岛航行,途中岛屿为数不多,但都很大。有一个叫南巫里的岛(Lambri),岛上有几个王国。有一个叫方苏儿(Fantsour)的地方,盛产优质樟脑。这个岛位于海尔肯德海和海峡之间。

船只向锡兰岛航行,由此说明这条航线是分段记载的,前面记述的是从巴士拉到锡兰岛的航线,而现在叙述的是从马六甲海峡到锡兰岛的航线。

南巫里岛,一般认为指苏门答腊岛西北角的班达亚齐(Banda-Aceh)。

方苏儿,亦名班卒儿(Pancur),即今苏门答腊岛西岸出产樟脑的婆鲁斯(Barus),《新唐书》名之为"郎婆露斯"。梁朝时名樟脑为"婆律膏",即物以地名之证。〔3〕

---

〔1〕 穆根来等:《中国印度见闻录》,中华书局,2001年,第27、32页。

〔2〕 同上书,第29页。

〔3〕 [法]费瑯著,冯承钧译:《昆仑及南海古代航行考、苏门答剌古国考》,中华书局,2002年,第110页。

海峡,指马六甲海峡或新加坡海峡。

4. 再往前进,是朗伽婆鲁斯岛(Langabalous),越过朗伽婆鲁斯,便是两个被海水分隔开的岛屿,叫安达曼(Andaman)。

朗伽婆鲁斯,为一复合词。朗伽,《新唐书》作"棱伽山",是斯里兰卡岛上的山名,亦以名全岛。[1] 婆鲁斯乃前面所述苏门答腊岛西岸的婆鲁斯,之所以冠上"朗伽"二字,可认为是锡兰的属地。据爪哇出土的 8 世纪的梵文碑铭记载,当时统治苏门答腊岛的山帝王朝属锡兰国王统辖。[2]

安达曼,指孟加拉湾的安达曼群岛,分为大安达曼岛和小安达曼岛。

5. 至于船舶的来处,他们提到货物从巴士拉(Bassorah)、阿曼以及其他地方运到尸罗夫(Siraf),大部分中国船在此装货。货物装运上船以后,装上淡水,就"抢路"——这是航海的人们常用的一句话,意思是"扬帆开船"——去阿曼北部一个叫作马斯喀特的地方。

尸罗夫,又称锡拉夫,现址不详,据阿布尔菲达说:"锡拉夫是法尔斯(波斯)的最大港口。该城没有田野,没有牲畜,有的只是卸货和张帆起航。该城人口密集,建筑非常豪华,一个商人要建一所住宅往往花费三万迪纳尔(大约合三十万法郎)。"洛巴布书中亦写道:"锡拉夫是法尔斯海的一个城市,邻海,在基尔曼(Kirmān)附近。"[3] 而费瑯译本却记载:"尸罗夫遗址位于塔昔里港(Bender-Tahiri),北纬 27°38′,在公元 977 年,被一次地震毁坏之前,一直是往印度和远东贸易的大转运港。"[4]

大部分中国船在此装货,据说是因为幼发拉底和底格里斯两河冲积泥沙形成了浅滩,使庞大的中国船无法在波斯湾内通行。为解决这一问题,海船到达尸罗夫后,货物用吃水浅的小船转运到巴士拉。[5] 另据雷洛(Reinaud)译本,也谈到当时中国商船多停泊斯拉夫(尸罗夫)港等待装运的原因,因阿拉伯河口及其附近的海面一带多浅滩,且风浪甚大,殊难航行。对于容积甚大的中国商船来说,当然更感困难。因此,中国商船就把东洋物产,诸如芦荟、龙涎香、竹材、檀木、樟脑、象牙、胡椒等,先载至斯拉夫港,然后用当地小船把货物运到巴士拉和巴格达。至于波斯本地的物产,也是由小船先载运到斯拉夫港集中,然后再由中

---

〔1〕 冯承钧:《西域地名》,中华书局,1982 年,第 59 页。

〔2〕 韩振华:《公元六、七世纪中印关系史料考释三则》,《厦门大学学报(社科版)》1954 年第 1 期。

〔3〕 [法]费瑯编,耿昇、穆根来译:《阿拉伯波斯突厥人东方文献辑注》,第 66 页。

〔4〕 穆根来等译:《中国印度见闻录》,第 40 页。

〔5〕 同上书,第 41 页。

国商船运往东方。于是,斯拉夫港遂成为当时波斯湾头最重要的贸易港口。[1]

马斯喀特,在阿曼湾南阿拉伯半岛东北角处,今阿曼的首都。

6. 从马斯喀特抢路往印度,先开往故临(Koulam-Malaya)。在故临我们加足淡水,然后开船驶往海尔肯德海。越过海尔肯德海,便到达名叫朗伽婆鲁斯岛(Langabalous)的地方。

故临,一作 Quilon,今印度南端西海岸的奎隆。Malaya,《大唐西域记》作"秣刺耶山",指今印度科钦(Cochin)以南的喀打莫姆山(Cardamom)。该国以山名为国名,故临在其管辖之下,故称秣刺耶国的故临。

7. 船只抢路往箇罗国(Kalah-Vâra)。瓦拉(Vara)的意思是"王国"与"海岸",这是爪哇(Jâvage)王国,位于印度的右方。然后商船向潮满岛(Tiyouman)前进。接着,我们起航去奔陀浪山(Pan-do-uranga)。

箇罗,义净在《大唐西域求法高僧传》中称为"羯荼"(Kĕdah),与阿拉伯人所言的 Kalah 应是同一地,指马来西亚西岸的吉打。

潮满岛,亦称"地盘山"、"地满山"、"苧盘山"等,即今马来西亚的雕门岛,位于马来半岛东岸外海。

奔陀浪山,一作"宾童龙",为占城碑铭中梵文名称 Pānduranga 的译音,指今越南东海岸的藩朗(Phan Rang)。

8. 随后,船只航行了十天,到达一个叫占婆的地方,该地可取得淡水。得到淡水以后,我们便向一个叫占不牢山(Tchams)的地方前进,这山是海中一个小岛;十天之后,到达这一小岛,又补足了淡水。然后,穿过"中国之门",向着涨海前进。船只通过中国之门后,便进入一个江口,在中国地方登岸取水,并在该地抛锚,此处即中国城市(广州)。

占婆,为占城碑铭中 Champa 的译音,《新唐书》称之为"环王"、"林邑"或"占不劳",指的是今越南的中南部。

占不牢山,亦作"不劳山"、"占笔罗山"等,一般认为是马来语 Pulau Cham 的译音,指今越南广南—岘港省海岸外的占婆岛(Champa)。

中国之门,按费瑯的看法,在菲律宾的吕宋岛与中国的台湾岛之间,以及台湾岛与福建之间,有宽数百海里的海道通东海,此即阿拉伯水手所说的"中国之门"。[2]

涨海,即阿拉伯所谓 Cankhay 的译音。伯希和认为:"涨海,即海南岛迄满刺

―――――――――

〔1〕 〔日〕桑原骘藏著,杨练译:《唐宋贸易港研究》,商务印书馆,1935 年,第 31 页。
〔2〕 〔法〕费瑯著,冯承钧译:《昆仑及南海古代航行考、苏门答剌古国考》,第 38 页。

加海峡间中国海之称。"〔1〕按此处上下文的意思来看,涨海指的应是南海。

二、《郡国道里志》等书中阿拉伯通广州航线考释

自幼在巴格达长大的波斯人伊本·库达特拔(Ibn Khordādzbeh),曾在阿拔斯王朝治下的伊拉克任邮政总管。他于844年至848年撰写了《郡国道里志》(*The Book of Routes and Provinces*)一书,书中亦记载了从巴士拉沿波斯海岸到广州的航程:〔2〕

1. "越过细轮叠(Sirandib),便是拉密岛……愿去中国的人,离开布林(Bullin),避开右方之细轮叠,朝着郎婆露斯(Langabālūs)行进,需十日至十五日……"

细轮叠,即锡兰的阿拉伯语的异译。

拉密岛,一称"拉姆尼"(Ramni),为苏门答腊岛的异称。

布林,其名无考。按记载"从布林到细轮叠一日行"说明,其地与锡兰距离很近,且从右方避开锡兰,费瑯认为是"取道保克(Palk)海峡",〔3〕因此,估计其地应在印度南端。

郎婆露斯,指苏门答腊全岛。

2. "从郎婆露斯岛到箇罗岛,船行六日。该岛隶属于印度的贾巴王国……贾巴岛上有一小火山,长宽各一百腕尺,只有一枪之高,夜间可看见火焰,白天只能看见烟气。从这些岛屿动身,船行十五日,便到达香料之岛。"

贾巴岛,贾巴王国是印度的王国之一。据霍尔《东南亚史》称,当时已有印度冒险家到达印度尼西亚,建立他们的王国。〔4〕这里的贾巴岛亦指苏门答腊岛,系印度殖民者以其母国名为岛名。岛上的火山为苏门答腊著名的贝拉必(Berapi)火山。

香料之岛,即今印度尼西亚的马鲁古(Maluku)群岛,该地以盛产香料而著称。

3. "贾巴岛和梅特(Māyt)岛相距甚近……从梅特出发,左有潮满岛……由此航行五日,到吉蔑王国,国中产芦荟木和稻谷。从吉蔑到占婆,沿海岸前进三日行……从占婆出发,水陆兼行,约一百波斯里,即可抵达中国的第一站鲁金

〔1〕 [法]伯希和著,冯承钧译:《交广印度两道考》,中华书局,1955年,第90页。
〔2〕 [法]费瑯编,耿昇、穆根来译:《阿拉伯波斯突厥人东方文献辑注》,第41—46页。
〔3〕 同上书,第42页。
〔4〕 [英]霍尔著,中山大学东南亚历史研究所译:《东南亚史》上册,商务印书馆,1982年,第36页。

（Lūkin）。"

梅特岛,据载与贾巴岛相距甚近,且在潮满岛右边,可能是马来半岛东南岸外海中的哲马贾岛。

吉蔑王国,吉蔑系柬埔寨民族高棉（Khmer）的译音,其王国在7世纪中取代扶南而为中南半岛南部的大国,领土包括今柬埔寨、老挝及越南南部,最盛时西与缅甸接壤。8世纪初,分裂为陆真腊和水真腊两部分,9世纪初复归于统一。[1]

鲁金,今之河内,即唐代之交州,为当时中国最南的对外贸易港口。

出身于阿拔斯哈里发家族的雅库比（Ya'kūbī）,曾到过印度、埃及和马格里布等地旅行。他于公元872年写了一部《阿拔斯人史》,这不仅是由一个什叶派人撰写的最早历史著作,而且利用了最好最原始的资料,其价值是难以估量的。该书记载了有关从阿拉伯航行到广州所通过的七个海：

> 中国是个幅员辽阔的国家。如果从海上去中国,需横渡七海……第一个海是法尔斯海（Fārs）,该海从锡拉夫（Sīrāf）起到戎朱马角（Rās al-djumdjuma）止……第二个海从戎朱马角起,称作啰啰海（Lārwī）,海面宽阔,海上有瓦克瓦克人（Wakwāk）的岛屿和其他僧祇民族……第三个海是哈尔干海,海中有细轮叠岛……第四个海叫箇罗海,海面狭小……第五个海是石砀海,海面极大……第六个海是军突弄海,海上多雨。第七个叫涨海,或作Kangli。这是中国海。只有在刮南风时,方可在海上航行,直抵达一条大江的喇叭形河口。[2]

这七个海的第一个法尔斯海,是波斯湾的别称。其起点的锡拉夫是当时波斯湾著名的港口,位于巴士拉与奥博拉东南的法尔斯海岸处,今已荒废;其终点的戎朱马角,费琅认为其位于阿曼的东南处。

第二个啰啰海,又作"拉尔海"。"拉尔"为印度西北海岸古吉拉特的别称,"拉尔海"即指其所处的阿拉伯海。海上的瓦克瓦克指的是非洲的瓦克瓦克,僧祇民族指非洲东海岸的黑人种族。

第三个哈尔干海,指孟加拉湾;海中的细轮叠岛,为今斯里兰卡。

第四个箇罗海,指马来半岛西岸吉打附近的安达曼海。

[1] 陈佳荣等:《古代南海地名汇释》,中华书局,1986年,第639页。
[2] [法]费琅编,耿昇、穆根来译:《阿拉伯波斯突厥人东方文献辑注》,第66—67页。

　　第五个石矴海,"石矴"为马来语 Salat、Selat 的音译,意即海峡,指马六甲海峡而言。石矴海则为马六甲海峡附近的海域。

　　第六个军突弄海,"军突弄"即马来语的 Kundur,意为"南瓜",中国史籍中音译为"昆仑",指的是越南东南端外海的昆仑岛。军突弄海为昆仑岛所处的海域。

　　第七个涨海,前面已述过,指的是南中国海。

　　阿拉伯旅行家马素第(Ma'sūdī)于 9 世纪末出生于巴格达,刚成年时,为实现自己的旅行目的,自愿被流放。他遍历波斯湾、阿曼、印度和锡兰等地,据说还曾乘船经过马来西亚海域,一直抵达中国的沿海地带,因此,他对阿拉伯与广州的海上交通航线有着一定的感性认识。他在公元 943 年出版的《黄金草原》一书中,就详细描述过这条航线:

　　1.　"波斯海从巴士拉各岛开始,直抵巴士拉、奥博拉和巴林各国沿岸;接着便是啰啰海,此海环绕着赛义姆尔、印度的索发拉、塔那(Tāna)、辛坦、坎巴雅特以及其他国家,是印度和信德的一部。接着是哈尔干海、箇罗海、群岛;再往后便是军突弄海和占婆海……最后是中国海或称作涨海。"

　　塔那,有两种说法:一种认为在瞿折罗国(即古吉拉特,Guzerate)东部,马拉巴尔(Malabar)以西;另一种认为即当今的塔那赫(Tannah),位于萨尔赛特(Salsette)岛东岸,孟买的北部。[1]

　　坎巴雅特,即印度西北海岸的坎贝(Cambay)。

　　信德,位于印度河下游地区,东接古吉拉特,相当于今巴基斯坦的南部。

　　占婆海,占婆系占城国碑铭中 Champa 的译音,《新唐书》称之为"环王"、"林邑"、"占不劳",在今越南的中南部。按"海洋的每一部分都是根据城市以其毗连的地区而命名"的原则,"占婆海"指的是占婆所处的海域。

　　2.　"在第三个海(哈尔干海)和第二个海(啰啰海)之间,如前所说,有无数岛屿,构成两海的分水界,据统计有两千个,或更确切地说有一千九百个……这些岛屿统称迪巴贾特群岛(Dībadjāt),有大量的椰子(rāndj)出口,其中最后一个岛是细轮叠岛。再有差不多一千波斯里的路程,便到达罗姆尼(Rāmīn)群岛……邻国有班卒儿,以产樟脑而著称,而且越是在多风暴、多地震的年代,产量越高。"

　　迪巴贾特群岛,即拉克代夫群岛和马尔代夫群岛。

　　罗姆尼群岛,亦称拉密岛(Rami),即苏门答腊岛。

　　──────────

　　〔1〕　[法]费琅编,耿昇、穆根来译:《阿拉伯波斯突厥人东方文献辑注》,第 115 页。

3.“第四个海乃 Kalāhbār,即簢罗海。和其他海一样,海水不深,也是一危险之海,在此海航行极为艰难……第五个海是军突弄海,亦有很多山和岛屿,岛上出产樟脑和樟脑液……占婆海与军突弄海相毗邻。在占婆海,有诸岛之王摩诃罗阇的帝国,其土地辽阔无边,军队无数……在摩诃罗阇的帝国里,室利佛逝岛位于距大陆差不多四百波斯里的地方,整个岛屿都是耕耘之土地。该岛之国王也同样占有阇婆格和罗姆尼岛以及其他我们叫不出名字的岛屿;此外,他的治地还延伸到第六个海即占婆海的全部……第七个海是中国海,又称涨海。”

摩诃罗阇,对音为 Maharaja,意即大王。当时的摩诃罗阇岛即苏门答腊岛上的室利佛逝(Crivijaya),自7世纪以来,其地为一强大帝国,建都于苏门答腊岛东部的巴邻旁城。统治此国的山帝王朝,不仅拥有苏门答腊全岛,而且其领土东至爪哇,北据马来半岛,甚至远至占婆等地。[1]

阇婆格,对音为 Zabag,与室利佛逝同属摩诃罗阇管辖,都在苏门答腊岛上。

三、贾耽所志“广州通海夷道”考释

上述考释的是由阿拉伯商人或旅行家记载的从阿拉伯到广州的海上交通航线,而从广州到阿拉伯的航线则在中国史书中有记载,其中最完整的应数《新唐书·地理志》所述的“贾耽所志广州通海夷道”。

贾耽,字敦诗,沧州南皮人,于唐德宗贞元年间(785—805年)任宰相,是唐代著名的地理学家。他潜心于中外地理研究达30年之久,对“绝域之比邻,异蕃之习俗,梯山献琛之路,乘舶来朝之人,咸究竟其源流,访求其居处。阛阓之行贾,戎貊之遗老,莫不听其言而掇其要;间阎之琐语,风谣之小说,亦收其是而芟其伪”。[2] 由此可见,贾耽的记载是经过广泛的社会调查,并根据当时航海来华的外国商人的讲述,加上本国商人的亲身经历,以及在百姓中流传的各种传说,再加以去粗取精,去伪存真,综合研究而成的,其史料价值不言而喻。下面将其记载的从广州到阿拉伯海上交通航线分段进行考释:

1. 从广州至越南南端海域

> 广州东南海行,二百里至屯门山,乃帆风西行,二日至九州石,又南二日至象石,又西南三日行,至占不劳山,山在环王国东二百里海中。又南二日行至陵山。又一日行,至门毒国。又一日行,至古笪国。又半日行,至奔陀

〔1〕 [法]费瑯著,冯承钧译:《昆仑及南海古代航行考、苏门答剌古国考》,第119页。
〔2〕 刘昫等:《旧唐书》,中华书局,1975年,第3785页。

浪洲。又两日行,至军突弄山。

　　屯门,为外国船只进入广州的入口处。周去非在《岭外代答》中曾说道:"三佛齐之来也,正北行舟,历上下竺与交洋,乃至中国之境。其欲至广者,入自屯门;欲至泉州者,入自甲子门。"[1]伯希和根据《广东通志》尚载有屯门之名,认为其地在大屿山及香港二岛之北,海岸及琵琶洲之间。[2]

　　九州石,船只西行二日到达的九州石,大约是海南岛东北角的七洲列岛,西文称为 Taya 列岛。

　　象石,船只沿海南岛东岸南行二日到达的象石,大约为今海南岛东岸万宁近海的大洲岛,西文称为 Tinhosa 岛。

　　占不劳山,又称峿崂占(Culao Cham)或占波补罗(Campapura),即今越南中部东海岸外的占婆岛。

　　环王国,指当时统治越南中部的林邑,《新唐书·南蛮下》称:"环王本林邑也,一曰占不劳,亦曰占婆。"[3]

　　陵山,《隋书·赤土传》称为"陵伽钵拔多",其地约在今归仁以北附近的 Sa-hoi 岬,湾内有一港称为 Lang-son。

　　门毒国,门毒距离陵山只有一日航程,故伯希和认为应在归仁方面求之。

　　古笪国,占城碑文中的 Kauthara 为其对音,系越南东南海岸芽庄的梵文名称 Nha-trang。

　　奔陀浪洲,即宾童龙(Pānduranga),今越南东南海岸的藩朗(Phan Rang)。

　　军突弄山,为马来语 Pulau Kundur 的对音,意为"南瓜岛"。明代黄衷在《海语》卷三《畏途·昆仑山》曾描述:"冬(南)瓜延蔓,苍藤径寸,实长三四尺,大逾一围,糜腐若泥淖。"华语将其音译为"昆仑山"(Pulau Condore),指今越南东南端外海的昆仑岛。

　　2. 从马六甲海峡到孟加拉湾

　　　　又五日行至海峡,蕃人谓之'质',南北百里,北岸则罗越国,南岸则佛逝国。佛逝国东水行四五日,至诃陵国,南中洲之最大者。又西出峡,三日至葛葛僧祇国,在佛逝西北隅之别岛,国人多钞暴,乘舶者畏惮之。其北岸

〔1〕　杨武泉:《岭外代答校注》,中华书局,1999 年,第 126 页。
〔2〕　[法]伯希和著,冯承钧译:《交广印度两道考》,第 63 页。
〔3〕　欧阳修、宋祁:《新唐书》,中华书局,1975 年,第 6297 页。

则箇罗国,箇罗西则哥谷罗国。又从葛葛僧祇四五日行,至胜邓洲。又四五日行,至婆露国。又六日行,至婆国伽蓝洲。

海峡,为马来语 Selat 的意译,"石矴"则为音译。土著所谓的"质",是 Selat 的节译,指的是马六甲海峡、新加坡海峡。

罗越国,马来半岛有一种族称为雅贡人(Orang Jakun),学术界称之为原始马来人(Proto-Malaya),属海洋蒙古利亚种(Oceanic Mongoloid Race),大多居住在马来半岛南部的柔佛、森美兰、彭亨及廖内群岛等处。该种族分为两类,凡居住在陆地者称为"陆雅贡"(Land Jakun),居住在海滨者称为"海雅贡"(Sea Jakun)。海雅贡主要集中在柔佛海峡及柔佛群岛,当地人称之为 Orang Lant,意即"海人"。贾耽所言的"罗越"殆为 Lant 的音译,其地为新加坡北岸的柔佛。[1]

佛逝国,亦名室利佛逝,为 Crivijaya 的音译,其地在苏门答腊岛东北的旧港(Palembang)、占卑(Jambi)一带,或泛指苏门答腊岛全部。

诃陵国,"诃陵"一名的起源,据说是印度羯陵迦(Kalinga)民族东移后,以其母国名来名其移居地,指的是今印度尼西亚的爪哇岛(Java)。

葛葛僧祇国,费瑯认为,此名或为马来语 Kakap Jengi 的音译,疑即黑人峡(Selat Zangi),即今之 Gaspar 峡。[2]

箇罗国,义净在《大唐西域求法高僧传》中称为"羯荼"(Kědah),阿拉伯人称之 Kalah,其地在马来半岛西岸的吉打。

哥谷罗国,伯希和认为,此地应求于吉打西北或西南的朗卡维岛(Langkawi)或槟榔屿(Poulo Pinang)。[3]

胜邓洲,伯希和认为,胜邓并非一洲,而为苏门答腊的一部分,即在德利(Deli)与朗加(Langkat)一带。[4]

婆露国,即义净《南海寄归内法传》的婆鲁师、《新唐书》的郎婆露斯,指的是苏门答腊岛西岸以出产樟脑著名的巴罗斯(Baros),因中国人称樟脑为"婆律膏",故将其产地译为"婆律"。

婆国伽兰洲,殆为马欢《瀛涯胜览》中的翠兰山之讹,指孟加拉湾的尼科巴群岛(Nicobar),冠以"婆国"二字,可能当时为婆露国的属地。

---

〔1〕 韩槐准:《旧柔佛之研究》,《南洋学报》第五卷第二辑,1950 年。
〔2〕 [法]费瑯著,冯承钧译:《昆仑及南海古代航行考、苏门答剌古国考》,第 59 页。
〔3〕 [法]伯希和著,冯承钧译:《交广印度两道考》,第 131 页。
〔4〕 同上书,第 132 页。

3. 从斯里兰卡至波斯湾

又北四日行,至师子国,其北海岸距南天竺大岸百里,又西四日行,经没来国,南天竺之最南境。又西北经十余小国,至婆罗门西境。又西北二日行,至拔䫻国。又十日行,经天竺西境小国五,至提䫻国,其国有弥兰大河,一曰新头河,自北渤昆国来,西流至提䫻国北,入于海。又自提䫻国西二十日行,经小国二十余,至提罗卢和国,一曰罗和异国,国人于海中立华表,夜则置炬其上,使舶人夜行不迷。又西一日行,至乌剌国,乃大食国之弗利剌河,南入于海。小舟溯流,二日至末罗国,大食重镇也。又西北陆行千里,至茂门王所都缚达城。

师子国,亦作"僧伽罗"(Simhala),或"细轮叠"(Sirandib)等,指印度洋的锡兰岛,今斯里兰卡。

没来国,为《大唐西域记》的"秣罗矩吒"(Malakuta),亦即"秣剌耶"(Malaya)或"麻啰拔"(Malabar),今译"马拉巴尔"。因 bar 在波斯语意为临海国,故贾耽仅译其国名为"没来"(Mala),指今南印度的马拉巴尔沿岸,似特指奎隆(Quilon)一带。

拔䫻国,疑指昔日之 Barygaza,今之布罗奇(Broach),位于印度西北部的纳巴达河口,在坎贝湾内。

提䫻国,为阿拉伯人 Daybul 的译音,亦殆为《大唐西域记》的"谢䫻",对音为 Zabul,其地在今印度西北部卡提阿瓦(Kathiawar)半岛的第乌(Diu)。

弥兰大河,阿拉伯人通称印度河为 Nahr Mihran 河,"弥兰"为 Nahr mihran 的译音。

新头河,即梵语 Sindhu 的译音,意为"甘",或即波斯人所谓的 Sinda,Sind 为河之义,指今印度河(Indus)。

渤昆国,殆为昆仑山之讹。印度河在今巴基斯坦,发源于青藏高原,流经克什米尔,在提䫻(第乌)之北入于海。

提罗卢和(罗和异)国,即靠近伊朗,为底格里斯河与幼发拉底河(Euphrates & Tigris)会合处的阿拉伯河东南面的 Djerrarah。桑原骘藏认为,马素第在《黄金草原》一书中记载在巴士拉与奥博拉所处的波斯湾头,或距奥博拉不远处有一海滩,为著名的 Djerrarah 地方。在航道的入口处,建立三个高木架,夜间点火于其上,从 Djerrarah 海滩上则可看到。因此,贾耽谓之"海中立华表,夜则置炬其上"。[1]

---

〔1〕 〔日〕桑原陟藏著,杨练译:《唐宋贸易港研究》,第24—25页。

乌剌国,即今波斯湾头,阿拉伯河河口的奥博拉。

弗利剌河,为幼发拉底河,即 Furat 的译音,指今阿拉伯河(Shatt ul Arab)。

末罗国,从其所处的位置及对音来看,应属巴士拉无疑,当时为两河流域重要的对外贸易港口。

缚达城,茂门王即哈里发,其都缚达城为阿拔斯(Abbas)王朝的首都巴格达(Baghdad)。

从上述考释中可以看出,早在唐代中国广州与阿拉伯之间的海上交通已非常发达。由于双方的商船来往频繁,故时人对由巴士拉出航,经波斯湾、阿拉伯海、孟加拉湾、马六甲海峡到中国的航线,或者从广州起航,经越南海域、马六甲海峡、孟加拉湾、印度洋、波斯湾至巴士拉的航线都很了解,无论在阿拉伯旅行家的游记,或者在唐代的官方文书中都有详细的记载。当时在这条航线上穿梭航行的,除了两国的商人外,还有不少往西天求法的高僧,如义净在《大唐西域求法高僧传》所记载的常慜禅师,"附舶南征,往诃陵国。从此附舶,往末罗瑜国。复从此国欲诣中天";明远法师,"遂乃振锡南游,届于交趾。鼓舶鲸波,到诃陵国。次至师子洲,为君王礼敬";义净本人亦于咸亨二年(671 年),随龚州使君冯孝铨至广府,"与波斯舶主期会南行"。[1] 同时也有唐朝官员从阿拉伯直接搭乘商船到广州,如天宝十年(751 年)随安西节度使高仙芝西征的杜环,在怛罗斯(Talas)战役中被俘,在阿拉伯居住了 12 年,至宝应元年(762 年)才从波斯湾搭乘商船返回广州。[2] 这些记载说明,当时广州与阿拉伯之间的海上交通已发展到相当的高度。

第三节　唐代广州与南海交通的发展

自秦汉以来,广州就已是我国南方著名的海外交通港口。广州的发展主要得益于优越的地理条件,日本学者藤田丰八在《中国港湾小史》一文中称:"盖此地为由西南海上至文化灿开、产物丰富,而为惟一产丝地之中国之咽喉,且系古代奢侈品象牙、犀角、瑀瑁、翡翠及珠玑等南货,输出北方之出口地,更位利于西江主流之乌泥江及沿其支流而与今云南、贵州、四川等腹地交通之要隘,是故自

〔1〕 王邦维:《大唐西域求法高僧传校注》,中华书局,1988 年,第 51、68、152 页。
〔2〕 张俊彦:《古代中国与西亚非洲的海上往来》,海洋出版社,1986 年,第 83 页。

汉以前,则已有海陆两面之通商,且颇为繁盛,此由种种事情推之,殆无疑焉。"[1]至唐代,随着中国国力的强盛与对外贸易的发展,广州作为中国南方主要贸易港口的地位更加巩固。它与亚洲另一强国——阿拉伯的海上交通达到了空前繁荣。

一、唐代南方的主要贸易港口

公元 762 年,阿拔斯王朝定都巴格达后,通过底格里斯河与中国南方的主要港口——广州发生贸易联系。在 8 世纪中叶至 9 世纪中叶的这 100 年间,阿拔斯王朝的国力达到鼎盛,当时东西方的海上贸易,特别是从阿拉伯半岛到印度的贸易,几乎全操纵在阿拉伯人手里。阿拉伯商船,每年穿梭于广州与印度洋之间,《旧唐书》称:"广州地际南海,每岁有昆仑乘舶以珍物与中国交市。"[2]当时云集于广州江中的外国商船,"有婆罗门、波斯、昆仑等舶,不知其数",[3]其中以"师子国舶最大,梯而上下数丈,皆积宝货"。[4]

由于阿拉伯商船经常航行到中国,故有些阿拉伯人对中国南方的主要贸易港口甚为了解,如前文中提到的伊本·库达特拔在《郡国道里志》一书中记载:

> 从 Sanf(即 Champa,占婆)到中国的第一港口 Al-Wakin,无论航海或陆行均是 100 farsangs(古波斯里,1 farsang 相当于 3.25 英里),此地有优质的中国铁、瓷器和大米,是一个大港。从 Al-Wakin 航行四天,到 Khanfu,若陆行需 12 天,此地出产各种水果、蔬菜、小麦、大米和甘蔗。从 Khanfu 航行 8 天,到 Janfu,此地出产与 Khanfu 相同。从 Janfu 航行 6 天到 Kantu,此地出产亦相同。在中国各港口皆有一条可航船的大河,河水随潮汐涨落。Kanhu 有鹅、鸭及其他野禽。[5]

上述各港口,据日本学者桑原骘藏考证,认为第一港口 Al-Wakin,即龙编(Loukin),属交州,在今越南河内地区;Khanfu,即广府,也就是广州;Janfu,即泉

---

〔1〕　[日]藤田丰八著,何健民译:《中国南海古代交通丛考》,商务印书馆,1936 年,第 535 页。

〔2〕　刘昫等:《旧唐书》,第 2897 页。

〔3〕　[日]真人元开著,汪向荣注:《唐大和上东征传》,第 74 页。

〔4〕　李肇:《唐国史补》,古典文学出版社,1957 年,第 63 页。

〔5〕　Henry Yule, Cathay and the Way Thither, London, The Hakluym Society, 1916, Vol.1, pp.135 - 136.

州;Kantu,即江都,也就是扬州。[1] 倘若这些考证无误,那么当时外国商船从越南中部的占婆进入中国海后,依次到达的唐代南方主要贸易港口就是交州、广州、泉州和扬州。

二、唐朝政府的南海贸易政策

唐代广州与阿拉伯的海上交通得以迅速发展,与唐朝政府奉行比较开明的对外开放政策,鼓励海外商人来华贸易有着密切的联系。唐朝在法律上明确规定:"诸化外人,同类自相犯者,各依本俗法;异类相犯者,以法律论。"[2]这就是说,来华贸易的外商中,如有犯法,在同国人之间(如阿拉伯人与阿拉伯人之间)依本国法律论处;在异国人之间(如阿拉伯人与新罗人,或阿拉伯人与中国人之间)则依中国法律论处。在广州阿拉伯商人高度集中的地方,唐朝政府还准许他们自治,按伊斯兰教的法律行事。唐宣宗大中五年(851年)东游印度、中国等地的阿拉伯商人苏莱曼(Solaiman)写道:在商人云集之地广州,中国官长委任一个穆斯林,授权他解决这个地区各穆斯林之间的纠纷;这是照中国君主的特殊旨意办的。每逢节日,总是他带领全体穆斯林作祷告,宣讲教义,并为穆斯林的苏丹祈祷。此人行使职权,做出的一切判决,并未引起伊拉克商人的任何异议。因为他的判决是合乎正义的,是合乎至尊无上的真主的经典的,是符合伊斯兰法度的。"[3]对于阿拉伯商人在广州所享有的这种优待,英国学者布隆荷(M. Broomhall)在《伊斯兰教在中国》(Islam in China)一书中称赞道:"居然在一定程度上享有治外法权焉,读者如熟知东印度时代广州之商业情况者,则知一千年前实无大异于今日也。"[4]

唐朝政府也尊重前来贸易的外国商人的宗教习俗。唐朝统治者虽然提倡道教和佛教,但并不排斥其他外来宗教,许多西方宗教,如景教、摩尼教、祆教和伊斯兰教,都是在唐时传入中国。在当时阿拉伯商人集中的广州,唐朝政府准其建立侨居地——蕃坊,并设有蕃长为主领。[5] 据乃劳特在《印度中国见闻录》中的记述,自9世纪后,伊斯兰教徒来华经商者渐多。唐末,广州伊斯兰教徒至以万计,遇仪式日,每行宗教的聚会。[6] 这些阿拉伯商人举行宗教聚会的地点,

〔1〕 〔日〕桑原骘藏著,杨练译:《唐宋贸易港研究》,第64—154页。
〔2〕 长孙无忌等:《唐律疏议》,中华书局,1983年,第133页。
〔3〕 穆根来等译:《中国印度见闻录》,第7页。
〔4〕 朱杰勤:《中外关系史译丛》,海洋出版社,1984年,第35页。
〔5〕 李肇:《唐国史补》,第63页。
〔6〕 〔日〕桑原骘藏著,陈裕菁译:《蒲寿庚考》,中华书局,1929年,第146页。

人们普遍认为是广州的怀圣寺。后来在宋开禧二年（1206 年）任南海尉的方信孺在《南海百咏》中写道："番塔，始于唐时，曰怀圣塔，轮囷直上，凡六百十五丈。绝无等级，其颖标一金鸡，随风南北。每岁五六月，夷人率以五鼓登其绝顶，叫佛号，以祈风信，下有礼拜堂。"[1]明初行人司行人严从简在《殊域周咨录》中同样写道："今广东怀圣寺前有番塔，创自唐时，轮囷直立上凡十六丈有五尺，日于此礼拜。"[2]由此可见，当时阿拉伯商人在广州建有怀圣寺，每逢礼拜日，可汇聚在寺内自由地从事自己的宗教活动。

在贸易方面，唐朝政府也赋予阿拉伯商人许多优惠。据苏莱曼称，商船从海外到达广州，就有管理港口的人来把船货搬进货栈，代为保管六个月，直至本季风期最后一艘商船进口为止。他们从船货中抽取 30%作为进口税，余下的交还货主。货物如为唐朝皇帝所购买，则按最高市价给价，且立刻发放现钱。唐朝皇帝对于外商们，是从来不肯错待的。在许多进口货物中，唐朝皇帝主要购买的是樟脑，每一曼（mann）给价 50 法古其（fakkuj），一法古其相当于 1 000 个铜钱。这些樟脑，如不是政府买去，而是放到市场上自由买卖，则仅能卖到一半价钱。[3]为了防止地方官员对阿拉伯商人进行敲诈，皇帝还不时发布敕令，禁止对他们滥征各种杂税。如太和八年（834 年），唐文宗曾下达谕令："南海蕃舶本以慕化而来，固在接以恩仁，使其感悦。如闻比年长吏多务征求，嗟怨之声，达于殊俗。况朕方宝勤俭，岂爱遐琛？深虑远人未安，率税犹重，思有矜恤，以示绥怀。其岭南、福建及扬州蕃客宜委节度、观察使除舶脚、收市进奉外，任其往来，自为交易，不得重加率税。"[4]有些比较开明的广州地方官员，也主动将一些勒索外商的陋规废除，如元和十二年（817 年）任岭南节度使的孔戣，就把原先外舶泊港后，必须举办的"阅货之燕，犀珠磊落，贿及仆隶"等陋规，一并废罢。[5]他还更改了对外商遗产处理的规定，按旧制，"海商死者，官籍其赀，满三月无妻子诣府，则没入"。但孔戣认为，海道往返一趟需时较长，三个月期限太短，应适当延长，"苟有验者不为限"，遂对外商遗产的处理作出较为合理的规定。[6]对于居留在广州的阿拉伯商人，唐朝政府也给予相当优待，准许他们与当地人杂居，婚娶相通，多占田畴，广营地舍。[7]

〔1〕 方信孺：《南海百咏》，《宋集珍本丛刊》第 75 册，线装书局，2004 年，第 618 页。
〔2〕 严从简：《殊域周咨录》，中华书局，1993 年，第 391 页。
〔3〕 ［阿］苏莱曼著，刘半农等译：《苏莱曼东游记》，中华书局，1937 年，第 33—34 页。
〔4〕 王钦若等：《册府元龟》，凤凰出版社，2006 年，第 1895—1896 页。
〔5〕 韩愈：《正议大夫尚书左丞孔公墓志铭》，《全唐文》，中华书局，1983 年，第 5703 页。
〔6〕 欧阳修、宋祁：《新唐书》，第 5009 页。
〔7〕 刘昫等：《旧唐书》，第 4591—4593 页。

在唐朝政府优惠政策的鼓励下,广州与阿拉伯的海上交通迅速发展,如王虔休在《进岭南王馆市舶使院图表说》中云:"诸蕃君长,远慕望风,宝舶荐臻,倍于恒数……除供进备物之外,并任蕃商,列肆而市,交通夷夏,富庶于人,公私之间,一无所阙。"〔1〕到广州贸易的阿拉伯与波斯商人为数众多,据说在唐肃宗乾元元年(758 年)九月,曾围攻广州城,刺史韦利逾城逃走,两国商人"劫仓库,焚庐舍,浮海而去"。〔2〕乾符五年(878 年),黄巢攻陷广州时,仅寄居在城里经商的伊斯兰教徒、犹太教徒、基督教徒和拜火教徒,就有 12 万人遭到杀害。这四类教徒的人数之所以如此确凿,是因为中国政府要向他们征收人头税。〔3〕当然,阿拉伯与广州海上交通的迅速发展,对当时唐朝社会经济的发展起到了重要作用,特别是天宝十年(751 年)唐将高仙芝在怛罗斯战争失利后,唐朝经陆路同西亚各国的贸易被切断了,对外贸易的重点不得不从陆路转向海路,于是广州与阿拉伯的海上交通就显得更为重要。布隆荷尔评论当时的情况说:"终唐之世,阿剌伯商人之在中国者,颇蒙优待,因其有利于中国也。"〔4〕

三、从广州到阿拉伯贸易的中国商船

从前述贾耽记载的从广州通往阿拉伯的航线可以看出,在 8 世纪中叶至 9 世纪初叶,从广州到阿拉伯的商船一般是航行到阿拉伯河口的奥博拉(Oballa),然后转换小船到巴士拉。而到 9 世纪中叶,凡从广州到阿拉伯贸易的中国商船,则必须停泊在巴士拉和奥博拉东南的法尔斯(波斯)海岸处,一个名叫锡拉夫(Siraf)的港口,等待货物的装运。锡拉夫港的情况前文已有叙述。而苏莱曼的记载是:"至于海船所停泊的港口,据说,大部分的中国船,都在 Siraf 装了货启程的;所有的货物,都先从 Basra 及 Oman 及其他各埠运到了 Siraf,然后装在中国船里。其所以要在此地换船者,为的是波斯海湾里的风浪很凶险,而其他各处的海水,可并不很深。从 Basra 到 Siraf,有海程一百二十 Paransanges(约合三百二十海里)。海船在 Siraf 装好了货,而且装好了淡水以后,就可以'举'了……由此开至一处,名叫 Maskat(即 Mascate),是 Oman 省的极端。从 Siraf 到 Maskat,大约有二百 Parasanges(约合五百三十海里)。"〔5〕

据说锡拉夫居民就是凭借这种转运贸易,赚得了惊人的财富。他们的富有盛

〔1〕 王虔休:《进岭南王馆市舶使院图表说》,《全唐文》,第 5235 页。
〔2〕 刘昫等:《旧唐书》,第 5313 页。
〔3〕 穆根来等译:《中国印度见闻录》,第 96 页。
〔4〕 朱杰勤:《中外关系史译丛》,第 35 页。
〔5〕 [阿]苏莱曼著,刘半农等译:《苏莱曼东游记》,第 18 页。

传于伊斯兰教国家,其中拥有6000万迪拉姆(direm,约合2000万元)资产者,屡见不鲜。他们用海外运来的优质木材,在便于眺望商船出入的舒适之处建造几层的高楼。有的富豪仅建住宅就花去3万迪纳尔(dinar,约合15万元)。[1]

当时从广州海运到巴士拉和巴格达的中国商品数量不多,在阿拉伯的进口商品中不占重要地位。出现这种情况的原因据说有两个:一是广州作为中外商船汇集的港口,也是中国和阿拉伯货物荟萃的地方,但广州的房子大多用易燃的木板和芦苇建造,故经常发生火灾,往往把预备出口的货物全都烧光;另一原因是商船在航行中,或遇难沉没,或遭海盗抢劫,或等待季候风转换,路上停留的时间太长,商人没有办法,只好沿途把货物陆续卖掉,等不了将之运到目的地阿拉伯。[2] 因此,阿拉伯商人为了得到中国商品,经常从巴士拉、奥博拉或锡拉夫等地直接航行到广州。然而至唐末,黄巢起义军攻陷广州,把那里的桑树和其他树木全都砍光,使阿拉伯商人失去了货源,特别是丝绸。更甚者是,公然对阿拉伯船主和船商进行迫害,强迫他们承担不合理的义务,没收他们的财产,甚至往日规章所不容许的行为也都得到纵容,于是,阿拉伯商人只好断绝与广州的海上交通。[3]

他们把贸易地点转移到马来半岛西岸的箇罗。该城后来成为从锡拉夫和阿曼等地来的阿拉伯商船的汇集地。他们在这里同由广州来的中国商船会合。中国商船再也不必像以前那样直航至阿曼、锡拉夫、波斯或巴林沿岸,以及奥博拉、巴士拉诸港,只要在箇罗就可得到阿拉伯的物产;而上述各地的阿拉伯商船也不必再航行到广州,如有的商人欲往广州者,则可在箇罗等候,搭乘中国商船前往。[4]

综上所述,广州作为中国南方的主要对外贸易港口,在唐代有了较大的发展。它与阿拉伯的海上交通达到了空前繁荣。当时之所以能吸引大量的阿拉伯商人来广州贸易,与唐朝政府奉行比较开明的对外开放政策,尊重阿拉伯人的宗教习俗,给予贸易上的优惠等有着重要关系。然而,这种密切的海上交通仅维持到唐末,因黄巢起义军攻陷广州,屠杀阿拉伯商人,烧毁桑林,使他们的生命财产遭到损害,又加之当时藩镇林立,广州地方官对阿拉伯商人肆意勒索,强占他们的财产,使他们不得不把贸易地点转移到马来半岛西岸的箇罗,从而结束了阿拉伯与广州的直接海上交通。

---

〔1〕 [日]桑原骘藏著,杨练译:《唐宋贸易港研究》,第31—32页。
〔2〕 [阿]苏莱曼著,刘半农等译:《苏莱曼东游记》,第16—17页。
〔3〕 穆根来等:《中国印度见闻录》,第96—98页。
〔4〕 [阿]马素第著,耿昇译:《黄金草原》,青海人民出版社,1998年,第182页。

第五章　宋元时期的南海海外交通

第一节　周达观随使真腊

元至元三十一年(1294年),元世祖忽必烈去世,太孙帖木儿继位,是为元成宗,次年改年号为元贞元年(1295年)。按照朝廷惯例,新皇帝即位后要诏告各邻国,以"宣扬国威"。于是是年六月,元成宗即下令,派遣使团到真腊,以即位建元诏告其国。真腊即今柬埔寨,汉时称为扶南,至隋唐时称为真腊,定都吴哥,在公元10至13世纪时达到全盛,史称"吴哥时代"。周达观,自号"草庭逸民",浙江省温州路永嘉县人,当时以普通随员的身份赴真腊。

一、出使真腊的行程

使团在元贞元年六月接到命令后,于次年二月二十日从温州开洋,"行丁未针(南南西),历闽、广海外诸州港口(即福州、泉州、广州、琼州等),过七洲(指海南岛东北的七洲列岛)洋,经交趾洋(指从海南岛西南至今越南中部的海域)",于三月十五日到占城(今越南中部的归仁),"又自占城顺风可半月到真蒲(在今日之头顿或巴地一带),乃其境地。又自真蒲行坤申针(西南西),过昆仑洋(指今越南东南端的昆仑岛洋面)",然后进入海港。此处虽有海港数十个,但因水浅不通巨舟,惟有第四港(今美萩港)可入。"自港口北行,顺水可半月,抵其地曰查南(今之磅清扬),乃其属郡也。又自查南换小舟,顺水可十余日,过半路村、佛村(今菩萨市),渡淡洋(淡洋为今之洞里萨湖,欧洲人称之为大湖,当地人谓之淡水洋),可抵其地曰干傍[干傍为马来语唝𠽋(Kompong)之对音,即"码头"之意],取城五十里"。[1]

---

〔1〕　夏鼐:《真腊风土记校注》,中华书局,2000年,第15—16页。

　　按周达观的记载,使团自元贞二年二月二十日(1296 年 3 月 24 日)从温州开航,三月十五日(4 月 18 日)抵达占城。也就是说,从今日之浙江温州至越南归仁仅用 26 天时间,航速颇迅。但从占城南行,却遭遇逆风,至秋七月始到真腊,共航行三至四个月。他们在真腊大约停留了一年时间,于大德元年六月(1297 年 6 月 21 日至 7 月 20 日)返航,八月十二日(1297 年 8 月 30 日)抵达四明(今浙江宁波),整个航程仅一个半月左右。[1]

二、周达观撰写《真腊风土记》

　　周达观在真腊停留的一年时间里,广泛接触了真腊社会的各个阶层,对其政治、经济、宗教、文化、风俗等各个方面都有所了解。归国后,将其所见所闻撰写成书,名曰《真腊风土记》,称"其风土国事之详,虽不能尽知,其大略亦可见矣"。[2]

　　《真腊风土记》全书约 8 500 字,分为总叙、城郭、宫室、服饰、官属、三教、人物、产妇、室女、奴婢、语言、野人、文字、正朔时序、争讼、病癞、死亡、耕种、山川、出产、贸易、欲得唐货、草木、飞鸟、走兽、蔬菜、鱼龙、酝酿、盐醋酱曲、蚕桑、器用、车轿、舟楫、属郡、村落、取胆、异事、澡浴、流寓、军马、国主出入等41 节。该书为记载 13 世纪吴哥王朝真

图一　《真腊风土记校注》封面

实社会面貌的第一手资料,故引起了众多外国学者的重视。特别是 19 世纪柬埔寨沦为法国的"保护国"之后,为了维护其殖民统治,一些法国汉学家开始对《真腊风土记》进行研究。1819 年,法国学者雷穆萨(A.Remusat)将该书译成法文,刊载于当年巴黎出版的《旅行新志》第三册;1902 年,法国汉学家伯希和又将该书译成法文,并对原书进行了校注,发表于河内远东法国学校校刊第二卷第二期。1931 年,我国学者冯承钧将之译成中文,题为《真腊风土记笺注》,收入《西

〔1〕　夏鼐:《真腊风土记校注》,第 41—42 页。
〔2〕　同上书,第 16 页。

域南海史地考证译丛七编》。随后,另一法国学者戈岱司(G.Coedes)撰写了《真腊风土记补注》,对伯希和校注的不足之处进行补正。冯承钧先生亦将之译成中文,收入《西域南海史地考证译丛二编》。[1] 1971 年,柬埔寨作家李添丁将《真腊风土记》译成柬文,他在序言中写道:"这本书是一部研究柬埔寨历史的宝贵资料。迄今为止,有关柬埔寨的任何历史书籍和教科书都没有超过周达观的《真腊风土记》。"该译本在金边出版发行后,受到柬埔寨学者和华侨的欢迎,1972 年和 1973 年又两次再版,三次共发行近两万册。[2]

如果单纯从考古的角度来说,《真腊风土记》最大的意义仍在于对当时吴哥王朝城郭的真实描述。书中"城郭"条写道:"州城周围可二十里,有五门,门各两重","城之外皆巨濠,濠之上皆通衢大桥。桥之两傍,共有石神五十四枚","城门之上有大石佛头五,面向四方","其城甚方整,四方各有石塔一座","当国之中有金塔一座,傍有石塔二十余座","鲁般墓(吴哥寺)在南门外一里许,周围可十里,石屋数百间","东池在城东十里,周围可百里,中有石塔、石屋",等等。[3] 正是周达观的这些记载,使遭泥土和苔藓隐没长达四百多年的吴哥文明得以重见天日。

据说葡萄牙传教士多尔塔(P.Antonia Dorta)在 1564 年最早发现吴哥遗迹,但未引起人们的重视。1850 年,法国人布莱沃斯(C.E.Bouillevoux)到此地考察,在丛林中发现一个"类似王宫"的建筑,并发表了游记,才引起了人们的注意。1861 年,法国博物学家莫霍特(H.Mouhot)决定亲履其地。他从中国出发,经南海、湄公河、洞里萨湖到达真腊。他是从《真腊风土记》的记载中得知吴哥城的存在,也基本是按照周达观所叙述的路线到达吴哥的。他深信吴哥王朝的存在,并雇用了几位当地的土著做助手,手持砍刀,进入丛林。他们披荆斩棘,历尽千辛万苦,终于发现了淹没在原始森林中的石柱、石屋和石塔群,使湮没四百多年的神秘吴哥遗迹重返人间。1868 年,莫霍特的游记出版,游记里附有莫霍特绘制的寺庙草图。将之与《真腊风土记》的描述相比对,可证实周达观曾亲临此地,将目睹的一切记录成书,的确为信史也。[4]

周达观随使真腊,将其所见所闻撰写而成的《真腊风土记》一书,是当今世界上仅存的最早介绍吴哥王朝的政治、经济、宗教、文化、社会、风俗等情况的著作,其对吴哥城生动细致的描述,使吴哥遗迹得以重见天日。这就是此书的最大贡献之处。

---

〔1〕 赵和曼:《中外学术界对〈真腊风土记〉的研究》,《世界历史》1984 年第 4 期。
〔2〕 晏明:《〈真腊风土记〉柬文本及其译者李添丁》,《印支研究》1983 年第 3 期。
〔3〕 夏鼐:《真腊风土记校注》,第 43—44 页。
〔4〕 同上书,第 46 页。

第二节　汪大渊附舶游南海

宋元祐二年(1087年),福建泉州设置市舶司,海外贸易随之迅速发展,许多阿拉伯商人聚集于泉州进行贸易。宝庆元年(1225年),赵汝适出任泉州市舶提举。为加速贸易发展,他经常向海外商人了解其国风情、山川、疆里、土产等,并撰写成《诸蕃志》一书,以供后人参考。该书对元代航海家汪大渊的影响甚大,他后来撰写的《岛夷志略》在体例上基本仿照了《诸蕃志》的做法,对每个海外国家或地区的描述,均着重于当地习俗、信仰、物产及贸易品等。不过,由于汪大渊是亲自游历海外诸国和地区,并将其所见所闻写成《岛夷志略》,较之《诸蕃志》仅凭耳闻口传,在可信程度上显然重要得多。正如《四库全书总目提要》评价道:"然诸史外国列传秉笔之人,皆未尝身历其地,即赵汝括《诸蕃志》之类亦多得于市舶之口传。大渊此书则皆亲历而手记之,究非空谈无征者比。"[1]

一、汪大渊与《岛夷志略》

汪大渊,字焕章,江西南昌人。其生平不详,从其撰写的《岛夷志后序》中仅了解到"大渊少年尝附舶以浮于海"。而在翰林修撰张翥于至正十年(1350年)写的序言中,亦只谈到"西江汪君焕章,当冠年,尝两附舶东西洋"。由此可知,汪大渊是在成年(20岁)之后,始附舶游历东西洋的。

有关汪大渊的出生年月,以及两次附舶航海的时间,目前学术界尚存在不同看法。例如,法国学者伯希和认为:"汪氏约生于1310年或1311年,第一次航海在1329年至1331年或1330年至1331年;第二次航海在1343年至1345年,此似为一种适合之推测也。"[2]苏继庼先生的看法是,汪大渊生于1311年,1330年由泉州第一次浮海,1334年夏秋间返国;1337年由泉州第二次浮海,1339

图二　《岛夷志略校释》封面

〔1〕　苏继庼:《岛夷志略校释》,中华书局,1981年,第389页。
〔2〕　同上书,第398—399页。

年夏秋间返国。[1] 郑州大学文博学院历史系许永璋教授近年提出新的说法，认为汪大渊生于 1308 年，第一次浮海的时间是从 1327 年冬到 1331 年夏秋；第二次浮海的时间则是从 1332 年冬到 1337 年夏秋。[2]

　　上述这些看法的主要依据是《岛夷志略》在"大佛山"条的记载："大佛山界于迓里、高郎步之间。至顺庚午冬十月十有二日，因卸帆于山下。"这里所说的"迓里"，指的是今斯里兰卡的加勒（Galle），"高郎步"即今斯里兰卡的首都科伦坡（Colombo），处于它们之间的"大佛山"为科伦坡以南的贝鲁瓦拉湾（Beruwala Bay）。至顺元年（1330 年）冬十月，汪大渊附搭的商船就停泊在此山下。因此，苏继顾先生遂将此停泊时间作为汪氏由泉州第一次浮海的时间，甚至认为古时男子二十岁而冠，说明汪氏浮海时年方二十，如按实足年龄算应为十九岁。苏继顾将汪大渊第一次浮海的 1330 年减去 19 年，则他的出生年份为 1311 年。而许永璋教授考虑到航行过程中的季候风问题，认为出航时间应早于 1330 年，返程因受季候风制约，应迟于 1330 年。

　　许教授能考虑到季候风问题没有错，因在南印度东海边，冬季（阳历 10 月中旬至 12 月中旬间）刮东北风，夏季（阳历 5 月下旬至 9 月中旬间）刮西南风。[3] 故在南海航行的船舶必然要受季候风的制约，例如《岭外代答》卷三"大食诸国"条云："有麻离拔国。广州自中冬以后，发船乘北风行，约四十日到地名蓝里……住至次冬，再乘东北风，六十日顺风方到此国。"[4] 这里所述的"麻离拔"为南印度的马拉巴儿（Malabar），"蓝里"为苏门答腊岛西北部的蓝无里（Ramuri）。其意是说，冬季从广州出航的商船，乘东北风航行四十天到苏门答腊岛西北部，停泊在那里等到次年冬天，再乘东北风到南印度。《岭外代答》卷二"故临国"条亦写道："故临国与大食国相迩，广舶四十日到蓝里住冬，次年再发舶，约一月始达……中国舶商欲往大食，必自故临易小舟而往，虽以一月南风至之，然往返经二年矣。"[5] 这里谈到广州商船到印度西南海岸的话同样要在苏门答腊岛住冬，待次年再开航。若要继续前往阿拉伯，虽西南季风已至，但往返也需要两年时间。类似的记载在《诸蕃志》也可看到："故临国自南毗舟行，顺

〔1〕　苏继顾：《岛夷志略校释》，中华书局，1981 年，第 10 页。

〔2〕　许永璋：《汪大渊生平考辨三题》，《海交史研究》1997 年第 2 期。

〔3〕　[日]足立喜六著，何健民、张小柳译：《法显传考证》，商务印书馆，1937 年，第 251—252 页。

〔4〕　杨武泉：《岭外代答校注》，中华书局，1999 年，第 99 页。

〔5〕　同上书，第 90—91 页。

风五日可到,泉舶四十余日到蓝无里住冬,至次年再发,一月始达。"〔1〕根据这些记载,我们可以来推测一下汪大渊第一次附舶航海的时间:商船大约在1329年冬从泉州出航,航行40天后到达苏门答腊岛西北部的蓝无里,在那里住冬,等到第二年冬再续航至南印度,接着返航在斯里兰卡大佛山下停泊,再等待到次年六月,乘西南风返航泉州。

汪大渊返回泉州后,则开始将其在浮海中的所见所闻整理成书,正如他在《岛夷志后序》中写道的:"所过之地,窃尝赋诗以记其山川、土俗、风景、物产之诡异,与夫可怪可愕可鄙可笑之事,皆身所游览,耳目所亲见。传说之事,则不载焉。"〔2〕这之间大约耗费了十来年时间,到至正五年才完成初稿,也就是吴鉴在序言中所说的"五年旧志"。这里有必要对"五年旧志"的理解作一说明,苏继庼先生认为"似指汪氏第一次浮海归来后所记,以其第一次往来海上费时五年,故名"。〔3〕这种说法显然有点牵强附会,所谓的"旧志"、"新志",正如现在所说的"旧版"、"新版",应该指的是完稿年份,而不是在海上耗费了多少时间。许永璋教授同意苏先生的说法,认为吴鉴在序言末尾落款用的是干支纪年"至正己丑",而不是"至正九年",故"五年旧志"指的是第一次航海五年的记录。这种说法有其片面性,因在落款署明年份,既可以用干支纪年,也可以直接写某年,这之中不一定有什么特殊含义,如张翥在序言中的落款不就用"至正十年"吗,这又将如何解释?

初稿完成之后,汪大渊又开始第二次附舶远航,时间大约是1345年冬。在航行过程中,他逐渐将一些新的见闻补充进书稿。例如他在1349年夏从印度洋返航经暹国时,听说暹国已在"至正己丑夏五月,降于罗斛",〔4〕即将该信息写入书中。汪大渊第二次浮海估计就在这一年返回泉州,有他在《岛夷志后序》中所写的"至正己丑冬,大渊过泉南"为证。〔5〕此时正值偰玉立来泉州任闽海宪使,准备修志,"遂分命儒士,搜访旧闻,随邑编辑成书"。负责修志的吴鉴因看到汪大渊第二次修订的书稿,较之至正五年写的初稿"大有径庭",且认为"君传者其言必可信",故将其附在《清源续志》之后。〔6〕第二年汪大渊将返回江西,计划把书稿重新刊印,以广其传,翰林修撰张翥遂为之写了序言。这大抵是《岛

〔1〕　杨博文:《诸蕃志校释》,中华书局,1996年,第68页。

〔2〕　苏继庼:《岛夷志略校释》,第385页。

〔3〕　同上书,第11页。

〔4〕　同上书,第155页。

〔5〕　同上书,第385页。

〔6〕　同上书,第5页。

夷志略》成书的整个过程。

上述的考释说明：汪大渊第一次附舶航海的时间大抵是在 1329 年冬至 1331 年夏秋之间；第二次航海的时间约在 1345 年冬至 1349 年夏秋之间。他开始撰写《岛夷志略》，估计是在第一次航海返回泉州之后，至 1345 年完成初稿。接着在第二次航海中，又逐渐将其新的见闻补充进去，至 1349 年完成对初稿的修订，附于《清源续志》之后刊行。

二、《岛夷志略》中南海航线的考释

《岛夷志略》被称为"上继《岭外代答》与《诸蕃志》，下接《瀛涯胜览》、《星槎胜览》等明代撰述之要籍"。[1] 可见其在中国航海史和中国海外交通史上的地位极其显著。据说马欢在跟随郑和下西洋之前，曾读过《岛夷志略》，因其所载的天时、气候之别，地理、人物之异而深深感叹道："普天下何若是之不同耶！"直至他亲自下西洋，历尽鲸波浩渺，跋涉诸邦，目睹各种天时、气候、地理、人物之后，始"知岛夷志所著者不诬"。[2] 正是在汪大渊的影响下，马欢才撰写了《瀛涯胜览》一书。

《岛夷志略》全书共记 100 条，其中有 99 条是记汪大渊本人所到达的地方，即东起澎湖到文老古，西至阿拉伯和东非沿岸。至于全书所涉及的海外地名总计多达 220 个，本节拟将汪大渊所记载的这些地名，按航程顺序分为三条航线进行考释。

第一条航线：汪大渊附搭的商船从泉州开航，顺风二昼夜到达澎湖。元代的澎湖隶属泉州晋江县管辖，至元间立巡检司。而后从澎湖航行到琉球，此琉球指的是我国的台湾岛。在元代，台湾岛一般被称为"琉球"，至明代时，琉球才成为冲绳岛的专称，清代亦因袭之。汪大渊在琉球条中写道："其峙山极高峻，自澎湖望之甚近。"从澎湖望之甚近的山，指的大概是台湾嘉义东之玉山，嘉义正与澎湖相对。[3] 接着商船南下航行到菲律宾的"三岛"，《诸蕃志》称为"三屿"，指的是布桑加岛（Busuanga）、卡拉棉岛（Calamian）和巴拉望岛（Palawan）。同时也到达"麻逸"，此名为 Mait 的译音，犹言黑人之地，乃民都洛（Mindoro）岛之称。商船再继续航行到加里曼丹岛西岸的浡泥（今文莱，Brunei），以及西南岸的都督岸（今沙捞越河口附近的达土角，Tanjong Datu）和淡港（今古晋，

〔1〕 苏继庼：《岛夷志略校释》，第 9 页。
〔2〕 冯承钧：《瀛涯胜览校注》，商务印书馆，1935 年，第 1 页。
〔3〕 苏继庼：《岛夷志略校释》，第 20 页。

Kuching)。越过赤道后,商船则朝东南方向航行,经过假里马打[指加里曼丹岛西南海中之卡里马塔群岛(Karimata Is.)],到达爪哇岛东部的巫论(Gorong)、希苓(今玛琅,Malang)、重迦逻(今苏腊巴亚,Surabaya)、杜瓶(今图板,Tuban)等地。再到小巽他群岛东端的古里地闷(今帝汶,Timor),据汪大渊记载,曾经有泉州吴姓商船,载运一百多人到该岛贸易。[1] 然后再航行到文老古(今马鲁古,Maluku)、苏禄(Sulu)等地。

第二条航线:商船从泉州出航后,则沿着海岸航行,到达越南东海岸的交趾(指以今河内一带为中心的越南北部)、占城(在今越南中部一带,Campa)、灵山(在归仁以北的 Lang-song 港),此处为船舶停泊、敬神求平安、汲淡水、采柴薪之地。汪大渊称:"舶至其所,则舶人斋沐三日,其什事,崇佛讽经,燃水灯,放彩船,以祈本舶之灾,始度其下。""舶之往复此地,必汲水、采薪以济日用。"[2] 然后再航行至宾童龙(今越南东南部的藩朗,Phan Rang)、昆仑(今越南南部海中的昆仑岛,Pulau Kundur),接着越过金瓯角进入泰国湾。再到真腊(今柬埔寨)、暹国(指素古台王朝,Sukhotai)、罗斛(在今湄南河下游的华富里,Lophuri)。继续航行到马来半岛的戎(指克拉地峡附近的春蓬,Chumphorn)、丹马令(今洛坤,Lakom)、吉兰丹(Kelantan)、丁家卢(今马来半岛东岸的丁加奴,Trengganu)、彭坑(今马来半岛东岸的彭亨,Pahang),再绕过龙牙门(指新加坡海峡,Singapore Strait),到马来半岛西岸的无枝拔(今马六甲,Malacca)、龙牙犀角(今吉打,Kedah)及龙牙菩提(吉打北近海中的凌加卫岛,Langkawi I.)等地。

第三条航线:商船从泉州出航后,则直接航经西沙群岛、万里石塘(今南沙群岛海域),到达苏门答腊岛东部的旧港(今巴邻旁,Palembang)、三佛齐(今占卑,Djambi)、淡洋(今塔米昂,Tamiang),北部的花面(今拔沓,Battak)、班卒(西岸之婆鲁斯,Barus)、龙涎屿(西北角的 Bras 岛)和西北角的南巫里(今亚齐,Achin)。商船在这里住冬,待次年冬再继续航行到印度半岛东岸的第三港(在印度马拉巴尔海岸,属马德拉斯邦)、土塔(指印度半岛东岸讷加帕塔姆,Negapatam 附近的"中国塔"),接着航行到千里马(今斯里兰卡东岸的亭可马里,Trincomalee)、僧加剌(今锡兰岛,Simhala dripa)、高郎步(今斯里兰卡岛西岸之科伦坡,Colombo)、大佛山(今科伦坡南的贝鲁瓦拉湾,Beruwala Bay),然后再航行到小具南(今印度西南岸的奎隆,Quilon)、古里佛(今卡里卡特,Calicut)、巴南巴西(指印度西岸的 Banavasi)、放拜(今孟买,Bombay)、华罗(今译佛腊伐耳,

---

〔1〕　苏继庼:《岛夷志略校释》,第 209 页。
〔2〕　同上书,第 223 页。

Verawal,在印度古吉拉特邦卡提阿瓦半岛西南岸一古港)等地。

第三节 海南的南海贸易

海南岛位于南海的北端,北与雷州半岛仅隔 30 公里宽的琼州海峡,西以北部湾与中南半岛隔海相望,"南对占城,西望真腊,东则千里长沙、万里石床,渺茫无际,天水一色",[1]地理上与东南亚各国最为接近,战略地位非常重要,为南海交通的必经之地。海南岛资源丰富,尤其盛产热带特产和香料,这些产品多为古代南海贸易中的重要商品。进入唐宋时期,随着东西方海上交通的兴起,海南成为南海贸易的重要之地。

一、早期海南的南海交通和贸易

古代海南,为百越居住之地。秦始皇开辟岭南,置桂林(广西)、南海(广东)、象(越南北部)郡时海南岛已同大陆发生交往。当时不仅有不少汉民移居海南,"与越杂处",亦有许多商贾浮海至海南从事贸易。[2] 秦末天下大乱,南海尉赵佗乘机割据三郡称王,海南属南越政权管辖。西汉元鼎六年(前 111 年),汉武帝灭南越,次年,以南越地置九郡,其中儋耳、珠崖即海南。

然而,早期中国的对外交通以陆路为主,南海航路未臻发达;海南岛海岸线弯曲较少,天然良港不多,不利于大船停靠,且当时经济未得到开发,尚处于"荒蛮之地"的状态,被人目为"瘴疠之地",因此在对外交通中的地位并未凸显。

进入唐代以后,西亚兴起了强大的阿拉伯帝国,致力开拓对东方的海上贸易。同时,公元 751 年唐王朝在怛罗斯战役中失利,失去对中亚的控制,经由陆路同西方各国的交往受阻,遂重视经营南海航路,以扩大与海外诸国的交流。在此背景下,东西方之间的海上交通遂迅速崛起。随着东西方海上交通的兴起,海南岛因地扼东西方海上交通要道,成为中外商舶往来中国重要的中继港口。

在古代,由于受航海造船技术的限制,船舶航行必须循海岸"梯航"以到达远方。如此一来,海南岛正扼东西方海上交通航线,成为商船的必经之地。在前文中,我们提到了贾耽记载的从广州经由海南岛至阿拉伯诸国的航线。

---

〔1〕 杨博文:《诸蕃志校释》,中华书局,1996 年,第 216 页。

〔2〕 史载:"越处近海,多犀象、毒冒、珠玑、银铜、果布之凑,中国往商贾者多取富焉,则秦有至者矣。"唐胄:正德《琼台志》卷三,正德十六年刻本。

另据史籍记载:"唐振州(即宋代之吉阳军,州治在今崖县)民陈武振者,家累万金,为海中大豪。犀、象、玳瑁仓库数百。先是西域贾漂舶溺至者,因而有焉。海中人善咒术,俗谓得牟法。凡贾舶经海路,与海中五郡绝远,不幸风漂失路,入振州境内。振民即登山披发以咒诅,起风扬波。舶不能去,必漂于所咒之地而止。武振由是而富。"[1]这是说外国商船航经海南时,当地的一些民众使用强制手段,或劫掠,或低价强买,获取大量的海外商品,从而致富。这个传说虽带有传奇色彩,但也说明了外国商船频繁访问海南岛,并经常在此避风和从事贸易活动。

在唐代来到海南的外国商人主要是波斯人。早在阿拉伯人兴起之前,波斯人就已执东西方海上交通的牛耳。[2] 7世纪中叶,波斯人被阿拉伯人征服,沦为阿拉伯帝国的臣民,但在东西方海上贸易中的优势地位并未动摇,相反却得到加强。公元727年,慧超云:波斯"常于西海泛舶,入南海向师子国取诸宝物……亦向昆仑国取金,亦泛舶汉地,直至广州,取绫绢丝绵之类"。[3] 波斯人的远洋帆船舳舻相衔地穿梭于东西方之间,有时东来的船队竟达35艘之多,[4]其航海贸易规模令人惊叹不已。由于波斯人控制着东西方海上航运,中外人士往返中国也多搭乘波斯舶。[5] 可以想见,来往于海南的波斯船也是很频繁的。

天宝年间,海南万安州大首领冯若芳"每年常劫取波斯舶二三艘,取物为己货,掠人为奴婢",竟成大富,岛上波斯"奴婢居处南北三日行,东西五日行,村村相次",[6]形成了波斯人聚居的村落。可见,当时因南海贸易之关系而滞留海南的外国商人已不在少数。

二、宋元时期海南贸易的繁荣

在宋代随着来自大陆的人口越来越多,海南的人口迅速增加,商业贸易也得到迅速发展,并在经济中发挥越来越大的作用,海南与大陆的联系也更加密切。

〔1〕 李昉等:《太平广记》,中华书局,1961年,第2282页。

〔2〕 廖大珂:《蕃坊与蕃长制度初探》,《南洋问题研究》1991年第4期。

〔3〕 慧超著,张毅笺释:《往五天竺国传笺释》,中华书局,2000年,第101页。

〔4〕 圆照:《贞元新定释教目录》,《大正新修大藏经》本。

〔5〕 唐时从事东西方海上航运者多为波斯人,故中国"南方呼波斯为舶主"。见元稹:《和乐天送客游岭南二十韵》,《全唐诗》,上海古籍出版社,1986年,第1006页。如义净于咸亨二年(671)往印度,即先至广州,"与波斯舶主期会南行"。见王邦维:《大唐西域求法高僧传校注》,中华书局,1988年,第152页。

〔6〕 〔日〕真人元开著,汪向荣校注:《唐大和上东征传》,中华书局,1979年,第68页。

1. 贸易港口的开辟

在宋代之前,海南还未出现名见经传的贸易港。宋代商业贸易的繁荣推动了海南岛贸易港口的发展,其重要标志是白沙津港[1]的开辟。海南天然良港不多,港口多位于河口,但因沙土堆积而水浅,不利大船停泊。琼州是全岛的政治、经济和交通的中心,也是对外交通的重要港口。白沙津港为"商舟所聚处也"。然而此港自海岸屈曲,不通大船,大船只能泊于海岸,"而海岸又多风涛之虞",不能适应国内外贸易的顺利开展。淳熙十五年(1188年),知琼州王光祖"欲直开一港,以便商旅,已开而沙复合,忽飓风吹开一港,尤径"。[2] 正德《琼台志》亦记载:琼山"县北十里白沙津,商舟所聚处也。然浅窄不通大舟,每夏秋飓发,多风涛之虞。宋自熙宁中筦帅王光祖以来,累欲穿港而未能,至淳祐戊申,飓风大作,夜忽自冲成港,人以为神,因名曰神应港"。[3] 由此可知,在1068年以前,白沙津已是海南岛商船所聚之港,到1248年飓风把原来浅窄的白沙津冲成神应港后,大型商船也可以入港停泊,从此才逐渐成为起卸货物的口岸和货物的集散地,特别是到南宋时才逐渐形成了南洋各国商船的寄泊地。白沙津港的开辟为海南海上交通和贸易的进一步发展奠定了基础。

2. 与大陆贸易的扩大

在宋代海南同大陆的经济关系更加紧密。北宋时苏轼所说"泉、广海舶绝不至,药物鲊酱等皆无",[4]反映了海南对大陆经济上的依赖。另一方面,随着大陆经济的发展,国内市场对海南热带、亚热带物产的需求也有扩大和提高。沉水香,"海南自难得,省民以一牛于黎峒博香一担,归自差择,得沉水十不一二。顷时香价与白金等,故客不贩,而宦游者亦不能多买"。[5] 北宋神宗时,琼管体量安抚朱初平言:"每年省司下出香四州军买香,而四州军在海外,官吏并不据时估实直,沉香每两只支钱一百三十文。既不可买,即以等料配香户,下至僧道、乐人、画匠之类,无不及者。官中催买既急,香价遂致踊贵。每两多者一贯,下者七八百。受纳者既多取斤重,又加以息耗,及发纲入桂州交纳,赔费率常用倍,而官吏因缘私买者,不在此数,以故民多破产。海南大患,无甚于此。且广州外国香货,及海南客旅所聚,若置场和买,添三二百人,未为过也。"[6]虽然官府采办

---

〔1〕 白沙津即白沙港,顾炎武云:其港位于府城北十里,"与海口唇齿相通,凡大舟商船皆住泊焉,此琼治之咽喉也"。(《天下郡国利病书》卷一〇六,光绪二十七年二林斋藏本)

〔2〕 祝穆:《方舆胜览》,中华书局,2003年,第771页。

〔3〕 唐胄:正德《琼台志》卷四一。

〔4〕 苏轼:《苏轼文集》,中华书局,1986年,第1841页。

〔5〕 杨武泉:《岭外代答校注》,中华书局,1999年,第241页。

〔6〕 李焘:《续资治通鉴长编》,中华书局,1990年,第7521—7522页。

香料成为海南人民的沉重负担，但也说明海南的香料广受欢迎，大量销于国内外市场。

当时海南和广州、泉州、扬州、杭州等各大港口都有密切的贸易关系，尤其是和广州、泉州之间的商船往来，络绎不绝。北宋初年，裴鹗曰：“琼管之地，黎母山酋之四部境域，皆枕山麓，香多出此山，甲于天下。然取之有时，售之有主。盖黎人皆力耕治业，不以采香专利。闽越海贾惟以余杭船即市香。每岁冬季黎峒俟此船，方入山寻采，州人从而贾贩尽归船商，故非时不有也。”〔1〕来自大陆各地的商船载来海南民间需求的各种生产生活用品，并收购海南的各种土特产。赵汝适曾这样记载海南与广州的贸易：“（黎人）无盐、铁、鱼、虾，以沉香、缦布、木棉、麻皮等，就省地博易。得钱无所用也。”〔2〕“省民以盐、铁、鱼、米转博，与商贾贸易。”〔3〕而“自泉、福、两浙、湖、广来者，一色载金银匹帛，所直或及万余贯”。〔4〕泉州的商船，“以酒、米、面粉、纱绢、漆器、瓷器等为货，岁杪或正月发舟，五六月间回舶。若载鲜槟榔拶先，则四月至”。〔5〕有时，“闽商值风飘荡，赀货陷没，多入黎地耕种之”。〔6〕海南向大陆输出的土特产中，以槟榔、吉贝最为大宗，“泉商兴贩，大率仰此”。〔7〕当时海南的香料通过来自全国各地商人的贩运，行销于国内外市场。随着香料贸易的发展，当地人民在商品经济浪潮的冲击下也纷纷弃农经商，投入贩香的行列，以致海南的社会风俗产生重大变化。南宋时，赵汝适记曰：海南“多荒田，所种秔稌，不足于食，乃以薯芋、杂米作粥糜以取饱。故俗以贸香为业”。〔8〕从海南社会经济由“力耕治业”到“以贸香为业”的转变亦可见当时的香料贸易十分繁盛。

由于海南与大陆间贸易的发展，地方政府则征收商税作为财政的挹注：“海南收税，定舟船之丈尺量纳，谓之‘格纳’。其法，分为三等，假如五丈三尺为第二等，则是五丈二尺遂为第三等。所减才一尺，而纳钱多少相去十倍。加之客人所来州郡物货，贵贱不同，自泉、福、两浙、湖、广来者，一色载金银匹帛，所直或及万余贯；自高、化来者，惟载米包、瓦器、牛畜之类，所直或不过一二百贯。其不等如此，而用丈尺概收税，甚非理也。以故泉、福客人，多方规利，而

〔1〕丁谓：《陈氏香谱》卷四，《文渊阁四库全书》本。
〔2〕杨博文：《诸蕃志校释》，第220页。
〔3〕同上书，第217页。
〔4〕李焘：《续资治通鉴长编》，第7522页。
〔5〕杨博文：《诸蕃志校释》，第217页。
〔6〕同上书，第220—221页。
〔7〕同上书，第221页。
〔8〕同上书，第216页。

高、化客人不至。以此海南少有牛米之类。今欲立法,使客船须得就泊琼、崖、儋、万四州水口,不用丈尺,止据货物,收税讫,官中出与公凭,方得于管下出卖。其偷税之人,并不就海口收税者,许人告,并以船货充赏。"[1]商税收入已经成为当时地方财政的主要支柱。如槟榔,人称:"海商贩之,琼管收其征,岁计居什之五。广州税务收槟榔税,岁数万缗。推是,则诸处所收,与人之所取,不可胜计矣。"[2]

3. 对外贸易的繁荣

入宋以后,海南不仅仅和大陆之间经济交往十分密切,更重要的是在东西海上贸易中具有越来越重要的地位。自宋开始,随着东西海上贸易的兴盛,海南岛除了和邻近中南半岛上的越南、占婆等国有着直接的贸易关系外,并成为东西海上贸易商船躲避风暴和逃避广、泉市舶司征税的重要寄居港。

关于海南岛在海外交通中的地位,宋人楼钥有如下描述:"黎山千仞摩苍穹,颠颠独在大海中……或从徐闻向南望,一粟不见波吞空。灵神至祷如响答,征帆饱挂轻飞鸿。晓行不计几多里,彼岸往往夕阳春。琉球大食更天表,舶交海上俱朝宗。势须至此少休息,乘风径集番禺东。不然舶政不可为,两地虽远休戚同。"[3]从"不然舶政不可为,两地虽远休戚同"一语可见海南岛对中外海上交通和贸易的开展具有举足轻重的作用。

与此同时,海南拥有丰富的资源和物产,使它成为海外商品市场的重要供应地。

海南岛属热带气候,土特产富饶。周去非说它:"土产名香、槟榔、椰子、小马、翠羽、黄蜡、苏木、吉贝之属,四州军征商,以为岁计,商贾多贩牛以易香。"[4]赵汝适则说:"土产沉香、蓬莱香、鹧鸪斑香、笺香、生香、丁香、槟榔、椰子、吉贝、苎麻、楮皮、赤白藤、花缦、黎幙、青桂木、花梨木、海梅脂、琼枝菜、海漆、荜拨、高良姜、鱼鳔、黄蜡、石蟹之属。"[5]这些土特产大多是东西方贸易中的畅销商品,其中沉香和笺香"悉冠诸蕃所出"[6],最负盛名。宋人蔡絛赞曰:"大凡沉水、婆菜、笺香,此三名常出于一种,而每自高下其品类名号为多尔,不谓沉水、婆菜、笺香各别香种也。三者其产占城国则不若真腊国,真腊国则不若海南,诸黎洞又皆不若万安、吉阳两军

〔1〕 李焘:《续资治通鉴长编》,第 7522 页。
〔2〕 杨武泉:《岭外代答校注》,第 293 页。
〔3〕 楼钥:《攻媿集》卷三,《文渊阁四库全书》本。
〔4〕 杨武泉:《岭外代答》,第 71 页。
〔5〕 杨博文:《诸蕃志校注》,第 216—217 页。
〔6〕 范成大撰,严沛校注:《桂海虞衡志校注》,广西人民出版社,1986 年,第 28 页。

之间黎母山。至是为冠绝天下之香，无能及之矣。"[1]孙升云："琼崖四州在海岛上，中有黎戎国，其族散处无酋长，多沉香药货。"[2]海南所产沉、笺香质优量多，远销国内外市场，而且售价很高。"叶庭珪云：（沉水香）出海南、山西……品虽侔于真腊，然地之所产者少，而官于彼者，乃得之。商舶罕获焉，故直常倍于真腊所产者。"[3]尤其在阿拉伯诸国，沉、笺香有很大的需求，以至"与黄金同价"[4]。海南岛的香料质优价高，乃利薮所在，加上有利的地理位置，自然成为追逐利润的中外商人趋之若鹜之地。

宋代海南对外贸易的发展和繁荣，主要表现在以下几个方面：

首先，走私贸易的兴盛。由于海外贸易的发展，在唐代市舶机构已开始出现于广州。到了宋代，市舶制度逐步完备。宋朝政府在海南不设市舶司，禁止其与外国通商，但中外商人却无视禁令，以种种借口，仍来者不绝，贩运不止。海南的地方官吏则为利所驱，对此加以默许，甚至纵容和鼓励，外商走私贸易遂遍及全岛。如：琼州的属邑"琼山、澄迈、临高、文昌、乐会，皆有市舶。于舶舟之中分三等，上等为舶，中等为包头，下等为蜑船。至则津务申州，差官打量丈尺，有经册以格税钱"[5]。所谓"舶"，即出海大船，是航行于中国与阿拉伯之间的贸易商船[6]。由于海南走私贸易之盛，严重冲击了广州的市舶贸易，有鉴于此，宋孝宗乾道九年（1173 年）七月，广州市舶司即请求在海南琼州设立市舶分司，但没有得到朝廷的批准。《宋会要》对此事有如下记载：乾道"九年七月十二日，诏广南路提举市舶司申乞于琼州置主管官指挥更不施行。先是，提举黄良心言，欲创置广南路提举市舶司主管官一员，专一觉察市舶之弊，并催赶回舶抽解，于琼州置司"[7]。虽然在琼州设置市舶司的建议没有得到朝廷的批准，但由此可证海南的海外贸易不可遏止，仍是外商贸易的重要口岸。

元代实行更为开明的对外政策，乃开放外商到海南贸易，并一度设市舶机构，将海南的海外贸易置于朝廷的管理之下。至元三十年九月"乙丑，立海北海南博易提举司，税依市舶司例"[8]。"海南博易提举司"，又称"海南市舶提举

〔1〕　蔡絛：《铁围山丛谈》，中华书局，1983 年，第 98 页。

〔2〕　孙升：《孙公谈圃》卷下，《文渊阁四库全书》本。

〔3〕　陈敬：《陈氏香谱》卷一。

〔4〕　同上书卷一。

〔5〕　杨博文：《诸蕃志校注》，第 217 页。

〔6〕　韩振华：《诸蕃志注补》，香港大学亚洲研究中心，2000 年，第 444 页注 13。

〔7〕　刘琳等：《宋会要辑稿》，上海古籍出版社，2014 年，第 4219 页。

〔8〕　宋濂：《元史》，中华书局，1976 年，第 374 页。

司",应设于琼州。然而,翌年十一月,元政府又"罢海北、海南市舶提举司",〔1〕改而实行地方管理市舶的制度。元人陈旅曾记:"海北、海南琛舶之税入于官者,所司屡请卖之,盖欲以贱直入官而厚利以自封也。"〔2〕由此看来,海南市舶提举司废后,在地方政府管理下,海南的对外贸易仍继续发展。

在合法的市舶贸易之外,还有非法的走私贸易。延祐时,元廷诏令云:"舶商去来不定,多在海南州县走泄细货,仰籍定姓名,仍令海南、海北、广东道沿海州县、镇市地面军民官司用心关防。"〔3〕又"大元延祐七年,海南穷民掠百姓女子女入安南,鬻为婢",〔4〕说明走私贸易相当兴盛。

其次,对外贸易港口的增多,对外贸易遍及全岛。琼州白沙津港开辟之初只是国内贸易的港口,但1248年飓风把原来浅窄的白沙津冲成神应港后,大型的商船可以入港停泊,从此逐渐形成了"蕃舶所聚之地"。除此之外,"琼山、澄迈、临高、文昌、乐会,皆有市舶"。如昌化军,"又有白马泉,泉味甘美,商舶回日汲载以供日用……城西五十余里一石峰,在海洲巨浸之间,形类狮子,俗呼狮子神,实贞利侯庙;商舶祈风于是。"〔5〕万安军,则"城东有舶主都纲庙,人敬信,祷卜立应,舶舟往来,祭而后行"。〔6〕此"舶主都纲庙",为海外商人所建,故又称"番神庙"。澄迈的石镬港,中外商舶从琼州经崖山、新会县而至广州,"如无西南风,无由渡海,却迴船,本州石镬水口驻泊,候次年中夏西南风至,方可行船"〔7〕。

第三,对外交流地区的扩大。宋代之前,海南对外交流的地区不多,主要是波斯、阿拉伯商船在前往中国大陆途中,在海南作短暂停留。进入宋代之后,随着对外贸易的发展,海南对外交流地区急剧扩大,尤其是与仅有一水之隔的交趾、占城的海上交通最为频繁。如交趾,熙宁九年(1076年)十月"庚寅,广南西路转运司言:琼管兵士周士元等称,兵员三十人为交贼驱虏,拘之义安寨,赵秀纠率元等窃兵仗乘船过海,值风,复为黎人所得"。〔8〕另,"万安军南并海石崖中,有道士。年八九十岁,自言本交趾人,渡海船坏于此崖,因庵焉"。〔9〕岛之

〔1〕 宋濂:《元史》,第389页。
〔2〕 陈旅:《贾治安墓志铭》,《安雅堂集》卷一二,《文渊阁四库全书》本。
〔3〕 黄时鉴:《通制条格》,浙江古籍出版社,1986年,第234页。
〔4〕 [越]黎崱:《安南志略》,中华书局,2000年,第382页。
〔5〕 杨博文:《诸蕃志校释》,第218页。
〔6〕 同上书,第219页。
〔7〕 乐史:《太平寰宇记》,中华书局,2007年,第3235页。
〔8〕 李焘:《续资治通鉴长编》,第6796页。
〔9〕 释惠洪:《冷斋夜话》,中华书局,1985年,第36页。

最南端的吉阳军与占城国隔海相望,海上交通最为便捷,舟楫往来历来就很频繁。到了南宋,占城同真腊进行了长期的战争,急需中国的战略物资,因而派船来海南从事大规模的采买,并受到海南地方官的欢迎。双方的交通与贸易更加兴盛,宋朝与占城之间还因此引发了一场外交纠纷。关于此事之缘起,史籍有如下记载:

"乾道七年,闽人有泛海官吉阳军者飘至占城,见其国与真腊乘象以战,无大胜负,乃说王以骑战,教之弓弩骑射。其王大悦,具舟送至吉阳,厚赏。随以买马,得数十匹,以战则克。"〔1〕"次年复来,人徒甚盛,吉阳军因却以无马,乃转之琼管,琼管不受,遂怒而归,后不复至也。"〔2〕

淳熙二年(1175年)"九月十日,诏:'占城国蛮王辄通书琼管,遣人船过海南买马,官司禁约,怒,回辄劫略人物。令帅臣张栻,草书付琼管司回答,谕以中国马自来不许出外界,令还所掠人口等,自今不得生事。仍令张栻以书藁缴申朝廷,知吉阳军林宝慈令王三俊指引占城国人公然买马,规图厚利,令本司疾速取口勘,具案闻奏'"。〔3〕

淳熙三年"七月十三日,广西(经略)安抚司言:'琼管司申:准差赍书前(往)占城取回被虏人口,除病死外,见存八十三人。录白到占城申牒,内乞三(本)司敷奏行下,特与本蕃通商。本司检坐见行条法,牒琼管司移文占城,称朝廷加惠外国,各已有市舶司管主交易,海南四郡即无通商条令,仰遵守敕条约束。'诏张栻行下琼管司,遵依自来条法体例施行"。〔4〕

总之,从唐至元,海南的海外交通和贸易不断发展,成为中外商人重要的通商口岸。只是进入明代之后,明朝将海外朝贡作为对外交往的惟一孔道,禁止私人海外贸易,因而实行严厉的海禁政策,"片板不许下海",〔5〕并在海南设置"海南卫",屯驻大量戍军,将海南岛变成海防重镇,海南的对外交通和贸易才中止了向上发展的势头。

---

〔1〕 刘琳等:《宋会要辑稿》,第9820页。
〔2〕 杨武泉:《岭外代答校注》,第77页。
〔3〕 刘琳等:《宋会要辑稿》,第9820页。
〔4〕 同上。
〔5〕 李金明、廖大珂:《中国古代海外贸易史》,广西人民出版社,1995年,第212—216页。

第六章　宋元时期有关南海
疆域的记载

中国的南海疆域,包括东沙群岛、西沙群岛、中沙群岛和南沙群岛在内的南海诸岛,其最南端到达南沙群岛的曾母暗沙,历来就是如此界定。在中国浩如瀚海的史籍中,自宋元以来就有关于南海疆域界限的记载。本章拟对这些记载进行考释,重申中国历史上南海疆域的范围和界限,证明西沙群岛和南沙群岛自古以来就已明确列入中国的疆域之内,中国已对这两个群岛行使了主权和管辖权。

第一节　有关南海疆域界限的记载

南宋淳熙五年(1178 年),桂林通判周去非在其撰写的《岭外代答》一书中写道:"三佛齐之来也,正北行,舟历上下竺与交洋,乃至中国之境。其欲至广者,入自屯门。欲至泉州者,入自甲子门。阇婆之来也,稍西北行,舟过十二子石而与三佛齐海道合于竺屿之下。"[1] 这个记载表明:从苏门答腊东北部的三佛齐来到中国的船只,过了上下竺与交洋之后,即进入中国的海境。也就是说,当时中国的南海疆域是和"上下竺"与"交洋"接境。

交洋,即"交趾洋"之简称,指的是今越南北部沿海一带。上下竺,亦称"竺屿",它与《岛夷志略》中的"东西竺"同属一地。根据美国汉学家柔克义的考证,认为"上下竺"是位于马来半岛东南海上的奥尔岛(Pulau Aur)。[2] 其理由是,"此岛马来名 Aur,义为'竹',Pulau Aur 犹言'竹屿'也。'竹'与'竺'同义",故

---

〔1〕 杨武泉:《岭外代答校注》,中华书局,1999 年,第 126 页。
〔2〕 [法]伯希和著,冯承钧译:《郑和下西洋考》,商务印书馆,1935 年,第 68 页。

认为"竺屿"即奥尔岛。[1] 这显然是从字面上进行推论，很难令人信服。我们有必要看看《岛夷志略》中有关"东西竺"的记载："有酋长"，"田瘠不宜耕种，岁仰淡港（或作淡洋、淡净），米谷足食"，"番人取其椰心之嫩而白者，或素或染，织而为簟，以售唐人"。[2] 从这些记载中可以了解到，"东西竺"不仅有居民，有酋长，而且有自己的手工特产——椰心簟，中国商人曾到此进行收购。这些记载说明，"东西竺"起码是一个较大的部落居住区。反观奥尔岛却不然，它在丁吉岛（Pulau Tinggi）东北约23海里，位于一系列岛屿的东南端，在南中国海主航道的西侧。岛上有茂密的树林，岛外缘陡峭，有两座山峰，南边

图三　《岭外代答校注》封面

一座较高，约546.2米，呈圆盖形；北边一座高437.1米。这是一个荒无人烟的小岛，仅作为"往来船舶之陆标与淡水之取给地"。[3] 它与《岛夷志略》中描述的"东西竺"显然不相符，故把"东西竺"考证在奥尔岛看来是行不通的。

那么，"东西竺"究竟在何处呢？依笔者之见，它可能与《元史·史弼传》记载的"东西董"同属一地。"东西竺"殆为"东西董"的讹称，因"竺"与"董"厦门话的发音相似（"竺"读tiok，"董"读tong），容易搞混。按照德国汉学家格仑威尔（Albert Grunwedel）的考证，"东董"为纳土纳群岛（Natuna Is.），"西董"指亚南巴群岛（Anamba Is.）。[4] 但是，《岛夷志略》又写道：东西竺"石山嵯峨，形势对峙。地势虽有东、西之殊，不啻蓬莱方丈之争奇也"。由此看来，东、西竺两地之间的距离应该靠得比较近，有对峙之势。而纳土纳群岛与亚南巴群岛的距离却有194公里之遥，故笔者认为，东、西竺似都在纳土纳群岛中，东竺为北纳土纳群岛，西竺为南纳土纳群岛。而每年供应东西竺米谷的淡港（今加里曼丹岛西北

〔1〕　苏继庼：《岛夷志略校释》，中华书局，1981年，第229页。
〔2〕　同上书，第227页。
〔3〕　同上书，第229页。
〔4〕　张礼千：《东西洋考中之针路》，新加坡南洋书局，1947年，第25页。

岸的古晋），就与纳土纳群岛相邻近，这符合《岛夷志略》的记载。我们再来看看出产椰心簟的地方，南宋的《诸蕃志》写道："椰心簟出丹戎武啰，番商运至三佛齐、凌牙门及阇婆贸易。"[1]"丹戎武啰"的对音是 Tanjongpura，即爪哇语勃泥岛之称，指的是加里曼丹岛的西南岸，亦与纳土纳群岛相近。此外，《岛夷志略》还写道：东西竺与占城、昆仑"鼎峙而相望"。[2] 当时的占城，指的是今越南东南部的藩朗（Phan Rang）或藩切（Phan Thiet），昆仑是越南东南端海面的昆仑岛，它们与纳土纳群岛的东西竺正是"鼎峙而相望"，与《岛夷志略》的记载相吻合。

确定了东西竺（上下竺）的地理位置后，我们可回过头来解释一下上面引述的《岭外代答》的记载：从苏门答腊旧港（三佛齐）到中国的船只，沿正北方向航行，经过纳土纳群岛和越南北部的交趾洋后，则进入中国的海境。打算到广州者，可从香港附近的屯门入口；打算到泉州者，可从陆丰附近的甲子门入口。而从爪哇（阇婆）来的船只，偏西北方向航行，过了加里曼丹（十二子石）后，则与旧港来的船只汇合于纳土纳群岛之下。这个记载把当时中国南海疆域的界限讲得非常清楚，即西面与越南北部的交趾洋接境，南面与印度尼西亚的纳土纳群岛相邻，来中国贸易的外国商船，只要驶过纳土纳群岛和交趾洋，就进入了中国海境。由此说明，早在南宋时期，中国南海的西面与南面界限已有了明确的界定。

这一点亦可从《诸蕃志》中得到证实。这本书是南宋时任福建路市舶提举的赵汝适于宝庆元年（1225 年）撰写的，他在序言中写道："汝适被命此来，暇日阅《诸蕃图》，有所谓石床、长沙之险，交洋、竺屿之限。"[3]赵汝适是市舶提举，经常与外国商人打交道，为了了解外国情况，他利用闲暇时间阅读《诸蕃图》（外国地图），于是发现了被称为航海危险区的石床（塘）、长沙（指中国的南海诸岛），和作为中国与外国海域界限的交趾洋与纳土纳群岛（竺屿）。由此可以了解到，早在南宋时期，有关中国南海疆域的记载已较普遍，不仅书中有描述，而且在当时的外国地图《诸蕃图》中亦有标明，这一点是不可否认的。

比周去非、赵汝适早一二百年的南印度注辇国使臣娑里三文，于宋大中祥符八年（1015 年）来到中国，就是循着上述三佛齐到中国的航线行走的。《宋史·注辇传》这样写道："……至三佛齐国。又行十八昼夜，度蛮山水口，历天竺山，至宾头狼山，望东西王母冢，距舟所将百里。"[4]这里提到的"天竺山"，即上述的"竺屿"、"上下竺"或"东西竺"，指的是纳土纳群岛；"宾头狼"是今越南金兰

〔1〕 杨博文：《诸蕃志校释》，中华书局，1996 年，第 193 页。
〔2〕 苏继庼：《岛夷志略校释》，第 218 页。
〔3〕 杨博文：《诸蕃志校释》，第 1 页。
〔4〕 脱脱等：《宋史》，中华书局，1977 年，第 14098 页。

湾附近的藩朗,可见娑里三文的船只航经纳土纳群岛至藩朗,在藩朗东部方向,离船近百里之处有"西王母冢",它可能就是中国南海疆域内的南沙群岛。

到了元代,江西南昌人汪大渊曾两次"附舶东西洋"。至正九年(1349年)他以亲身经历写下了《岛夷志略》一书。书中把中国南海诸岛称为"万里石塘",他根据朱熹"海外之地与中原地脉相连"的学说,写道:"石塘之骨,由潮州而生,迤逦如长蛇,横亘海中,越海诸国。俗云万里石塘。……其地脉历历可考。一脉至爪哇,一脉至勃泥及古里地闷,一脉至西洋遐昆仑之地。"〔1〕汪大渊在这里标明了南海诸岛的范围,一面至印尼的爪哇,一面到文莱(勃泥)和古里地闷,一面到西洋遐昆仑。现在需要弄清楚的是,"古里地闷"与"西洋遐昆仑"究竟在何地?

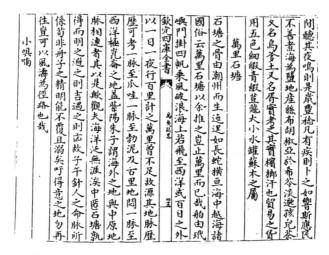

图四　《岛夷志略》有关"万里石塘"的记载(《文渊阁四库全书》本)

古里地闷,亦称"吉里地问",法国汉学家纪里尼(Gerini)将其考定在小巽他群岛东端的帝汶岛。其理由是,"吉里地闷"的对音是Gili Timor,Gili是岛的意思。〔2〕但是,按照《岛夷志略》的描述,"古里地闷"似乎与"勃泥"同处一地,是邻近的两个地方,而帝汶岛与文莱的距离却相当遥远,且不在同一方向,显然与所述不符。我们从清代陈伦炯《海国闻见录》的"四海总图"(图二)中可以看到,在加里曼丹岛东北,与文莱相邻的是"吉里问"。"吉里问"可能是"吉里地问"的讹称。据《海国闻见录》记载:吉里问东邻苏禄,西接文莱,从"吕宋至吉里问三

〔1〕　苏继廎:《岛夷志略校释》,第318页。
〔2〕　[法]伯希和著,冯承钧译:《郑和下西洋考》,第73页。

十九更,至文莱四十二更".[1] 可见其位置相当于今马来西亚的沙巴,它既与文莱同在一个方向,又是相邻的两个地方,与《岛夷志略》的描述相符。

至于"西洋遐昆仑",按当时对东、西洋的划分,是以文莱为界,文莱以东称为东洋,文莱以西称为西洋。[2] 故"遐昆仑"冠以"西洋"二字,指的应是文莱以西的地方,而"遐"字,苏继庼先生将之作"远"字解。认为"遐昆仑","疑指印度洋西南之岛屿,即今马达加斯加岛。此岛阿拉伯语作 Jazirat al Qumr,其末一字,与'昆仑'二字为近音。"[3] 这显然太过遥远,相差十万八千里,难以置信。笔者的看法是,"遐"字殆是"假"字之误,因这里的"昆仑"明显不是中国西北的昆仑山,故称之为"假",这一点《海国闻见录》曾明确指出:"昆仑者,非黄河所绕之昆仑也。七洲洋之南,大小二山,屹立澎湃,呼为大昆仑、小昆仑。山尤异其。"[4] 另者,"昆仑"是从马来语音译过来,意为"南瓜岛"。黄衷在《海语》一书中,曾描述昆仑岛"冬(南)瓜延蔓,苍藤径寸,实长三四尺,大逾一围,糜腐若泥淖"。[5] 可见昆仑岛系因盛产南瓜而得名,是由马来语音译而来,并不是真正称为昆仑,故《岛夷志略》称之为"假昆仑",包括有这两方面的意思,指的是今越南东南端海域的昆仑岛。而中国传说中经常把昆仑与西王母相提并论,故前面提到的注辇国使臣娑里三文才会把中国南沙群岛称为"西王母冢",以同"假昆仑"相呼应。

通过上述考释,我们可了解《岛夷志略》中记载的中国南海诸岛的范围,它起自广东潮州,曲折连绵向海中延伸,一面到爪哇,一面到文莱和沙巴,一面到越南东南端海域的昆仑岛。由此说明,早在宋元时期,中国南海疆域的范围与界限已基本确定下来:其西面与越南北部的交趾洋接境,西南面到达越南东南端的昆仑洋面,南面与印度尼西亚的纳土纳群岛相邻,东南面到达文莱与沙巴洋面。这个范围相当宽广,故汪大渊感慨地说:"以余推之,岂止万里而已哉。"

第二节　石塘、长沙的位置与范围

中国的南海,古代称为"涨海",因其"善溢"而得名。相传后汉时马援曾"积

---

[1] 李长傅:《海国闻见录校注》,中州古籍出版社,1985年,第44页。
[2] 张燮:《东西洋考》,中华书局,1981年,第102页。
[3] 苏继庼:《岛夷志略校释》,第320页。
[4] 李长傅:《海国闻见录校注》,第70—71页。
[5] 黄衷:《海语》卷三,《文渊阁四库全书》本。

石为塘,以通于海,达于象浦,建标为南极之界"。〔1〕 此后,在中国史籍中就出现了"石塘"、"长沙"之称,如《广东新语》写道:"万州城东外洋,有千里长沙、万里石塘,盖天地所设,以提防炎海之溢者。炎海善溢,故曰涨海。"〔2〕有关石塘、长沙的记载,虽然各个时期的含意不同,且所指的范围亦有所改变,但一般都是用来指中国南海疆域内的南海诸岛,并以之作为中国海与外国海的分界。

中国史籍中有关石塘、长沙的记载,开始于北宋天禧二年(1018 年),当时占城国王派使者来华朝贡,使者说:"国人诣广州,或风漂至石塘,即累岁不达矣。石塘在崖州海面七百里外,下陷八九尺者也。"〔3〕这里虽然没有说明石塘在崖州海面外的具体方向,但后来的《琼管志》有记载:"吉阳(崖州),地多高山……其外则乌里、苏密吉浪之洲,而与占城相对,西则真腊、交趾,东则千里长沙、万里石塘,上下渺茫,千里一色,舟舶往来,飞鸟附其颠颈而不惊。"〔4〕可见石塘是在崖州东海面七百里外,也就是今天中国南海疆域内的西沙群岛,其主岛永兴岛到崖州的距离为 330 公里,与记载的 700 里基本相符,且位于崖州的东南海面,至今海南岛渔民仍将西沙群岛的永乐群岛称为石塘。〔5〕

有关石塘的方位,还可以从南宋嘉定九年(1216 年)真里富(今泰国的尖竹汶)使者来中国的航程得到证实:"欲至中国者,自其国放洋五日抵波斯兰,次昆仑洋,经真腊国,数日至宾达椰国,数日至占城界,十日过洋,傍东南有石塘,名曰万里。其洋或深或浅,水急礁多,舟覆溺者十七八,绝无山岸,方抵交趾界。五日至钦、廉州,皆计顺风为则。"〔6〕当时的占城,在今越南中部的平定省,交趾为越南北部的交州。真里富使者从占城到交趾的这段航程,沿着越南海岸航行,在这条航线的东南,名为"万里"的石塘,显然就是中国的西沙群岛。

南宋淳熙五年,曾任桂林通判的周去非在其著作《岭外代答》中,亦谈到石塘、长沙的位置:"海南四郡之西南,其大海曰交趾洋。中有三合流,波头溃涌而分流为三: 其一南流,通道于诸蕃国之海也;其一北流,广东、福建、江浙之海也。其一东流,入于无际,所谓东大洋海也。……传闻东大洋海,有长沙石塘数万里,尾闾所泄,沦入九幽。"〔7〕在交趾洋东部海面所谓的"东大洋海"中,有长沙、石

〔1〕　刘欣期:《交州记》卷一,《丛书集成初编》本。
〔2〕　屈大均:《广东新语》,中华书局,1985 年,第 129 页。
〔3〕　盛庆绂:《越南地舆图说》,《小方壶斋舆地丛钞》第十帙。
〔4〕　王象之:《舆地纪胜》卷一二七,《续修四库全书》本。
〔5〕　韩振华:《我国历史上的南海海域及其界限》,《南洋问题》1984 年第 1 期。
〔6〕　刘琳等:《宋会要辑稿》,上海古籍出版社,2014 年,第 9831 页。
〔7〕　杨武泉:《岭外代答校注》,第 36 页。

塘数万里,指的乃是中国的中沙群岛和西沙群岛,因其范围广大,故以数万里计之。

从上述记载中可以看出,宋时石塘、长沙的位置,无论是在崖州东海面,还是在从占城到交趾航线的东南,抑或在交趾洋东部的大洋海中,指的都是中国南海疆域内的西沙群岛和中沙群岛,因其范围广大,故以"万里"名之,或以"数万里"计之。这种记载一直延续到元代初期,至元二十九年(1292年)十二月,元将史弼等出征爪哇时,"弼以五千人合诸军,发泉州,风急涛涌,舟掀簸,士卒皆数日不能食。过七洲洋,万里石塘,历交趾、占城界"。[1] 这里提到的七洲洋,为海南岛东北的七洲洋,据《琼州志》所载:"在文昌东一百里,海中有山,连起七峰,内有泉,甘洌可食。……舟过此极险,稍贪东便是万里石塘。"[2]史弼军队的船只经过七洲洋、万里石塘,则经历了交趾、占城界,这条航线与上述真里富使者来华朝贡的航线一样,只是一为去,一为返,方向相反而已,位于此航线东面的万里石塘同样是指中国的西沙群岛。

到了至正九年,曾两次"附舶东西洋"的航海家汪大渊,在其著作《岛夷志略》中,把万里石塘所指的范围从西沙群岛扩大到包括东沙群岛、西沙群岛、中沙群岛和南沙群岛在内的中国南海诸岛。其范围一面到印尼的爪哇,一面到文莱(勃泥)和古里地闷,一面到西洋遐昆仑。有关古里地闷和西洋遐昆仑的具体位置,上一节已考订在今马来西亚的沙巴和今越南东南端海域的昆仑岛。由此我们可了解到汪大渊笔下的"万里石塘",其范围相当广阔。它发源于广东潮州,连绵不断地伸向海中,一面到爪哇,一面到文莱和沙巴,一面到越南东南端海域的昆仑岛。这个范围已同今日中国南海疆域的范围差不多。可见中国南海疆域的范围与界限早在宋元时期就已基本确定下来。

第三节　元代"四海测验"中的南海

至元十三年,元世祖平定南宋后,即诏令设立太史院,以前中书左丞许衡、太子赞善王恂、都水少监郭守敬主持,改治新历。[3] 为了取得实测数据,主持者特设监候官14员,分赴全国各地举行"四海测验"。其测验中的南海,既是选定

---

〔1〕 宋濂等:《元史》,第3802页。
〔2〕 张燮:《东西洋考》,第172页。
〔3〕 宋濂等:《元史》,第1120页。

先测的 6 个点的起点,又是位于以大都为中心的南北子午线的南端,故显得特别重要。元世祖于至元十六年三月二十七日敕令郭守敬亲自"繇(由)上都、大都,历河南府抵南海,测验晷景"[1]。众所周知,"四海测验"是在当时中国疆域内进行的,南海测点就在中国的南海疆域之内,因此,考定南海测点的具体位置,对于确定当时中国南海疆域的范围无疑是重要的。本节拟阐述"四海测验",推算各测点的经纬度,考定南海测点的具体位置,并对某些论点提出质疑。

一、"四海测验"的缘起与经过

元世祖下令治新历,目的是修改《大明历》,在全国疆域内统一历法。原先太保刘秉忠曾因刘宋时祖冲之修的《大明历》,自辽金以来已承用 200 多年,久而失当,建议修正,后因刘秉忠去世作罢。至元十三年,元世祖统一中国后,认为"海宇混一,宜协时正日",即采用刘秉忠的建议,遂令王恂与郭守敬率南北日官,分掌测验推步事宜。

郭守敬认为,治历之根本,在于测验。他上奏朝廷:"唐一行开元间,令南宫说,天下测景,书中见者,凡十三处。今疆宇比唐尤大,若不远方测验,日月交食、分数时刻不同,昼夜长短不同,日月晨辰、去天高下不同。即目测验人少,可先南北立表,取直测景。"[2]元世祖同意其奏,遂设监候官 14 员,分赴全国各地进行"四海测验"。

此次测验分两步进行:第一步选定先测的 6 个点,这 6 个点由南到北,以北极出地 15 度的南海为起点,接下去的各点之间的距离相差北极出地 10 度,一直到北极出地 65 度的北海为止,分别测验其夏至晷景与昼夜时刻。测验数据列表如下:

表一 选定先测 6 个测点的夏至晷景与昼夜时刻表

测点地名	北极出地	夏至晷景	昼 长	夜 长
南 海	一十五度	一尺一寸六分 (景在表南)	五十四刻	四十六刻
衡 岳	二十五度	日在表端无景	五十六刻	四十四刻
岳 台	三十五度	一尺四寸八分	六十刻	四十刻
和 林	四十五度	三尺二寸四分	六十四刻	三十六刻
铁 勒	五十五度	五尺一分	七十刻	三十刻
北 海	六十五度	六尺七寸八分	八十二刻	一十八刻

[1] 宋濂等:《元史》,第 210 页。
[2] 苏天爵:《元文类》,商务印书馆,1958 年,第 717 页。

第二步在东西南北 4 个远方测点进行测景,如高丽、琼崖、成都、和林,以互相参验;又自上都南 5 000 里,中部如东平、阳城、鄂州、吉州等地进行测验,以求远近的数值。[1] 在 20 个测点测出的北极出地见下表:

表二　在 20 个测点测出的北极出地表

测点地名	北极出地	测点地名	北极出地	测点地名	北极出地	测点地名	北极出地
上都	四十三度少	西京	四十度少	西凉州	四十度强	扬州	三十三度
北京	四十二度强	太原	三十八度少	东平	三十五度太	鄂州	三十一度半
益都	三十七度少	安西府	三十四度半强	大名	三十六度	吉州	二十六度半
登州	三十八度少	兴元	三十三度半强	南京	三十四度太强	雷州	二十度太
高丽	三十八度少	成都	三十一度半强	阳城	三十四度太弱	琼州	十九度太

"四海测验"与祖冲之造《大明历》时的不同之处,主要表现在两个方面:一是《大明历》日出入昼夜时刻皆以汴京(今河南开封)为准,而"四海测验"则以大都(今北京)为准,以大都的北极出地高度、黄道出入内外度,推求每日日出入昼夜时刻。得知"夏至极长,日出寅正二刻,日入戌初二刻,昼六十二刻,夜三十八刻;冬至极短,日出辰初二刻,日入申正二刻,昼三十八刻,夜六十二刻,永为定式"。[2] 二是《大明历》测晷景在阳城地中立八尺表,而"四海测验"则在大都建立高表,"以铜为表,高三十六尺,端挟以二龙,举一横梁,下至圭面,共四十尺,是为八尺之表五。圭表刻为尺寸,旧寸一,今申而为五,厘毫差易分。别创为景符,以取实景"。结果地中的八尺表,测得冬至景长一丈三尺有奇,夏至尺有五寸;而京师的高表,测得冬至景长七丈九尺八寸有奇(用八尺表则一丈五尺九寸六分),夏至景长一丈一尺七寸有奇(用八尺表则二尺三寸四分)。[3] 这里测出大都的夏至晷景和昼夜时刻,连同上列二表列出的 26 个测点,共计 27 个测点,也就是《元史·天文志》所说的"当时四海测景之所凡二十有七,东极高丽,西至滇池,南逾朱崖,北尽铁勒,是亦古人之所未及为者也。"[4]

改治新历工作至至元十七年冬至完成,元世祖将新历赐名为"授时历",自

---

〔1〕　苏天爵:《元文类》,第 218 页。

〔2〕　同上书,第 719 页。

〔3〕　宋濂等:《元史》,第 1121 页。

〔4〕　同上书,第 990 页。

至元十八年正月一日起在全国颁行,"布告遐迩,咸使闻知"。[1] 郭守敬在主持
"四海测验"中,不循旧规,注重实测,"昼则考求实晷,夜则揆度中星,察气朔之
后先,定缠离之朓朒,精思密索,讨本穷原,革前人苟简之规,成盛代不刊之
典"。[2] 元世祖为表彰其功绩,新历告成之后,拜授太史令。

二、各测点经纬度的计算

"四海测验"提供的 27 个测点的实测数据中,仅有选定先测的 6 个测点较为
完整,既有夏至晷景,又有昼夜时刻,这些数据是我们推算其所在经纬度的主要
依据。下面先简单谈谈以夏至晷景推算纬
度的原理,见右图:

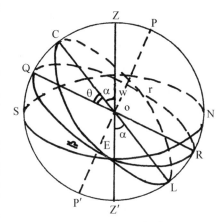

图五　以夏至晷景推算纬度图

测算地 O 点位于地平面 NESW 的中
心,P 为天球的北极(北辰),P′为天球的南
极,直线 PP′即天球视周日运动的轴,赤道
就是与此轴垂直的大圆 EQWR;Z 为天顶,
Z′为天底,子午圈是通过测算地的天顶和
南北两点的大圆 ZSZ′N。这样,黄道的大
圆 rCΩL(即太阳和各行星的平均轨道)便
截赤道于二分点:春分点 r 和秋分点 Ω。
C 为夏至点,L 为冬至点,黄赤交角 θ =
23°27′只有在地球赤道南北这个度数范围以内的地区,才有看到太阳垂直悬在
头顶的机会。这个范围的两条界限,在北边的为北回归线,在南边的为南回归
线。因此,测算地 O 点所在的地理纬度,就是 ZQ 的度数。假设夏至在 O 地立表
ZZ′,正午太阳由夏至点 C 射到表的投射角为 α,θ 为黄赤交角,那么测算地的纬度
就是 α+θ;而如果测算地在赤道以北、北回归线以南;那么测算地的纬度就是 θ-α。

按照上述原理,我们可以南海这个测点为例,推算其所在的地理纬度。"四
海测验"称:南海"夏至景在表南,长一尺一寸六分"。[3] 由此可知,当时测景
地点是在北回归线以南,因为夏至正午的太阳适在北回归线上,只有北回归线以
南的地方,阳光才是向南投影。根据提供的表景长度,我们可作如下计算,见
下图:

〔1〕 苏天爵:《元文类》,第 108 页。
〔2〕 同上书,第 203 页。
〔3〕 宋濂等:《元史》,第 1000 页。

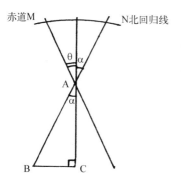

图六　以表景长度推算纬度图

设 AC 为垂直地面的表,长度 8 尺。AB 为北回归线上的太阳光的射线,与表 AC 构成投射角为 α。∠MAN 为赤道至北回归线的度数。BC 为表的投影,长 1.16 尺。θ 为测点南海的纬度。

$$tg\ \alpha = \frac{BC}{AC} = \frac{1.16}{8} = 0.145 \quad \alpha = 8°15'$$

$$\theta = \angle MAN - \alpha = 23°27' - 8°15' = 15°12'$$

由此可知,当时南海测点的位置是在北纬 15°12′。

至于经度的推算,我们可依据两地的昼夜时间差,如"四海测验"还提供了南海与衡岳两地的昼夜时刻,南海"昼五十四刻,夜四十六刻",衡岳"昼五十六刻,夜四十四刻"。也就是说,南海、衡岳两地昼、夜相差二刻,如以日中计算,则差一刻,而一刻相当于如今地图上的经度 3.6°,故南海与衡岳之间的经度大约相差 3.6°。已知衡岳位于广州与惠州之间的大罗山脉,其纬度约在北回归线附近,"四海测验"称之"夏至日在表端无景",即"日在表顶,午中无影",这种现象只有在北回归线附近的地方才会出现。衡岳的经度大约在东经113.1°,因此,与之相差 3.6°的南海的经度就是东经 116.7°。

根据上述计算方法,现试推算选定先测的 6 个测点的经度、纬度如下表:

表三　选定先测 6 个测点的经纬度推算表

测点地名	北极出地	夏至暑景	日中时间差	推算纬度	推算经度
南海	一十五度	一尺一寸六分（景在表南）	0	15°12′	116°42′
衡岳	二十五度	日在表端无景	1 刻	23°27′	113°06′
岳台	三十五度	一尺四寸八分	2 刻	33°56′	105°54′
和林	四十五度	三尺二寸四分	2 刻	45°30′	98°42′
铁勒	五十五度	五尺一分	3 刻	55°30′	87°54′
北海	六十五度	六尺七寸八分	6 刻	63°44′	66°18′

元朝政府把南海作为"四海测验"中最南的一个测点进行测验,且留下许多宝贵的数据,为今天考定其地理位置提供了依据,这已足够说明当时的西沙群岛

是在元朝的疆域之内,元朝政府已对之行使了主权和管辖权。

三、考定南海测点的具体位置

有关南海测点的具体位置,各种看法不一。有人认为在广州,这显然是错误的。因《元史》已明确说到"南逾朱崖",也就是说,南海这个最南的测点一定是在海南岛以南的地方。韩振华教授认为,南海这个测点应在今中沙群岛的黄岩岛,其经纬度是北纬 15°08′—15°14′、东经 117°44′—117°48′;"南逾朱崖"的南海,是指中国与占城(今越南中部)"以域华夷"的分界——"分水"洋,在北纬 15°余,东经 109°左右的外罗山附近。[1] 近来却有人提出,这种结论只是"推论之辞",实际上,郭守敬并未到西沙群岛和黄岩岛,郭氏测量应该是在今天越南中部海岸上,当时称为"林邑"的地方。[2] 在这里,笔者姑且把这种观点称为"林邑说",并就"林邑说"谈谈自己的看法。

郭守敬测定"南海"是在北极出地 15 度,[3] 而《元史》中的"仰仪铭辞"又写道:"极浅十五,林邑界也。"这就成了"林邑说"的主要依据,认为:"林邑是当时实测得北极出地 15°的地点……可见郭守敬等是到林邑观测的。"[4] 其实,不能如此简单地把这两种记载画上等号,《元史》中的"仰仪铭辞"取材于姚燧写的《仰仪铭》,核对一下原文,不管是木刻本,或者是点校本,均写道:"极浅十七,林邑界也。"[5] 于是,同一林邑就出现了两个不同的北极出地,到底以哪个为准呢? 让我们再来看看其他有关林邑的记载。《旧唐书》写道:"林邑国,北极高十七度四分。"[6] 这同《仰仪铭》的记载相差无几。《通典》载,永和五年(349 年)"文死,子佛立,犹屯日南。九真太守灌邃率兵讨佛,走之,邃追至林邑。时五月立表,日在表北,影在表南九寸一分。"[7] 戴通伯根据这条记载进行计算,认为当时的林邑应在北纬 17°05′和 19°35′之间;[8] 伯希和认为应在17°24′。[9] 我们

〔1〕　韩振华:《南海诸岛史地考证论集》,香港大学亚洲研究中心,2003 年,第 315—316 页。

〔2〕　曾昭璇:《元代南海测验在林邑考——郭守敬未到中、西沙测量纬度》,《历史研究》1990 年第 5 期。

〔3〕　苏天爵:《元文类》,第 717 页。

〔4〕　曾昭璇:《元代南海测验在林邑考——郭守敬未到中、西沙测量纬度》,《历史研究》1990 年第 5 期。

〔5〕　苏天爵:《元文类》,第 215 页。

〔6〕　刘昫等:《旧唐书》,中华书局,1975 年,第 1307 页。

〔7〕　杜佑:《通典》,中华书局,1992 年,第 5091—5092 页。

〔8〕　[英]李约瑟著,《中国科学技术史》翻译小组译:《中国科学技术史》第四卷,科学出版社,1975 年,第 276 页。

〔9〕　[法]伯希和著,冯承钧译:《交广印度两道考》,中华书局,1955 年,第 46 页。

按照上述计算纬度的方法推算,是在16°57′。总之,当时林邑所处的纬度大约在17°左右,这就是说,林邑的北极出地应是以姚燧《仰仪铭》原文记载的"十七"为准。《元史》所转引《仰仪铭》之文,将之写成"十五",有误,即误将"十七"刊为"十五"。当然,也有可能是《元史》的编纂者,把郭守敬实测的南海在北极出地十五度,附会于姚燧《仰仪铭》的"极浅十七,林邑界也"。但是,林邑的北极出地历来是定在十七度,姚燧是个文人,理应遵循旧说,何况有《仰仪铭》原文可以核对。由此可见,《元史》把林邑的北极出地写成十五度是错误的,而以此为依据把南海测点考定在林邑同样也是不准确的。况且,"四海测验"中的南海,指的是中国的南海,其海域自北极出地十五度(相当于当今北纬15°)以上,也就是中国的南海海域,自元代至明清均如此。而今天越南中部海岸上,当时称为林邑(占城)的地方,从来就不称为"南海"。

　　"林邑说"的另一依据是:"林邑洋面向为中外分界海洋,在明代著作中已有记述。黄衷《海语》中即有'以域华夷'之语。……可知林邑为中国南界,是古代中外传统分界。"[1]我们可看看黄衷《海语》的记载:"分水在占城之外罗海中,沙屿隐隐如门限,延绵横亘不知其几百里,巨浪拍天,异于常海。由马鞍山抵旧港,东注为诸番之路,西注为朱崖、儋耳之路,天地设险以域华夷者也。"[2]这里讲的意思是,今越南中部外罗山(今广东群岛,位于北纬15°22′、东经109°42′)附近的海域是中国海与越南海的分界,凡从中国到外国的船只,一般是走外罗海东边的"东注"航线,而从外国返海南岛的船只,则航经外罗海西边的"西注"航线,外罗海因位于中外这两条航线的汇合处,故成为中国海与外国海的天然分界。这个分界明显指的是海域,而不是陆界,不能将之引申为"林邑为中国南界"。再说黄衷《海语》成书于嘉靖十五年(1536年),而林邑早在明初宣德年间就不属中国管辖,相信黄衷是不会把它作为"中国南界"来理解的。

　　"林邑说"也谈到当时的政治背景不利于去西沙或广州,认为"那时(至元十六年春季)正是在广州用兵时期,元人围攻南宋赵昺于崖门,而同时又下令测景南海,是做不到的,故南海应另有所指。"[3]事实并非如此,广州用兵早在至元十四年十二月十二日宋将张镇孙投降后就结束了,南宋赵昺败亡崖山是在至元

───────────

〔1〕　曾昭璇:《元代南海测验在林邑考——郭守敬未到中、西沙测量纬度》,《历史研究》1990年第5期。

〔2〕　黄衷:《海语》卷三。

〔3〕　曾昭璇:《元代南海测验在林邑考——郭守敬未到中、西沙测量纬度》,《历史研究》1990年第5期。

十六年二月六日。[1] 而元世祖敕令郭守敬抵南海测验却是在至元十六年三月二十七日,即赵昺败亡崖山的消息传到北京之后,可见元世祖当时是有考虑到广州用兵问题,不可能既围攻赵昺于崖山,又同时下令测景南海。"林邑说"为了证实在林邑测验的可能性,又强调当时的政治背景说:"因为元代用兵还未到林邑等国,但已属于附庸一类国家。"[2]这亦与史实不符,元朝首次派人到占城是至元十五年平宋之后,由左丞唆都派出;十六年十二月,又派兵部侍郎等人出使占城,谕其王入朝。而占城国王至元十七年二月始遣使贡方物,奉表降。[3] 可见在十六年三月郭守敬奉敕到南海测验时,占城(林邑)尚未属元朝附庸一类的国家。

综上所述,郭守敬在南海测验时留下的宝贵数据,是我们今天考定其测点具体位置的重要科学依据。按照前面推算的南海测点的纬度 15°12′N、经度 116°42′E,我们可在地图上找到其位置,笼统一点说,是在西沙群岛一带(西沙群岛中宣德群岛的纬度 16°49′—17°00′N,经度 112°12′—112°21′E;永乐群岛的纬度 15°46′—17°07′N,经度 111°11′—112°06′E);准确一点说,是在今中沙群岛的黄岩岛(纬度 15°08′—15°14′N,经度 117°44′—117°48′E),误差一度系在许可的范围之内。至于"林邑说"认为从时间和技术上考虑,郭守敬到西沙的可能性不大。这纯属主观臆测,很难作为依据。宋景炎二年(1277 年),元将刘深袭井澳,宋端宗(赵昰)自谢女峡复入海,欲往占城不果,不是也到达过西沙群岛。[4] 两年之后,郭守敬奉敕到南海,从时间和条件上论,当然比宋端宗时优越得多,为什么就不可能到达西沙群岛呢?

---

〔1〕 苏天爵:《元文类》,第 558—559 页。

〔2〕 曾昭璇:《元代南海测验在林邑考——郭守敬未到中、西沙测量纬度》,《历史研究》1990 年第 5 期。

〔3〕 苏天爵:《元文类》,第 570 页。

〔4〕 韩振华:《南海诸岛史地考证论集》,第 150 页。

第七章　明代时期的南海

第一节　明初的海禁与朝贡贸易

海禁与朝贡贸易是明初对外关系上的两件大事。海禁,指的是禁止国人擅自驾船到海外贸易,而海外国家要来中国贸易,则需以"朝贡"的形式,也就是派遣使者附载方物入明进行"朝贡",然后由明朝政府以"赏赐"的方式收购其"贡品"。这种做法,实际是一种变相的贸易形式,在厉行海禁期间,它几乎成了明朝与海外国家进行贸易的惟一合法形式,故称之为"朝贡贸易"。

一、海禁与朝贡贸易相辅相成

明太祖立国之初,在东部沿海地区面临倭寇不断骚扰,数掠山东、直隶、浙东、福建沿海郡邑的局面。加之元末农民起义军的残部,如张士诚、方国珍的余党遁入海岛,与倭寇相勾结,"出没海上,焚民居,掠货财。北自辽海、山东,南抵闽、浙、东粤,滨海之区,无岁不被其害",[1]严重威胁明朝新生政权的存在。为了维护刚建立的明王朝,明太祖不得不实行海禁,规定"片板不许入海",一方面加强海防,抵御倭寇的侵扰;另一方面防止海外与内地的反抗势力相互勾结,颠覆新建立的政权。早在洪武四年(1371年)十二月,在命令靖海侯吴祯籍方国珍所部温、台、庆元三府军士,及兰秀山无田粮之民隶各卫为军时,明太祖就宣布"仍禁濒海民不得私出海"。[2] 洪武十四年十月,又宣布"禁濒海民私通海外诸国"。[3] 洪武二十三年十月,因两广、浙江、福建人民以金银、铜钱、缎匹、兵器

---

〔1〕 谷应泰:《明史纪事本末》,中华书局,1977年,第843页。
〔2〕《明太祖实录》卷七〇,洪武四年十二月丙戌,"中研院"史语所影印本,1962年,第1300页。
〔3〕《明太祖实录》卷一三九,洪武十四年十月己巳,第2197页。

等交通外番,私易货物,再次诏户部"申严交通外番之禁"。[1] 与此同时,明太祖还着手加强海防,进行积极防御,于洪武十七年正月,命信国公汤和巡视浙江、福建沿海城池,禁民入海捕鱼,筑登、莱至浙沿海五十九城,以防御倭寇骚扰。[2] 洪武二十年三月,又命令江夏侯周德兴往福建,以福、兴、漳、泉四府民户三丁取一,为沿海卫所戍兵,筑福建沿海十六城,以防倭寇。[3] 这些事实说明,明太祖当时实行海禁的主要目的是抵御倭寇,加强海防。从维护新建立的明王朝来说,明太祖这样做是必要的,具有一定的积极意义。

　　然而,有的学者对明初实行海禁的做法大加抨击,认为是"闭关自守",使中国失去了向海洋发展的良机。这种看法具有一定的片面性,至少可以说是一种偏见。因为明初实行海禁并不如想象的那么严厉,也不是一禁到底,至少与海外国家的贸易还在继续发展。正如明朝官员、行人司行人谢杰所说:"片板不许下海,艨艟巨舰反蔽江而来;寸货不许入番,子女玉帛恒满载而去。"[4] 美国学者费维恺在经过一番周密的分析后,也做出了同样的结论:"明代的海禁自 15 世纪初一直延续到 16 世纪中,但实际上对于日渐增长的对日与东南亚贸易,很少影响。"[5] 再说,明朝政府在嘉靖末年倭患基本平定、海禁的主要意义消失的情况下,即于隆庆元年(1567)在福建漳州月港宣布部分开放海禁,准许私人海外贸易船申请文引,缴纳饷税,出洋贸易。于是,明朝海外贸易遂急遽地发展起来,明朝官员、漳州籍御史周起元描述当时的盛况说:"我穆庙时除贩夷之律,于是五方之贾,熙熙水国,剜舻艎,分市东西路。其捆载珍奇,故异物不足述,而所贸金钱,岁无虑数十万。"[6] 这种现象的出现,可以说是海禁开放后明朝海外贸易迅速复兴的结果,说明个别时期实行的海禁并不足以使中国就此陷入"闭关自守"的状态,或失去向海洋发展的良机。

　　有人甚至把中国封建社会长期停滞不前的原因也归咎于海禁。这种说法显然也不符合客观事实,当时在亚洲实行过海禁的国家不仅仅是中国,日本为了禁止西方基督教的传入,亦于 1639 年实施过锁国政策,禁止所有的日本"朱印船"到海外从事贸易,禁止除中国与荷兰以外的外国船进入日本贸易。日本的锁国

　　[1]　《明太祖实录》卷二〇五,洪武二十三年十月乙酉,第 3067 页。

　　[2]　《明太祖实录》卷一五九,洪武十七年正月壬戌,第 2460 页。

　　[3]　《明太祖实录》卷一八一,洪武二十年四月戊子,第 2735 页。

　　[4]　谢杰:《虔台倭纂》,《北京图书馆古籍珍本丛刊》第 10 册,书目文献出版社,2000 年,第 231 页。

　　[5]　费维恺:《宋代以来的中国政府与中国经济》,《中国史研究》1981 年第 4 期。

　　[6]　张燮:《东西洋考》,中华书局,1981 年,第 17 页。

政策长达200多年,直至1853年才被美国东印度洋舰队司令官、海军准将柏利率军舰强行打破,此后日本被迫与西方国家签订了一系列不平等条约,面临着沦为半殖民地的危险。然而,日本政府没有因此沉沦下去,而是实行了"明治维新",在一定程度上改变了旧的经济体制,为发展资本主义开辟了道路。从1892—1899年经过艰苦斗争,日本废除了西方国家强加的不平等条约,包括领事裁判权、居留地权、协定税率、片面最惠国条约等,摆脱了沦为殖民地的危机,并以一个主权国家的地位,实行了一整套发展工业的政策,走上了迅速发展的道路。反观中国当时的情况,自1842年南京条约以后,一直受到东西方列强不平等条约的束缚,中国政府已不是一个主权完整的政府,其政府职能受到很大的限制,无法像日本那样走上革新的道路,从封建主义的枷锁中解脱出来。〔1〕 我们从中日两国一样实行过海禁,而最后发展不一样的事例中可以看出,一个国家的社会发展与否,主要取决于这个国家能否抓住机遇实行国家的体制改革,励精图治,走上强国之路,而不在于历史上有否实行过海禁。因此,过分夸大或片面理解明初实行海禁对后来中国社会发展造成的负面影响,都是不切实际的。

明太祖在实行海禁的同时,为了维持与海外国家的贸易,则要求海外国家以"朝贡"的形式,由官方出面组织商人来华进行贸易,其附载的方物由明朝设立的市舶司统一清点、转运。这就是人们所说的"朝贡贸易",《筹海图编》中这样记载:"凡外裔入贡者,我朝皆设市舶司以领之……其来也,许带方物,官设牙行,与民贸易,谓之互市。是有贡舶,即有互市,非入贡,即不许其互市明矣。"〔2〕这种贸易形式实际上是"一种非常基本和重要的商业基础,是中国处理国际关系与外交的手段"。〔3〕 它与海禁相辅相成,成为"明朝对外政策的两大支柱"。〔4〕

有人认为朝贡贸易着重从政治上考虑,是"怀柔远人"、"厚往薄来"的亏本生意。之所以有这种看法,是因为对朝贡贸易的性质缺乏全面的了解,其实,朝贡贸易中包含着相当大的商业成分:

1. 海外国家派来"朝贡"的成员中,绝大多数是商人。就以日本来说,每次来朝贡的人员一般是正使、副使各一人,居座、土官、通事各数人,其他还有船员、水手以及搭乘的随从商人等。在朝贡初期,由于朝贡船是由幕府、大名、寺社等

〔1〕 参阅汪熙:《研究中国近代史的取向问题》,《历史研究》1993年第5期。

〔2〕 郑若曾:《筹海图编》,中华书局,2007年,第852页。

〔3〕 J. K. Fairbank & S. Y. Teng, On the Ching Tributary System, Harvard Journal of Asiatic Studies, vol.6, 1941, p.137.

〔4〕 〔日〕田中健夫:《东亚国际交往关系格局的形成和发展》,《中外关系史译丛(第二辑)》,上海译文出版社,1985年,第153页。

自己经营，故随从的商人还比较少。但到了后来，朝贡船全部承包给博多和堺港的商人，于是随从商人便大大增多，商人已从搭乘转而成为朝贡贸易的主体。〔1〕

2. 海外国家载运进来的朝贡方物一般由进贡方物、使臣自进物和国王附搭物三种组成，其中真正从政治上考虑，厚往薄来的进贡方物仅占极少的一部分，而占绝大多数的自进物和附搭物完全是用来贸易的。明人张瀚在《松窗梦语》中就说过："且缘入贡为名，则中国之体愈尊，而四夷之情愈顺。即厚往薄来，所费不足当互市之万一。况其心利交易，不利颁赐，虽贡厚赉薄，彼亦甘心，而又可以藏富于民，何惮而不为也。"〔2〕

3. 明朝政府对海外国家载运来的朝贡方物抽取货物税。按规定，如国王、王妃及陪臣等附搭的货物，先抽50%的货物税，余者由官府给值收购；如附带来贸易的货物，船进入港口后，即全部封舱，待抽20%的货物税后，才准开舱贸易。

正因为朝贡贸易主要着重于贸易，故经常因讨价还价而争论不休，诸如假冒伪劣、克扣斤两等商业欺诈行为层出不穷，根本谈不上什么"怀柔远人"、"厚往薄来"。明人谢肇淛描述过这种情况："今诸夷进贡方物，仅有其名耳，大都草率不堪……而朝廷所赐缯、帛、靴、帽之属尤极不堪，一着即破碎矣……且近来物植则工匠侵没于外，供亿则厨役克减于内，狼子野心，且有谇语；谇语不已，且有挺白刃而相向者，甚非柔远之道也。"〔3〕由此说明，朝贡贸易首先考虑的是贸易，其次才是政治，不能因为提出"怀柔远人"、"厚往薄来"等政治口号而忽视其主要的商业成分。

二、郑和下西洋把朝贡贸易推向高潮

洪武三十五年，明成祖朱棣通过"靖难之役"登上了皇帝宝座。他在对外关系上继承明太祖的遗绪，仍实行海禁与朝贡贸易相结合的政策。有人认为明成祖在海外贸易方面还是开放的，其实不然，他在实行海禁方面比明太祖有过之而无不及。明成祖一即位就宣布遵洪武事例实行海禁；〔4〕永乐二年（1404）正月，更因福建沿海居民私自出海贸易而下令查民间海船，把原有的海船全部改为不适合外海航行的平头船，〔5〕以此来切断沿海居民出海贸易的途径。而在朝贡

〔1〕［日］木宫泰彦著，胡锡年译：《日中文化交流史》，商务印书馆，1980年，第554页。
〔2〕张瀚：《松窗梦语》，中华书局，1985年，第86页。
〔3〕谢肇淛：《五杂俎》，中华书局，1959年，第119—120页。
〔4〕《明太宗实录》卷一〇上，洪武三十五年七月壬午，第143—150页。
〔5〕《明太宗实录》卷二七，永乐二年正月辛酉，第498页。

贸易方面,明成祖却又极力鼓励,不仅对朝贡使者放宽各种限制,予以免税优惠,而且在浙江、福建、广东复设三市舶司,专门负责海外诸国贡使附带进来的货物转送问题;后来因贡使不断增多,又在三市舶司分别设立来远、安远、怀远等驿,以接待之。[1] 除此之外,明成祖还不惜耗费巨资,派遣郑和"总率巨舶百艘","浮历数万里,往复几三十年",[2]携带敕书及精致手工业品,遍赐海外诸国,招徕其遣使入明朝贡,并为之扫清海道,遂把朝贡贸易推向高潮。

位于苏门答腊东部的旧港是南海诸国入明朝贡的必经之地,其地的安全与否对明朝朝贡贸易的发展至关重要。洪武末年就因三佛齐的阻绝而造成"诸番国使臣客旅不通",入明朝贡的人数遽然减少。[3] 至永乐初年,广东人陈祖义在那里充当头目,"甚是豪横,凡有经过客人船只,辄便劫夺财物"。[4] 因此,明成祖决定"命将发兵"剿灭之,为海外朝贡国家扫清道路。永乐三年六月,郑和首次下西洋到旧港时,先是遣人招谕陈祖义,招谕不成,则出兵与战,大败之,并生擒陈祖义等三人械送至京诛之,为南海诸国的朝贡扫清了道路。[5] 同时,郑和还在马六甲设立据点,建造仓库,帮助随船入明朝贡的各国使臣整理货物,等待季候风。据跟随郑和下西洋的翻译马欢记载:"中国宝船到彼,则立排栅,如城垣,设四门更鼓楼,夜则提铃巡警。内又立重栅,如小城,盖造库藏仓廒,一应钱粮顿在其内,去各国船只回到此处取齐,打整番货,装载船内,等候南风正顺,于五月中旬开洋回还。"[6]

郑和在长达28年的下西洋活动中,忠实地奉行明成祖的朝贡贸易政策,每到一处,则宣谕皇帝诏书,向各国国王颁赐银印、冠服、礼品等,鼓励他们派遣使者入明朝贡。在他的努力下,海外诸国的朝贡使者络绎不绝,如永乐五年九月,郑和第二次下西洋返回时,遣使随行来朝贡方物的就有苏门答剌、古里、满剌加、小葛兰、阿鲁等国;[7]永乐二十年六月,郑和第六次下西洋返航时,亦有暹罗、苏门答剌、哈丹等国遣使随行来贡方物;[8]翌年九月,又有西洋、古里、忽鲁谟斯、锡兰山、阿丹、祖法儿、剌撒、不剌哇、木骨都剌、柯枝、加异勒、溜山、喃渤利、

〔1〕《明太宗实录》卷四六,永乐三年九月癸卯,第711—712页。
〔2〕黄省曾:《西洋朝贡典录》,中华书局,1982年,第7页。
〔3〕《明太祖实录》卷二五四,洪武三十年七月丙午,第3671页。
〔4〕冯承钧:《瀛涯胜览校注》,商务印书馆,1935年,第17页。
〔5〕《明太宗实录》卷七一,永乐五年九月壬子,第987页。
〔6〕冯承钧:《瀛涯胜览校注》,第25页。
〔7〕《明太宗实录》卷七一,永乐五年九月壬子,第987页。
〔8〕《明太宗实录》卷二五〇,永乐二十年六月壬寅,第2344页。

苏门答剌、阿鲁、满剌加等 16 国遣使 1 200 人至京朝贡方物。[1] 可以说,明初的朝贡贸易达到了鼎盛时期。

这些海外诸国贡使随船载运来交易的方物,大多是东南亚各地盛产的胡椒、苏木等香料。如洪武十一年,在彭亨国王的贡物中,就有胡椒 2 000 斤、苏木 4 000 斤,以及檀、乳、脑诸香药;[2] 洪武十五年,爪哇的贡物中,有胡椒 75 000 斤;[3] 洪武二十年,真腊的贡物中,有香料 60 000 斤;暹罗有胡椒 10 000 斤、苏木 100 000 斤;[4] 洪武二十三年暹罗又贡苏木、胡椒、降真等 171 880 斤。[5] 大量香料的输入虽然会出现供过于求的现象,但是对抑制明初的货币贬值却起到了一定的积极作用。因明朝自洪武八年开始发行大明宝钞,当时规定每钞一贯折银一两,但不久之后就开始贬值,“太祖时,赐钞千贯则为银千两,金二百五十两。永乐中,千贯犹作银十二两,金止二两五钱矣,及弘治时,赐钞三千贯,仅银四两余矣”。[6] 为了抑制宝钞的贬值,明朝政府只好尽量减少以宝钞发放官员的薪俸,而代之以当时通过朝贡贸易大量进口的香料。自永乐二十年至二十二年,文武官员的俸钞已俱折支胡椒、苏木,[7] 规定“春夏折钞,秋冬则苏木、胡椒,五品以上折支十之七,以下则十之六”。[8] 至宣德八年(1433 年)又规定,京师文武官俸米以胡椒、苏木折钞,胡椒每斤准钞 100 贯,苏木每斤准钞 50 贯,南北二京官各于南北京库发给。[9] 正统元年(1436),再把配给范围由两京文武官员扩大到包括北直隶卫所官军,折俸每岁半支钞,半支胡椒、苏木。[10] 这种做法大概维持到成化七年(1471),因京库椒、木不足才告停止。[11]

从上述明朝廷以胡椒、苏木折支文武官员俸钞的做法可以看出,明朝通过朝贡贸易,从中可攫取高额的收益。仅就苏木一项来说,宣德八年明朝从日本贡使那里收购进来,每斤定价钞 1 贯,[12] 而宣德九年折支给京官充俸钞,却规定每斤准钞 50 贯,这样一进一出,赢利就达 50 倍。另外,明朝对附进物的收购定价

---

〔1〕《明太宗实录》卷二六三,永乐二十一年九月戊戌,第 2403 页。

〔2〕《明太祖实录》卷一二一,洪武十一年十二月丁未,第 1964 页。

〔3〕《明太祖实录》卷一四一,洪武十五年正月乙未,第 2225 页。

〔4〕《明太祖实录》卷一八三,洪武二十年七月乙巳,第 2761 页。

〔5〕《明太祖实录》卷二〇一,洪武二十三年四月甲辰,第 3008 页。

〔6〕转引自王圻:《续文献通考》卷一〇,《文渊阁四库全书》本。

〔7〕《明宣宗实录》卷九,洪熙元年九月癸丑,第 239 页。

〔8〕黄瑜:《双槐岁钞》,中华书局,1999 年,第 184 页。

〔9〕《明宣宗实录》卷一一四,宣德九年十一月丁丑,第 2566 页。

〔10〕《明英宗实录》卷一九,正统元年闰六月戊寅,第 374 页。

〔11〕《明宪宗实录》卷九七,成化七年十月丁丑,第 1846 页。

〔12〕《明英宗实录》卷二三六,景泰四年十二月甲申,第 5139 页。

是按其输入的数量多少来决定高低的,如景泰四年(1453)日本进贡时随带的附进物数量超过了宣德八年进贡时的数十倍,明朝立即把收购定价大大地降低下来。若按宣德八年的定价付值,除折绢布外,需铜钱217 732贯100文,按时值折银为217 732余两;但实际上仅付给折钞绢229匹、折钞布459匹、铜钱50 118贯,相当于原价的1/10。后经日本使臣允澎的多次交涉,明朝才不得不又补上钱10 000贯、绢500匹、布1 000匹。[1] 由此说明,随着进贡方物输入数量的增多,明朝从朝贡贸易中的获利则更大,加之还要从中抽取一半的实物税,故一味持"怀柔远人"、"厚往薄来"的观点,认为朝贡贸易是"出得多,进得少"的亏本生意,同样是不切实际的。

三、朝贡贸易加剧朝廷与地方的矛盾

在这里人们不禁要问,既然明朝从朝贡贸易中可以攫取厚利,使明初社会经济得以迅速地恢复与发展,那么郑和下西洋为什么不能继续下去,朝贡贸易为什么会逐渐走向衰落?这之中的原因有多方面,本文仅从朝贡贸易自身存在的弊端来加以分析。

首先,明朝规定,海外国家的朝贡船抵岸后,其贡物先经市舶司盘点,然后由市舶司遣官随同贡使运送至京。在运送的过程中,一切劳力均需由地方提供,其耗费的民力是难以想象的。如把贡物从广东运送至京,在南雄至南安一段需翻越梅岭,舟楫不通,全靠民力接运。而海外国家入贡又无定时,如遇农忙季节,抽不出劳力,只好把贡物先在南雄收贮,待农闲时再运赴南安,因此对地方经济的发展危害甚大。[2] 于是,礼科给事中黄骥在奏疏中气愤地说:"……贡无虚月,缘路军民递送一里,不下三四十人,俟候于官,累月经时,防(荒)废农务,莫斯为甚。比其使回,悉以所及贸易货物以归,缘路有司出军(车)载运,多者百余辆,男丁不足,役及女妇。所至之处,势如风火,叱辱驿官,鞭挞民夫,官民以为朝廷方招怀远人,无敢与其为,骚扰不可胜言。"[3]

另有规定是,贡船抵岸后,市舶司将其贡物封存,遣人入奏朝廷,待朝廷命令到后才能启封起运。这之间贡使需停留在当地数月,一切日常供给皆出于当地百姓,其耗费亦很浩大。后来虽然朝廷为节省民间供馈,同意市舶司不必待报,即将贡物遣官同贡使一道运送至京。[4] 但能随贡物至京的仅是正、副贡使少

---

〔1〕《明英宗实录》卷二三七,景泰五年正月乙丑,第5163页。
〔2〕《明太宗实录》卷五五,永乐四年六月丙子,第817页。
〔3〕《明仁宗实录》卷五上,永乐二十二年十二月丙午,第160—161页。
〔4〕《明宣宗实录》卷六七,宣德五年六月庚午,第1571页。

数人,而大多数的随从仍然要留在当地等待贡使回来,故当地百姓的供馈一样也少不了。如正统四年,琉球通事林惠、郑长率船工、随从200余人在福州停住,每日除供给廪米外,其他茶、盐、醋、酱等物按常例均出于地方里甲。而林惠等人又故作刁钻,要求折支铜钱,未到半年就耗去铜钱796 900余文,尚必须按数取足,稍或稽缓,辄肆詈殴,蛮横至极。[1] 这些贡使随从在地方待久之后,必然惹是生非,甚而杀人抢劫,影响当地的社会安宁。如永乐十三年,琉球贡使直佳鲁在福建抢劫海船,杀死官兵,殴伤中官,夺其衣物;[2]正统三年(1438年),爪哇贡使占微在福建莆阳驿酗酒肆横,执刀杀死数人后自杀身亡;[3]成化四年,日本贡使麻答二郎在街市买货物时,使酒性,挥刀杀人;[4]成化十年(1474年),琉球贡使在福建杀死怀安县民陈二观夫妻,焚其房屋,劫其财物后逃之夭夭,[5]不胜枚举。当时几乎已到了贡使所经,鸡犬不宁,民不聊生的地步。山东东昌府聊城县民李焕上疏说:"……递年进贡,去而复来,经过驿传,凡百需索,稍不满其所欲,辄持刀棍杀人。甚至乘山东饥荒之际,盗买流民子女,满载而去,害民亏国,良可痛恨。"[6]不少明朝官员在奏疏中也纷纷指出:"连年四方蛮夷朝贡之使,相望于道,实罢中国。"[7]"朝贡频数,供亿浩繁,劳敝中国"。[8]

其次,海外诸国入明朝贡,大多为图厚利而来,其贡物不管你需要与否,只要有利可图,就大批载运进来,因此,经常出现供求失调,在交易过程中讨价还价,争论不休。如暹罗所贡的碗石,在国内是非常普遍的东西,而他们却特意从西洋转运过来,在正统二年每斤给价钞250贯,其获利极为优厚;到正统九年又输入8 000斤,此次礼部认为碗石非贵重物品,每斤降价为钞50贯,仅值上次给价的1/5,后来又减半给之。即便如此,暹罗贡使还是有利可图,故正统十二年再运来1 380斤,且要求循正统二年例给价,结果在礼部争论不休,最后不得不每斤给钞50贯,并告诉今后不准再贡。[9] 这种情况在日本的朝贡中也有出现,在日本的贡物中刀占绝大多数,因一把刀在日本的售价是800—1 000文,而明朝给价为5 000文,日本贡使从中可赢利4—5倍。因此,日本朝贡输入刀的数量急遽增

〔1〕《明英宗实录》卷五八,正统四年八月庚寅,第1114页。
〔2〕《明太宗实录》卷一七〇,永乐十三年十一月己酉,第1897页。
〔3〕《明英宗实录》卷四五,正统三年八月乙卯,第867页。
〔4〕《明宪宗实录》卷六〇,成化四年十一月壬午,第1231页。
〔5〕《明宪宗实录》卷一四〇,成化十一年四月戊子,第2614页。
〔6〕《明英宗实录》卷二八九,天顺二年三月乙己,第6185页。
〔7〕《明太宗实录》卷二三六,永乐十九年四月甲辰,第2265页。
〔8〕《明英宗实录》卷一〇六,正统八年七月辛巳,第2162页。
〔9〕《明英宗实录》卷一五七,正统十二年八月乙酉,第3065页。

多。据记载,第一、二次朝贡仅 3 000 把,第三次增至 9 968 把,第四次 30 000 多把,第五次 7 000 多把,第六次竟高达 37 000 多把。按明朝规定,民间不得私有兵器,如此多的刀只能由政府收买,最后只好以每把 1 800 文的价格全部买下来。[1]

第三,海外诸国每次入贡时,为了攫取更多的利润,总是贡舶一次往返跑两趟,也就是贡舶到岸后,使者捧金叶表文入京朝贡,而该贡舶却在原地购买货物先行载运回国,待第二年再来接回朝贡赏赐的物品和再次购买货物返国。如果使者从京城返回广东或福建时,其贡舶尚未复至,则借口船被漂没或遭风损坏需要重新建造,给广东、福建两省带来不少财政负担。正统四年,琉球贡使就借口"舟为海风所坏",要求赐一海舟。当时福建三司考虑到节省冗费,免于劳扰军民,则于现有的海船中选择一艘赐之。[2] 成化十五年,暹罗贡使亦以此借口要求重新造船,广东巡抚都御史朱英出于无奈,以银 200 两付之使自造,但暹罗贡使却诬奏他"以求索宝货不得而故违成命",结果还是不得不"如前命造船与之"。[3]

朝贡贸易自身存在的这些弊端,不仅给市舶司所在地的省份增添了不少麻烦,而且在贡使赴京途中所经的各地,也无故增加了许多民力劳作和财政负担。因此,各省官员叫苦不迭,地方百姓怨声载道,纷纷上书诉说朝贡贸易所带来的危害,认为从朝贡贸易中受惠的是朝廷,而遭难的却是地方,故使地方与朝廷之间的矛盾不断加深。永乐朝任翰林院侍讲的邹缉在《奉天殿灾上疏》中就直截了当地指出:"朝廷岁令天下有司织锦缎、铸铜钱,遣内官赍往外番及西北买马收货,所出常数千万,而所取曾不能及其一二,耗费中国,糜敝人民,亦莫甚于此也。"他恳切地向皇帝进谏:"文臣愿陛下速下明诏,散遣工匠营造之人,停止役作,使天下之人得遂其父母妻子相安相养之心。罢绝下蕃买马之役,勿令复出四方,外国来朝贡者赐赍而遣之,勿使久居中国。"[4] 明成祖对因朝贡贸易而引发的朝廷与地方矛盾的加剧不能不引起警觉,在永乐十九年四月初八日奉天、谨身、华盖三殿遭灾后,引咎自责,认为是自己"不德之所致",是上天的一种惩罚。于是,诏告天下,把一切"不便于民及诸不急之务者,悉皆停止",以苏民困。在所列举的停止事务中,就有"下番一应买办物件并铸造铜钱,买办麝香、生铜、荒丝等物暂行;一往诸番国宝舡及迤西、迤北等处买马等项,暂行停止……修造往

〔1〕［日］木宫泰彦著,胡锡年译:《日中文化交流史》,第 575—577 页。
〔2〕《明英宗实录》卷五七,正统四年七月甲戌,第 1103 天。
〔3〕《明宪宗实录》卷一九二,成化十五年七月癸酉,第 3407—3408 页。
〔4〕邹缉:《奉天殿灾上疏》,《皇明文衡》卷六,《文渊阁四库全书》本。

诸番舡只,暂行停住,毋得重劳军民",以此来表示自己"奉承天戒……惠绥烝民"的决心。[1]　自此之后,郑和下西洋遂难以维持下去,朝贡贸易亦随之逐渐走向衰落。

　　综上所述,明初为抵御倭患,防止海内外反对势力相互勾结,实行了海禁,禁止国人私自出海。这对于维护新生的明朝政权,加强海防具有一定的积极意义。明太祖在实行海禁的同时,也实行了"朝贡贸易",以保持与海外国家的贸易。这种贸易名义上是"怀柔远人"、"厚往薄来",实际却包含着相当大的商业成分,明朝通过朝贡贸易起初可攫取高额的收益。明成祖为招徕各国贡使,为之扫清海道,派遣郑和七下西洋,使明初的朝贡贸易达到鼎盛。因此,海禁、朝贡贸易与郑和下西洋遂成为明初对外关系上的三件大事。然而,由于朝贡贸易自身存在着一些弊端,给沿海各省带来了不少麻烦,不仅加重其财政负担,耗费民力,而且严重影响社会安宁,故引起地方官员与民众的不满,加剧了朝廷与地方的矛盾。明成祖为缓解这种矛盾,不得不引咎自责,施仁政于民,把下西洋等一切不便于民的活动宣告停罢,使名噪一时的郑和下西洋难以维持下去,而朝贡贸易亦随之逐渐走向衰落。

第二节　郑和下西洋与南海周边国家的友好往来

　　明朝建立之初,为了营造一个比较安定的国际环境,以保证国内社会经济的恢复和发展,明太祖除了集中力量打击元朝的残余势力外,对海外诸国则奉行睦邻友好政策。明成祖继位之后,遵循了明太祖的治国方针,对内以"休养安息"为经济政策的核心,迅速恢复和发展社会生产;对外以"怀柔"、"抚绥"为宗旨,争取与海外诸国和平共处。郑和下西洋期间,忠实地奉行睦邻友好政策,增强了明朝与南海国家的友好往来。

一、明初奉行睦邻友好政策的几种表现

　　明初的几位皇帝都很重视搞好与海外国家的关系。他们一即位,首先考虑的就是派遣使者遍谕海外诸国,如明太祖在洪武二年正月,遣使以即位诏谕日本、占城、爪哇、西洋诸国,二月又遣吴用、颜宗鲁、杨载等使占城、爪哇、日本等

_____

〔1〕《明太宗实录》卷二三六,永乐十九年四月乙巳,第2266—2268页。

国。洪武三年八月,在遣吕宗俊等招谕暹罗国的同时,亦遣使持诏往谕三佛齐、勃泥、真腊等国:赵述等使三佛齐,张敬之等使勃泥,郭征等使真腊。明成祖继位之后,同样广泛地向海外诸国派出使者,永乐元年八月,派遣行人吕让、丘智使安南;按察副使闻良辅、行人宁善使爪哇、西洋、苏门答剌;给事中王哲、行人成务使暹罗;行人蒋宾兴、王枢使占城、真腊;行人边信、刘元使琉球;翰林待诏王延龄、行人崔彬使朝鲜。九月,遣中官马彬等使爪哇、西洋、苏门答剌诸国;十月,遣中官尹庆等使满剌加、柯枝诸国等。

为了使睦邻友好政策得以落实,明初皇帝屡次告诫朝中大臣奉行人不犯我,我不犯人的和平共处原则。洪武四年,明太祖在奉天门告谕各省、府、台大臣说:"海外蛮夷之国,有为患于中国者,不可不讨;不为中国患者,不可辄自兴兵。古人有言:地广非久安之计,民劳乃易乱之源。如隋炀帝妄兴师旅,征讨琉球,杀害夷人,焚其宫室,俘虏男女数千人。得其地不足以供给,得其民不足以使令,徒慕虚名,自弊中土,载诸史册,为后世讥。朕以诸蛮夷小国,阻山越海,僻在一隅,彼不为中国患者,朕决不伐之。惟西北胡戎,世为中国患,不可不谨备之耳。卿等当记所言,知朕此意。"[1]宣德元年,明宣宗在文华殿也告谕大臣道:"太祖皇帝祖训有云:四方诸夷及南蛮小国,限山隔海,僻在一隅,得其地不足供给,得其民不足使令。又云:若其自不忖量,来扰我边,彼为不祥;彼不为中国患,而我兴兵伐之,亦不祥也。吾恐后世子孙倚中国富强,贪一时战功,无故兴兵伤人,切记不可。"[2]此外,明太祖还把朝鲜、日本、大小琉球、安南、真腊、暹罗、占城、苏门答剌、西洋、爪哇、彭亨、百花、三佛齐、勃泥等15国列为"不征诸夷",并载诸《祖训》。即使对倭寇的骚扰,明太祖亦采取和解的态度。当洪武二年正月,倭寇入寇山东海滨郡县,掠民男女而去后,他即于二月派杨载出使日本,赐日本国王玺书,要求互不侵犯。其书写道:"……间者山东来奏,倭兵数寇海边,生离人妻子,损伤物命。故修书特报正统之事,兼谕倭兵越海之由。诏书到日,如臣,奉表来廷;不臣,则修兵自固,永安境土,以应天休。"[3]但当时日本正处于南北朝战争时期,南朝的怀良亲王不仅不接受和解,反而杀了使者中的5人,生还者仅杨载、吴文华2人。对此外交上的失败,明太祖并不灰心,于洪武三年、四年又连续派去使者,甚至对怀良亲王的反唇相讥也极力克制,以蒙古之辙为鉴,终不加兵。[4]

〔1〕《明太祖实录》卷六八,洪武四年九月辛未,第1277—1278页。
〔2〕《明宣宗实录》卷一六,宣德元年四月丙寅,第420页。
〔3〕《明太祖实录》卷三九,洪武二年二月辛未,第787页。
〔4〕 张廷玉等:《明史》,中华书局,1974年,第8341—8343页。

　　在与海外诸国的交往中,明初几位皇帝奉行睦邻友好政策,主要表现在如下几个方面:

　　1. 对海外诸国推诚待之,对来贡使者以礼待之。洪武十二年,明太祖曾下令:"中国之于四夷,惟推诚待之,不在乎礼文之繁也……所贡之物务从简俭,且须来使自持,庶免民力负载之劳,物不贵多,亦惟诚而已。"〔1〕当他得悉占城国使臣来朝贡方物,而中书省臣未及时奏报时,即急召见使臣,并敕令省臣说:"朕居中国,抚辑四夷,彼四夷外国有至诚来贡者,吾以礼待之。今占城来贡方物,既至,尔宜以时告,礼进其使者。"〔2〕充分表现出愿与海外诸国平等相待的大国风范。

　　2. 与海外国家建立友好往来,准许他们派人来华留学。洪武二十五年,琉球国人才孤那等28人驾舟到河兰埠采硫,遭风漂到惠州海丰,为巡海兵所获。因语言不通,被误认为是日本人。转送至京后,正好有琉球国使者入朝讲明此事,明太祖则将他们全部遣还,并赐闽人善操舟者三十六姓,以利两国相互交往。〔3〕而在此之前一年,即洪武二十四年三月,明太祖就已告谕礼部大臣说:"琉球国中山、山南二王皆向化者,可选寨官弟、男、子、侄以充国子,待读书知理,即遣归国,宜行文使彼知之。"〔4〕翌年秋天,琉球国王则遣其从子日孜每、阔八马及寨官子仁悦慈三人入南京国子监就读;山南王亦遣其侄三五郎等,及寨官之子麻奢里等入南京国子监就读。此后,琉球派人来华留学遂成为惯例。至隆庆、万历年间,琉球派来国子监的留学生有十四五次之多。明朝政府给他们以最优厚的待遇,规定:"凡琉球国起送陪臣子弟赴南京国子监读书习礼,本部转行各该衙门供给廪米、柴炭及冬夏衣服。回国之日,差通事伴送至福建回还。"〔5〕

　　3. 欢迎海外诸国入明朝贡,对朝贡使者放宽限制。明成祖继位之初,即告谕礼部大臣说:"太祖高皇帝时,诸番国遣使来朝,一皆遇之以诚。其以土物来市易者,悉听其便;或有不知避忌而误干宪条,皆宽宥之,以怀远人。今四海一家,正当广示无外,诸国有输诚来贡者听。"〔6〕对朝贡使者违反国内规定的一些做法,明成祖也尽量宽宥之,不予追究。永乐元年九月,当礼部尚书李至刚奏日本遣使入贡,违禁私载兵器,须籍封送京师时,明成祖说:"外夷向慕中国,来修朝

〔1〕 《明太祖实录》卷一二二,洪武十二年二月己酉,第1976页。
〔2〕 《明太祖实录》卷一二六,洪武十二年九月戊午,第2016页。
〔3〕 徐葆光:《中山传信录》卷三,《台湾文献丛刊》本。
〔4〕 黄佐:《南雍志》,伟文图书,1976年,第111—112页。
〔5〕 申时行:《大明会典》卷一一七,《续修四库全书》本。
〔6〕 《明太宗实录》卷一二上,洪武三十五年九月丁亥,第205页。

贡,危蹈海波,跋涉万里,道路既远,赍费亦多。其各赍以助路费,亦人情也,岂当一切拘之禁令?"十月,因西洋、剌泥等来贡,附载胡椒同百姓交易,有关部门请示征收其税。明成祖又说:"商税者,国家以抑逐末之民,岂以为利? 今夷人慕义远来,乃欲侵其利,所得几何,而亏辱大体。"不准其请。永乐二年,李至刚等人复奏琉球国山南王遣使入贡,随带白金往处州购买瓷器,按法当逮问。明成祖却认为:"远方之人,知求利而已,安知禁令? 朝廷于远人当怀之,此不足罪。"[1]

4. 对海外诸国发生的相互侵扰事件,从中进行斡旋。洪武六年十一月,明太祖得知占城在其边境打败安南的入侵,遣使前来告捷时,对省臣说:"海外诸国,阻山隔海,各守境土,其来久矣。前年安南表言,占城犯境;今年占城复称,安南扰边。二国皆事朝廷,未审彼此曲直。其遣人往谕二国,各宜罢兵息民,毋相侵扰。"[2]永乐元年,明朝使臣出使占城时,发现有三名爪哇人被占城俘虏,则将他们解救带回中国。明成祖获悉此事后,命中官马彬赐给他们衣服、道里费,护送回爪哇。[3] 当时在东南亚一带,暹罗的国力比较强,经常欺凌邻国。有一次占城使者因遭风漂至彭亨国,暹罗得知后,则恃强迫使彭亨交出占城使者,并羁留不遣;又苏门答剌和满剌加国王均遣使者到明朝,诉说暹罗强暴发兵,夺其受明朝廷赏赐的印诰,国人惊骇不能安生。为此,明成祖乘暹罗使者来朝贡之机,赐敕谕暹罗国王,从中斡旋,使之归还占城使者及苏门答剌、满剌加所受的印诰,做到"安分守礼,睦邻境,庶几永享太平"。[4]

二、郑和下西洋贯彻睦邻友好政策

明初皇帝在奉行睦邻友好政策的同时,也对海外朝贡国家实行开放。为了鼓励海外国家入明贡,明朝皇帝采取"派出去,招进来"的积极措施,不惜耗费巨资,在1405年至1433年的28年间,先后派遣郑和七下西洋,到达了亚、非洲30多个国家和地区,成为中国航海史,乃至世界航海史上的伟大壮举。

郑和船队忠实地贯彻睦邻友好政策,尽管他们拥有27 000多名官兵和近百艘大船,堪称当时世界上规模最大的一支船队。但是,他们没有因此而凌辱小国,也没有因此而霸占过别国的一寸土地,甚至没有对他们到达的任何地方声称拥有主权以夸耀自己的"发现"。郑和船队的这些表现与后来西方殖民者的海

〔1〕 徐学聚:《国朝典汇》,学生书局,1965年,第1923页。
〔2〕 《明太祖实录》卷八六,洪武六年十一月己酉,第1525页。
〔3〕 《明太宗实录》卷二三,永乐元年九月庚寅,第422页。
〔4〕 《明太宗实录》卷七二,永乐五年十月辛丑,第1009页。

上扩张形成鲜明对比,就此而言,郑和船队完全是典型的和平之师、友好使者。他们每到达一地,即宣谕皇帝诏书,向各国国王颁赐银印、冠服、礼品等,并鼓励他们遣使入明朝贡,且在一些地方树碑以示友好。如永乐五年,郑和统率船队到达印度西南海岸的古里国时,就在当地建立碑庭。其铭文云:"此去中国,十万余程。民物咸若,熙皞同情。永示万世,地平天成。"[1]永乐七年,郑和又奉明成祖之命,在锡兰以金银供器、彩粧、织金宝幡布施佛寺,并建立石碑。[2] 这块郑和奉明成祖之命建于锡兰的石碑,通称为《布施锡兰山佛寺碑》。据说该碑原先竖立于锡兰岛最南端的德文达拉(Devungara),后于 1911 年在该处 40 里外的加勒(Galle)被发现,现存于斯里兰卡科伦坡博物馆。该碑高 4.5 尺,宽 2.5 尺,刻有中文、泰米尔(Tamil)文和波斯文。碑文内容据向达在《西洋番国志》附录二所载:"大明皇帝遣太监郑和、王贵通等昭告于佛世尊曰……"[3]

　　满剌加地处东西交通要冲,为当时东方最大的商业中心,大凡马鲁古的丁香、万丹的肉豆蔻、帝汶的檀香、文莱的樟脑等,无不汇集于此。郑和船队就在此设立据点,建造仓库,屯积钱粮,归整购买到的各种货物,等待季候风的转换。郑和在那里不仅解决了暹罗恃强长期欺凌弱小邻邦的问题,而且扶持满剌加正式建立国家。

　　满剌加原来不是个国家,只因海中有五屿,遂以此命名为"五屿",没有国王,仅由头目掌管。此地向来为暹罗所辖,每年需向暹罗缴纳贡金 40 两,否则暹罗即派兵征伐之。永乐七年,郑和奉命带诏书,赐当地头目双台银印、冠带、袍服,建碑封城,命名为"满剌加国"。自此之后,暹罗再也不敢来侵扰。宣德六年,满剌加国头目巫宝赤纳等至京诉说:"国王欲躬来朝贡,但为暹罗国王所阻。暹罗素欲侵害本国,本国欲奏而无能书者。今王令臣三人潜附苏门答剌贡舟来京,乞朝廷遣人谕暹罗王,无肆欺凌,不胜感恩之至。"明宣宗即令行在礼部赏赐巫宝赤纳等人,让他们附搭郑和船队还国。令郑和带敕谕暹罗国王说:"朕主宰天下,一视同仁,尔能恭事朝廷,屡遣使朝贡,朕用尔嘉。比闻满剌加国王欲躬来朝而阻于王国,以朕度之,必非王意,皆王左右之人不能深思远虑,阻绝道路,与邻邦启衅,斯岂长保富贵之道。王宜恪遵朕命,睦邻通好,省谕下人勿肆侵侮,则见王能敬天事大,保国安民,和睦邻境,以副朕同仁之心。"[4]由此可见,明初皇帝所提倡的睦邻友好政策,已通过郑和下西洋直接对东南亚各国施加影响,使之

〔1〕 罗懋登:《三宝太监西洋记通俗演义》,上海古籍出版社,1985 年,第 792 页。
〔2〕 冯承钧:《星槎胜览校注》,中华书局,1954 年,第 30 页。
〔3〕 巩珍著,向达校注:《西洋番国志》,中华书局,1961 年,第 50 页。
〔4〕 《明宣宗实录》卷七六,宣德六年二月壬寅,第 1762—1763 页。

能和睦相处,勿启衅端。

郑和在旧港(今苏门答腊岛东北部的巴邻旁)亦为当地剿灭海寇,保证了航道的安全,如前文提到的生擒海寇陈祖义,使"番人赖之以安业"。在苏门答剌,郑和还为当地国王平定了叛乱。当郑和奉使至苏门答剌,向其国王宰奴里阿必丁颁赐彩币等物时,有前伪王弟苏干剌,正图谋杀害宰奴里阿必丁,以夺其王位。苏干剌见郑和赐物不及己,即领兵数万邀杀官军,郑和率众及其国兵战败之,将苏干剌俘虏并诛之。[1] 这些事实表明,郑和在下西洋期间,忠实地贯彻睦邻友好政策,为东南亚国家伸张正义,为维护当地的和平稳定做出了贡献。

至于下西洋官兵在爪哇遭误杀事件,明成祖也本着睦邻友好的原则,妥善地做了处理。明初,爪哇国分为东西二王。永乐元年,西王都马板遣使奉表贺即位,明成祖赐以镀金银印;而东王字令达哈亦遣使朝贡,并奏请印章,明成祖也命铸涂金印赐之。自此之后,二王都有入明朝贡。永乐四年,西王与东王相战,东王战败被杀,国遂灭。此时正值下西洋船只经过东王辖地,官军上岸交易,被西王兵误杀 170 余人。西王得知此事后,即派使者上表谢罪。明成祖敕谕深责其罪行,要求输黄金六万两以赔偿被误杀官军之命。但永乐六年,西王都马板仅献黄金一万两谢罪。礼部大臣对其做法愤愤不平,认为尚欠偿金五万两,应将其使者下法司治之。但明成祖从睦邻友好的大局出发,赦免之。他说道:"远人欲其畏罪则已,岂利其金耶! 且既知过,所负金悉免之。"仍遣还其使者,令带诏谕意,与西王继续保持朝贡关系。[2]

郑和贯彻的睦邻友好政策与迟之将近一个世纪的西方远航者大相径庭,有人把当时中西几次远航探险的性质进行比较,认为郑和船队带去的是"丝和瓷",是和平友好的交往,而西方远航者带去的是"剑与火"。达·伽马、哥伦布的远航是做着"黄金梦",为掠夺神话般的东方财富,给亚、非、拉带来了整整 300 年的暴力掠夺。[3] 也正因为如此,郑和深受东南亚人民的爱戴,他们尊称郑和为"三宝"。在东南亚各地有许多以三宝命名的地方,如泰国的三宝港,马来西亚的三宝山、三宝井,菲律宾的三宝颜,印尼的三宝垄、三宝庙等等。至今在东南亚各地仍广泛流传着许多有关郑和下西洋的传说,他们把郑和的功绩作为神话来传颂,把郑和的塑像供在庙里崇拜。种种事实说明,郑和下西洋贯彻的睦邻友好政策是深得人心的。

---

〔1〕《明太宗实录》卷一六八,永乐十三年九月壬寅,第 1869—1870 页。
〔2〕 严从简:《殊域周咨录》,中华书局,1993 年,第 293—294 页。
〔3〕 倪健民、宋宜昌:《海洋中国:文明重心转移与国家利益空间》,中国国际广播出版社,1997 年,第 1158 页。

三、与南海周边国家的友好往来

郑和下西洋期间,由于忠实地贯彻睦邻友好政策,所到之处深受各国人民的热烈欢迎,"其所赍恩颁谕赐之物至,则番王酋长相率拜迎,奉领而去。举国之人奔趋欣跃,不胜感激。事竣,各具方物及异兽珍禽等件,遣使领赏,附随宝舟赴京朝贡"。[1] 于是,出现了永乐二十一年,西洋古里、忽鲁谟斯等16国,遣使1 200人同时至京朝贡的盛大场面,充分显示了奉行睦邻友好政策对于密切中国与南海诸国的友好往来,增进中国人民和亚非人民的传统友谊的积极作用。

值得一提的是,在郑和下西洋的影响下,有东南亚4个国家的9位国王先后8次亲自率领使团来华访问。其中最突出的是满刺加国王祖孙三代均来华访问过。由于郑和下西洋时帮助满刺加建立国家,并解决了暹罗国的入侵问题,故满刺加国王拜里迷苏刺深怀感激,于永乐九年亲自率领其妃、子、陪臣一行540余人来华访问。永乐十七年,拜里迷苏刺的儿子亦思罕答儿沙嗣立为满刺加国王后,亦亲自率领王妃、王子来华访问;永乐二十二年,亦思罕答儿沙的儿子西里麻哈刺者继位后,也同样率领其王妃及头目来华访问;宣德八年,西里麻哈刺者再度率其家属、头目一行228人来华访问。由此说明,当时满刺加国与明朝的友好关系是非常密切的。

其他来华访问的东南亚国王还有位于今加里曼丹岛北部的渤泥国国王麻那惹嘉那,他于永乐六年,亲率其王妃、子女、弟妹、亲戚、陪臣等一行150余人泛海来华访问。访问时忽染疾病,医治无效去世。临终前他对不能报答明成祖的盛情接待深感遗憾,嘱咐其子"入拜谢天子,誓世世毋忘天子恩";嘱咐其妃,将其"体魄托葬中华"。[2] 明成祖遵照其遗愿,命工部具棺椁、明器葬于安德门外,树碑神道,求西南夷人之隶籍中国者守之,立祠于墓,命有司岁于春秋用少牢祭之。[3] 永乐十年,继任勃泥国王的麻那惹加那儿子遐旺也亲自偕其母、妻等来华访问,并在南京祭奠其父坟墓。

除此之外,永乐十五年,苏禄国东王巴都葛叭答刺、西王麻哈刺吒葛刺麻丁、峒王叭都葛巴刺卜分别率领其家属、随从及头目共340余人来华访问。三王在返国途中,东王不幸病逝于山东德州,明成祖以王礼将之厚葬于德州北郊,并亲

---

〔1〕　巩珍著,向达校注:《西洋番国志》,第6页。

〔2〕　胡广:《勃泥国恭顺王墓碑》,《郑和下西洋资料汇编(增编本)》,海洋出版社,2005年,第644页。

〔3〕　《明太宗实录》卷八四,永乐六年十月乙亥,第1117页。

自为文树碑墓道,赞扬东王"躬率眷属及其国王,航涨海,泛鲸波,不惮数万里之遥,执玉帛、奉金表,来朝京师……光荣被其家园,庄泽流于后人,名声昭于史册,永世而不磨"。[1]

　　永乐十八年,古麻剌朗(今菲律宾的棉兰老岛)国王干剌义亦敦奔亲率其王妃、王子、陪臣,随太监张谦来华访问。归国途中,古麻剌朗国王因病在福州去世,明成祖亦以王礼将其厚葬于闽县,令有司岁致祭。这些东南亚国王的来访,不仅促进了中国与东南亚国家之间的文化交流,而且增进了相互之间的传统友谊。其中不幸因病去世的几位国王,其留在中国各地的坟墓,至今仍是中国与东南亚国家友好交往的历史见证。

　　综上所述,明初几位皇帝为恢复国内残破的社会经济,对外奉行睦邻友好政策,争取与海外国家和平共处,以造就一个比较安定的国际环境,保证国内社会经济的恢复和发展。明初几位皇帝奉行的睦邻友好政策主要表现在与海外国家建立友好关系,准许他们派留学生来华就读,欢迎他们入明朝贡,对朝贡使者放宽限制,对海外国家之间发生的相互侵扰事件从中进行斡旋等方面。郑和在下西洋期间,忠实地贯彻睦邻友好政策,加深了南海周边国家与中国的传统友谊。

第三节　明代"东西洋"分界考

　　现代的南海海域,明代称为"东西洋"。有关东西洋的分界,张燮在《东西洋考》中阐述得很分明:"文莱即婆罗国,东洋尽处,西洋所自起也。"[2]根据书中所载,西洋包括交趾、占城、暹罗、六坤、下港、加留吧、柬埔寨、大泥、吉兰丹、旧港、詹卑、麻六甲、亚齐、彭亨、柔佛、丁机宜、思吉港、文郎马神、迟闷等 19 个国家和地区,其范围大概在今天的中南半岛、马来半岛、苏门答腊、爪哇以及南婆罗洲一带;东洋包括吕宋、苏禄、高乐、猫里务、网巾礁老、沙瑶、呐哔哔、班隘、美洛居、文莱等 10 个国家和地区,其范围大概在今天的菲律宾群岛、马鲁古群岛、苏禄群岛以及北婆罗洲一带。

　　为什么明代以文莱作为东西洋的分界呢? 历来说法不一,有一种是以风向作为分界的看法。如高桑在《赤土国考》中引用了克劳福(Crawfurd)和玉尔

---

〔1〕　朱棣:《御制苏禄国东王碑》,《郑和下西洋资料汇编(增编本)》,第 649—650 页。
〔2〕　张燮:《东西洋考》,第 102 页。

(Yule)等的说法,认为马来人把其东方诸国称作"下风之地",把其西方诸国称作"上风之地",而波斯航海家则把印度半岛尖端以西称为"上风之地",以东称为"下风之地",故明代就以此作为东西洋分界的依据。[1]

这种看法主要是针对季候风而言的。南洋群岛最显著的季候风,不外乎东北季候风与西南季候风。东北季候风主要发生在温带的冬季和春季,大约在每年的11月至翌年的3月,而以1月为最典型。在这段时间里,由于太阳光直射南移的影响,大洋洲地方为炎热的夏季,空气膨胀而轻松,成为低气压;而亚洲大陆却因为仅受太阳斜射的影响,为寒冷的冬季,空气密度大,成为高气压。高气压总是要向低气压区流去,所以这个时期吹向东南亚的主要风向有三股:最大的一股是来自亚洲中部的西伯利亚高压中心的大陆性气团;另一股是来自北太平洋中部的热带海洋性气团,这两股强风组成东北季候风抵达东南亚;第三股是来自印度洋的印度季候风,其强度不大,仅影响到缅甸及南洋群岛西南部的海面,所吹的是西北风。

西南季候风的主要发源地在大洋洲大陆,大约在每年的5月至9月,而以7月为最典型。在这段时间里,高气压在大洋洲,吹向亚洲大陆,经过东南亚的主要风向有两股:最重要的一股是来自大洋洲大陆的东南风,吹向印尼群岛,越过赤道后转向成为西南季候风;另一股是来自印度洋的西南季候风,其发源地在非洲马达加斯加岛东南的海面上,这两股气流所形成的过渡边界恰好横越马来半岛。正因为上述原因,所以马来人及波斯航海家才将马来半岛以东,或者印度半岛以东称为"下风之地",以西称为"上风之地"。然而,这一点根本不能作为明代划分东西洋的主要依据,更不能说明为什么以文莱作为东西洋的分界点。

另一种说法是以两大贸易航线作为分界的标准,即所谓"东洋针路"与"西洋针路"。许云樵先生倾向这种说法,他认为:"西洋针路,自福建出发抵马来半岛,取苏门答腊,转东经爪哇、巴厘,而达地闷(Timor),或更绕婆罗洲西南而返,沿途商港连接,无旷程迂道,其沿婆罗洲北返者,决不拟更越文莱而东,西洋以是而止,至于东洋针路,经澎湖、台湾而达吕宋,因急欲东航,故由自而南,越苏禄海,直取西里伯,东达美洛居(Molucca)而返,沿途亦均商港连接,惟自苏禄而东,不若西洋之密耳。若自美洛居南下,固亦可达西洋针路之地闷,顾其航途所经,均蕞尔荒岛,无贸易价值,且欲绕道西洋而返,航程亦嫌久长;其返抵文莱者,经美洛居之航程颠簸,已感疲惫,归心如箭,自更不欲再涉西洋,旷延时日矣,东洋

---

〔1〕　张礼千:《东西洋考中之针路》,新加坡南洋书局,1947年,第2—3页。

缘是而尽也。要不然者,吕宋东岸何以卒无航线。而美洛居以东,亦终不发达哉?”〔1〕

　　许先生的看法虽有独到之处,但忽视了利用季候风航行的问题。古代的海上航行主要是利用季候风。一般说来,南海诸国船只到中国,大抵是在五、六月之交。如大秦王安敦派遣的使者在桓帝延熹九年(166 年)九月到达洛阳,其船只到达交州的时间是在五、六月之交;东晋法显从印度回国,于义熙十四年(418年)四月十六日自耶婆提出发,七月十四日到达胶州湾附近。而从中国到南海诸国,大抵是在十一、十二月之交,如唐义净往西域,于高宗咸亨二年(671 年)十一月自广州出发。这就是朱彧在《萍洲可谈》卷二中所概括的:“舶船去以十一月、十二月,就北风,来以五月、六月,就南风。”〔2〕因此,自福建出发到爪哇、巴厘、地闷或者婆罗洲西南部的船只,一般是在十一、十二月出航,乘东北季候风,越过赤道后,即转乘西北风到达目的地。〔3〕很少有可能像许先生所说的那样,抵马来半岛,取苏门答腊,转东经爪哇、巴厘,而达地闷,或者绕婆罗洲西南而返,似这样大回旋的航程,在利用季候风航行的帆船时代是较难实现的,这从《东西洋考》及《两种海道针经》中仅有的分程航线记载就可以看出来。

　　另外,抵达各地贸易的船只,由于贸易情况不同,在贸易地逗留的时间长短亦不同。如《诸蕃志》所载,到渤泥国(北婆罗洲)贸易的船只,抵岸时不能马上进行交易,必须“日以中国饮食献其王”,“朔望并讲贺礼,几月余,方请其王与大人论定物价”,即使是贸易完成后,也不能马上返国,“必候六月望日排办佛节然后出港,否则有风涛之厄”。〔4〕到麻逸国(民都洛岛)贸易的船只,抵岸时即将货物转交当地土著,由其“转入他岛屿贸易,率至八九月始归,以其所得准偿舶商,亦有过期不归者。故贩麻逸舶回最晚”。〔5〕因此,往东洋贸易的船只,同样难以作“越苏禄海,直取西里伯,东达美洛居而返”这样的连续航行。

　　至于不能由美洛居南下或者越过望加锡海峡而进入西洋针路的问题,也不像许先生所说的那样,“顾其航途所经,均蕞尔荒岛,无贸易价值,且欲绕道西洋而返,航程亦嫌久长”,而是由于珊瑚礁阻隔,帆船无法通行之故。道比在《东南

〔1〕　张礼千:《东西洋考中之针路》,第2—3页。
〔2〕　朱彧:《萍洲可谈》,中华书局,2017 年,第 133 页。
〔3〕　东北季候风吹到南半球后变成西北风,而东南季候风吹到北半球后变成西南风,这就是费勒定律所说的:“一切地面上移动的物体,在北半球向右偏,在南半球向左偏。”(见[英]道比著,赵松乔等译:《东南亚》,商务印书馆,1959 年,第 17 页。)
〔4〕　杨博文:《诸蕃志校释》,中华书局,1996 年,第 136 页。
〔5〕　同上书,第 141 页。

亚》一书中曾指出:"望加锡海峡的南部,在帆船时代是一个极难通行的航路,现在在暴风雨期间,对船只仍多困难,无数珊瑚环绕的岛屿,在海峡中横列,其中一部分组成大巽他堡礁……它自加里曼丹海岸向东伸出约400公里,与苏拉威西之间只剩下一条很狭窄的深海。珊瑚礁又向南不规则地伸延,直至利马及甘勤岛为止,形成一个珊瑚礁环绕,面积达13万平方公里以上的浅滩地带。其他珊瑚礁在这个浅滩及南苏拉威西之间散布,其中以望加锡海外的斯泼蒙特群岛为最大。"[1]可见,单纯以两大贸易航线来作为东西洋分界的依据,亦是有其不足之处。

那么,明代"东西洋"分界的依据究竟是什么呢? 以下从航向、风向及洋流等三个方面进行分析。

一、航向问题

明代时,中国往东西洋各地贸易的船舶大多从福建出航,其港口有大担、浯屿、北太武、泉州和福州。大担、浯屿、北太武可归入金门岛,为当时往东西洋的重要出口港。[2] 开往西洋船舶的航向一般是偏西南方向,取道七洲洋、昆仑山而去,如清人陈伦炯在《海国闻见录》中有记载:"南洋(即明代的西洋,清初称为南洋)诸国,以中国偏东形势,用针取向,俱在丁未(西南偏南)之间","七州洋在琼岛万州之东南,凡往南洋者,必经之所"。[3] 谢清高在《海录》中也记载:"……过昆仑海,日余见昆仑山,至此然后分途而行,往宋卡、暹罗、大呢、吉兰丹各国,则用庚申针(西南偏南),转而西行矣。"[4]

至于具体的航线,我们可从《东西洋考》列举的"西洋针路"中看出:由镇海卫太武山(今镇海城)"用丁未针(西南偏南),四更,取大小柑"到南澳坪山、乌猪山、七州山、七州洋;再从七洲洋"用坤未针(西南偏南),三更,取铜鼓山"到交趾、占城、赤坎山、柬埔寨等地;又从赤坎山"单未针(西南偏南),十五更,取昆仑山",由昆仑山"用坤申(西南偏南)及庚酉针(西偏西南),三十更,取吉兰丹"、大泥;"用坤未针(西南偏南),三十更,取斗屿"到彭亨、柔佛、麻六甲等地。反之,由西洋返航的船只,其航向则偏东北,同样航经昆仑山、七州洋而上。故凡有关航程的古籍,莫不着重谈及这两地的航向:"凡往西洋商贩之舶,必待顺风七

---

〔1〕 [英]道比著,赵松乔等译:《东南亚》,第233页。
〔2〕 向达:《两种海道针经》,中华书局,1961年,第8页。
〔3〕 李长傅:《海国闻见录校注》,中州古籍出版社,1985年,第49页。
〔4〕 冯承钧:《海录注》,中华书局,1955年,第14页。

昼夜可过,俗云'上怕七洲,下怕昆仑,针迷舵失,人船莫存'。"〔1〕"其正路若七州洋中,上不离艮,下不离坤"。〔2〕

开往东洋船舶的航向一般是偏东南方向,由太武山(今镇海城)开船,"用辰巽针(东南偏东),七更,取彭湖屿",由澎湖屿"用丙巳针(东南偏南),五更,取虎头山"到吕宋国。〔3〕 再由吕宋之南分筹到苏禄、吉里问、文莱三国。〔4〕

由此可见,开往西洋贸易的船舶,其航向一般是偏西南方向,故《东西洋考》中称之为"西洋针路",由此航向到达的各个国家和地区,概称之为西洋;而开往东洋贸易的船只,其航向一般是偏东南方向,故《东西洋考》中称之为"东洋针路",由此航向到达的各个国家和地区,概称之为东洋。这一点在清初的《海国闻见录》中也有类似的说明:"苏禄、吉里问、文莱三国,皆从吕宋之南分筹","此皆东南洋(即明代的东洋,清初称为东南洋)番国","而朱葛礁喇(据《四海总图》,位于婆罗洲西南部)必从粤南之七州洋,过昆仑、茶盘,向东","马神亦从茶盘、噶喇吧而往","非从吕宋水程,应入南洋各国"。〔5〕 这里把东西洋交界处几个地区的不同航向分述得很清楚。

二、风向问题

如前所述,古代海上航行主要是利用季候风,往西洋的船只一般发自十一、十二月,乘东北季候风,返航的船只一般发自五、六月,乘西南季候风。而西洋船只无论往返均需航经七洲洋及昆仑岛。查昆仑岛位于北纬8°40′,东经106°40′;北婆罗洲的文莱位于北纬5°,东经115°。往西洋的船只出了昆仑岛后,由于东北风的作用,不可能向东横越南海到达北婆罗洲的文莱,而只能继续向西南方向航行,或者越过赤道,转乘西北风落到爪哇的东部。正是由于这个缘故,所以爪哇东部比西部更早与中国有贸易往来,直至15世纪初期,中国与爪哇的贸易还仅限于东部。

至于由西洋来中国的船只,我们可以法显东归行程为例来进行说明,法显由锡兰东航,出新加坡海峡后于十二月中旬到达耶婆提,可见利用的是东北季候风。在这段时间里,由于在马来亚与婆罗洲之间的海面上,有着强烈的东北风,

〔1〕 冯承钧:《星槎胜览校注》,第8—9页。
〔2〕 向达:《两种海道针经》,第21页。
〔3〕 张燮:《东西洋考》,第182—184页。
〔4〕 李长傅:《海国闻见录校注》上卷《东南洋记》,据该书绘制的"四海总图",吉里问系位于北婆罗洲、文莱与苏禄之间。
〔5〕 李长傅:《海国闻见录校注》,第43—44页。

故法显的船只绝不可能从新加坡附近东航直达北婆罗洲的文莱,而是越过赤道被西北风吹到爪哇西部。[1] 以后由爪哇到广州,属于东北航线,法显自五月中旬开航,乘西南季候风,一个月后在昆仑岛、七洲洋一带遇上了台风而被吹到胶州湾附近,同样不可能横越南海而到达文莱。总之,由于季候风的作用,航行西洋的船舶无论往返均不可能横越南海而到达东洋的文莱,因此在《东西洋考》及《两种海道针经》中均看不到有由福建直达文莱,或者由西洋各国直达文莱的航线。

再来看看往东洋航行的船只,"由于菲律宾群岛位于东南亚东北端的海洋之中,南北热带气团的环流情形与东南亚其他地方不同。北方气团的影响比较巨大,从十月一直继续到四月,先作北风吹过菲律宾群岛,继之为东风"。[2] 所以在十一月由太武山开航到东洋的船只,出了澎湖屿后即向东南航行到吕宋,然后乘北风向南分别到达苏禄、吉里问、文莱等地,而不可能再向西横越南海进入西洋航线。返航的船舶在七、八月开航,这时"菲律宾群岛为南方热带气团所控制,风向南微偏东",[3] 故船舶仅能顺风由南溯北而上,同样不可能西向横越南海进入西洋航线。可见,由于季候风的作用,东西洋船舶均不可能逾越文莱而进入对方的航线,这就是明代之所以把文莱作为东西洋分界点的原因所在。

三、洋流问题

古代航海,除了利用季候风外,洋流也是不可忽视的一个因素。有时船只在航行中被卷入洋流,便不能自主,任其漂流。如唐代东渡日本的鉴真和尚,从扬州出航赴日本,遇上南下的季风,被卷入洋流,漂到了海南岛;在唐朝居留50余年,曾任唐朝官职的日本阿倍仲麻吕(朝衡)与吉备真备、藤田清河等,同船东归日本,从扬州出发,海上遇风,卷入洋流,漂到了安南;明末遗民朱舜水亦有同样的遭遇,漂流到安南,于是作《安南纪事》。可见,洋流在航海中起着一定的作用。

南洋群岛赤道的海水,与其他赤道的海水一样,受到了气温的影响,形成有名的赤道洋流,分别向南北涌进,在南者称为南赤道洋流,在北者称为北赤道洋流。中国南海的洋流属于北赤道洋流的一个支流,从越南南部,朝东北方向弯曲

---

〔1〕　许云樵:《据风向考订法显航程之商榷》,《南洋学报》第六卷第二辑,1950年。
〔2〕　[英]道比著,赵松乔等译:《东南亚》,第302页。
〔3〕　同上。

流过广州南面,进入台湾海峡,与暖洋流汇合,由此朝西北方向,又产生一个支流,这两个支流,一支流向日本,另一支触山东半岛的海角而进入渤海湾。法显在归程中,在昆仑岛、七洲洋一带遇上台风吹过台湾海峡后就是被卷入这支洋流而漂到胶州湾附近。[1] 因此,在这支洋流的作用下,航行西洋的船舶难以进入东洋航道。

在东洋,北赤道洋流至菲律宾群岛后,同样是一部分继续前进,经过台湾东岸,转入中国的东海;另一部分流向日本,成为对岛流。而当船舶顺流通过澎湖屿后,有一处海水称为澎湖沟,“其水分东西流,一过此沟,水即东流,达于吕宋。吕宋回日,过此沟,水即西流,达于泉漳”。[2] 所以航行东洋的船舶也难以摆脱洋流的作用而进入西洋航道。

综上所述,明代“东西洋”的分界系以航向、风向、洋流三种因素作为准则,其中以航向与风向为主要标准。正是由于开往西洋船舶的航向一般偏西南方向,故命其名为“西洋针路”,由此航向到达的南海各国和地区,概称为西洋;而开往东洋船舶的航向一般偏东南方向,故命其名为“东洋针路”,由此航向到达的南海各国和地区,概称为东洋,同时也由于季候风的作用,东西洋船舶均不可能逾越的文莱则成为东西洋的分界点。诚然,“东西洋”的名称随着时代的变迁而变化,在清初则称为“东南洋”及“南洋”,中叶以后又概称为“南洋”,至殖民者东来以后,“西洋”一名则专指欧洲各地。但是,明代的这种“东西洋”分界法所具有的科学性仍然是不可否认的。

第四节　葡萄牙人东来与澳门的兴起

一、葡萄牙人的东来与中葡的早期接触

新航路的开辟和有关中国的传闻,激起了葡萄牙统治者极大的扩张野心。葡王曼努埃尔一世(Manuel I)自封为“埃塞俄比亚、阿拉伯、波斯和印度征服、航海和通商的主人”,[3]企图建立庞大的东方殖民帝国。葡萄牙先是在印度

---

〔1〕 贺昌群:《古代西域交通与法显印度巡礼》,湖北人民出版社,1956年,第69—70页。

〔2〕 何乔远:《闽书》,福建人民出版社,1994年,第180页。

〔3〕 C. R. Boxer, Fidalgos in the Far East, 1550 – 1770, Fact and Fancy in the History of Macao, The Hague, 1948, p.1.

建立了殖民与商贸据点,在 16 世纪初又占领了满剌加,并以其为跳板,积极谋求与中国建立正式的外交和通商关系。1514 年 6 月,阿尔瓦雷斯(Jorge Alvares)乘坐中国帆船抵达珠江口的屯门岛(Tamao,即伶仃岛),成为第一位到达中国的葡萄牙人。自此之后,葡萄牙人为中国的财富所吸引,频频来到广东沿海,并把屯门作为他们活动的据点,企图打开古老中国的大门,屯门也因此被葡萄牙人称作"贸易之岛"(Ilha da Veniaga、Beniga、Neniga)。

与此同时,明朝官方的朝贡贸易衰微,私人海外贸易则冲破樊篱,日益兴起。尤其是"两广奸民私通番货,勾引外夷与进贡者,混以图利"甚众,[1]迫使广东地方政府不得不考虑允许私人贸易。正德九年,新任广东右布政使吴廷举"首倡缺少上供香料及军门取给之议",订立番舶进贡交易之法,即外国来船"不拘年分,至即抽货",[2]由此向中外海商敞开了大门。但由于当时葡萄牙正处在资本原始积累时期,海商与海盗本是两位一体,没有明确的界限,因而与中国沿海的商民多有矛盾和冲突。如 1519 年来到屯门的葡萄牙船队队长西蒙·安特拉德(Simao de Andrade),因不满于葡王特使皮里士未能进京,竟在屯门筑堡驾炮。他还勾结中国奸商从事走私,殴打中国海关官员,甚至从事"掠买良民"的活动。[3] 关于西蒙的行径和传闻报告到北京,无疑对中葡外交产生重大影响,使葡萄牙使臣皮里士的任务更加坎坷,中葡关系更加恶化。

中葡关系恶化以后,葡萄牙并未因此放弃与中国通商的努力,相反却接连派出船队到中国沿海活动,企图打开与中国贸易的大门。广东地方当局和人民对葡萄牙人已无好感,加之朝廷下令禁绝番舶贸易,在此情况下,中葡之间发生了一系列的激烈冲突,如屯门之战和西草湾之战。战后,明政府在广东实行严厉的禁海措施,不单对葡萄牙人加以驱逐,即对所有番舶亦予以禁止。其后,葡萄牙人仍试图重开广海贸易,但是终未能如愿以偿。

然而葡萄牙人并未因此罢休,认为"与中国的贸易太有价值了,以至于不能放弃。于是避开广东港,贸易船从马六甲直接驶往浙江和福建"。[4] 他们先后在浙江双屿和福建的漳州月港、厦门浯屿、东山走马溪建立了一系列贸易据点,

---

〔1〕 《明武宗实录》卷一四九,正德十二年五月辛丑,第 2911 页。

〔2〕 《明武宗实录》卷一九四,正德十五年十二月己丑,第 3631 页。傅维鳞的《明书》卷一二九《吴廷举传》云:吴廷举,"(正德)九年,升广东右布政使,立番舶进贡交易之法"(江苏广陵古籍刻印社,1988 年,第 39 页)。吴桂芳《议阻澳夷进贡疏》亦云:"广东自嘉靖八年,该巡抚两广兵部右侍郎林富,题准复开番舶之禁,其后又立抽盘之制。"(《明经世文编》卷三四二,中华书局,1962 年,第 3668 页)可见吴廷举订立番舶交易之法是在嘉靖九年。

〔3〕 张廷玉等:《明史》,第 8430 页。

〔4〕 J. M. Braga, The Western Pioneers and Their Discovery of Macau , Macau, 1949, p.65.

但由于其既从事和平的通商活动,又从事非法的走私活动,甚至海盗活动,因而受到明政府的严厉打击,经双屿之战、走马溪之战,葡萄牙人连续战败,被迫退回广东沿海。

在经历了连续的失败之后,葡萄人见识到了明王朝的强大实力,"完全放弃了任何诉诸武力的做法,而代之以谦卑、恭顺的言谈举止"。"换言之,他们在中国采取了一种截然不同的政策,即贿赂与奉承的政策,即使算不上谄谀献媚的话"。[1] 葡萄牙人的政策改变很快就得到回报,"1550 年或 1550 年左右,葡萄牙人与一个中国官员达成一项默契,在上川岛获得一个交易处以交换商品。这个岛距澳门西南约 50 英里"。[2] 从此,上川就成为葡萄牙对日贸易重要的中间站和对中国贸易的据点。葡萄牙在上川的贸易活动虽然频繁,但由于"中国官方禁止葡萄牙人建造任何种类的坚实房屋"。[3] 因而葡萄牙人在上川没有固定的住所,当东南季风来临之时,葡萄牙人从满剌加乘风而至;"当季候风尾声之际,所有交易停止下来,帐目结清,港口空荡荡的,岛上杳无人迹,直至商人们再次返回"。[4] 上川作为葡萄牙人的走私贸易场所一直到 1555 年左右才被浪白澳所取代。

1549 年,葡萄牙人就已经开始利用浪白澳从事通商贸易,但一开始其地位不如上川。1553 年葡萄牙日本航线船队的长官苏萨(Leonel de Sousa)与广东地方官员海道副使汪柏接洽商谈贸易事宜,翌年终于达成口头协议,允许葡萄牙人在浪白澳贸易。[5] 由于这个协议,中葡之间恢复了在广东的半公开贸易。葡萄牙人在广东地方当局的默许下,不仅得以在浪白澳建立贸易据点,而且还获得从这里前往广州贸易的许可。这显然是长期以来葡萄牙人为打开对华贸易所作的努力取得的一项重大突破。广东贸易恢复之后,浪白澳很取代了上川岛,成为葡萄牙人在中国沿海最重要的据点。只是广东当局允许葡人贸易,"始终附有这样的条件:即贸易时期结束后,葡萄牙人就要带着他们全部的财物立即返回印度,"[6]葡人曾试图把它建成永久性的商埠,但为明朝当局所制止,[7]未能得逞。可见,葡萄牙人在浪白澳的贸易据点仍具有临时的性质。

---

〔1〕 张天泽著,姚楠、钱江译:《中葡早期通商史》,(香港)中华书局,1988 年,第 106 页。
〔2〕 C. R. Boxer, Fidalgos in the Far East, 1550 – 1770, p.2.
〔3〕 利马窦、金尼阁著,何高济等译:《利玛窦中国札记》,中华书局,1983 年,第 134,137—138 页。
〔4〕 [瑞典]龙思泰著,吴义雄等译:《早期澳门史》,东方出版社,1997 年,第 10 页。
〔5〕 引自张海鹏:《中葡关系史资料集》,四川人民出版社,1999 年,第 249—251 页。
〔6〕 利马窦、金尼阁著,何高济等译:《利玛窦中国札记》,第 140 页。
〔7〕 祝淮:道光《香山县志》卷一(道光八年刊本)载:"明正统间(误,应为嘉靖间),佛郎叽夷泊居浪白之南水村,欲成澳埠,后为有司所逐。"

广东当局虽同意将浪白澳"暂借"葡人作为交易之处,但并未放弃对葡人贸易的管理,而是设立了严密的管理制度。根据曾任广东监察御史的庞尚鹏于嘉靖四十三年(1564年)的奏疏,当时明朝政府在浪白澳设置"守澳官"一职,[1]不仅监督贸易事宜,抽收关税,而且还对岛上的葡人实施行政管理。这是中国政府首次对在华葡萄牙人设置专官,实施有效的管理。鉴于浪白澳据点的临时性,葡萄人继续在中国沿海试探和努力,以图建立永久性的定居点,这就为后来入侵澳门埋下了伏笔。

二、葡萄人入居澳门

澳门位于珠江口外,有非常好的湾泊条件,因而很早就吸引了外来船舶停靠。正统十年,有"流求使臣蔡璇等率数人以方物买卖邻国,风漂至香山港"。[2] 此"香山港"无疑即香山澳。嘉靖八年,因林富之请,明朝开洋澳通商,澳门即其中一口岸。查继佐云:"广东抚臣林富上言,许市佛郎机有四利,诏许市香山澳。"虽然所云"林富上言,许市佛郎机"不确,但可说明,香山澳在通商后成为葡萄牙人之住舶地。

葡萄牙人获允入住澳门并非一蹴而就,而是一个渐进的过程。王士性谈及:"香山澳乃诸番旅泊之处,海岸去邑二百里,陆行而至,爪哇、渤泥、暹罗、真腊、三佛齐诸国俱有之。其初止舟居,以货久不脱,稍有一二登岸而拓架者,诸番遂渐效之,今则高居大厦,不减城市,聚落万头。"[3] 即葡人入住澳门的过程分为舟居、旅居和定居三个阶段:

第一个阶段是嘉靖八年后,明朝开辟澳门为通商口岸,葡人混在其他国家商人之中,到澳门泊舟互市,其居留状况为"舟居",并未登岸居住;第二个阶段是嘉靖十四年,明朝开辟濠镜为外国商人的居留地,少数葡人亦浑水摸鱼,"登岸而拓架",即搭篷或草屋居住,[4] 不过其时居留状况为"旅居","以汛为期",[5]"来则寮,去则卸",[6] 具有临时居住的性质,其居留权未得到明朝的

〔1〕 庞尚鹏:《百可亭摘稿》卷一,《四库全书存目丛书》本。
〔2〕 黄佐:嘉靖《广东通志》卷六六,嘉靖四十年刻本。
〔3〕 王士性:《广志绎》,中华书局,1981年,第100页。
〔4〕 1623年,澳门市政厅书记官葡人迪奥戈·卡尔代拉·雷戈(Diogo Caldeira Rego)说,葡萄牙人发现了澳门港(AMACAO),"觉得这里便于做生意和保存货物,一些人或另一些人就在此停留,建造房屋,一开始建的是草房,后来建的是土坯房"(迪奥戈·卡尔代拉·雷戈:《澳门的建立与强大纪事》,《文化杂志》1997年第31期)。
〔5〕 高汝栻:《皇明续纪三朝法传全录》卷一三,崇祯九年刻本,第13页。
〔6〕 蔡汝贤:《东夷图说》,《四库全书存目丛书》本。

承认。正如 1570 年左右,神父冈萨尔维斯所说:"最初的移民是未经官方允许的非法居住者,在莲花半岛取一个中国人的名字度过数月。"[1]第三阶段是明朝政府承认葡人在澳门的居留权,葡萄牙人"自浪白外洋议移入内",[2]遂蜂拥而至,修建永久性建筑,公然居住,开始在澳门定居。16 世纪澳门耶稣会的一份记载云:"1557 年,广州的官员把澳门港赠予了居住那里的葡萄牙人。"[3]换言之,即葡萄牙人是先入居澳门,尔后才获得居留权的。其实,葡人于嘉靖十四年开始入居澳门之说也早就为人们所接受。如乾隆九年(1744 年),清朝第一任澳门同知印光任和曾任香山知县和澳门同知的张汝霖认为:"(嘉靖)十四年,都指挥黄庆纳贿,请于上官,移舶口于濠镜,岁输课二万金。澳之有蕃市,自黄庆始。"[4]大约与印、张同时,曾任香山知县的张甄陶亦认为:"先是,海舶皆直泊广州城下,至前明备倭,迁于高州府电白县。后嘉靖十四年,番舶夷人言风潮湿货物,请入澳晒晾。许之,令输课二万两,澳有夷自是始。"[5]总之,嘉靖十四年(1535 年),葡萄牙人以东南亚国家商人的名义,以贿赂为手段,以纳税为条件,开始进入澳门,在此临时居住,不过其时居留地不在澳门半岛,而在九澳山,即今路环岛,其地位也不如后来的上川和浪白澳来得重要。中葡恢复广东贸易之后,葡萄牙人既得浪白澳为商业居留地,又复求澳门,他们通过帮助驱逐海盗,而换取广东地方当局同意其定居澳门,"即为了酬谢葡萄牙人的效劳而给予他们在澳门居住的权利,"[6]尽管他们的这种权利当时没有得到明朝廷的正式承认。[7]然而正如博卡罗所言:"1555 年,这种贸易转移到浪白,1557 年又从这里转移到澳门。"[8]

三、澳门的兴起

澳门的迅速兴起,"在很大程度上是中国人决定将外贸中心迁出广州并严禁中国臣民前往海外的结果"。[9]因为在"嘉靖己未(嘉靖三十八年),巡按广

〔1〕 C.R.博克萨:《十六—十七世纪澳门的宗教和贸易中转港之作用》,《中外关系史译丛(第五辑)》,上海译文出版社,1991 年,第 82 页。

〔2〕 蔡汝贤:《东夷图说》,《四库全书存目丛书》本。

〔3〕 J. M. Braga, The Western Pioneers and Their Discovery of Macao, p.109.

〔4〕 印光任、张汝霖:《澳门记略》,广东高等教育出版社,1988 年,第 20 页。

〔5〕 张甄陶:《澳门图说》,《小方壶斋舆地丛钞》第九帙。

〔6〕 张天泽著,姚楠、钱江译:《中葡早期通商史》,第 108 页。

〔7〕 C. R. Boxer, Fidalgos in the Far East, 1550 - 1770, p.8.

〔8〕 C. R. Boxer, Seventeenth Century Macao on Contemporary Documents and Illustrations, Hong Kong, 1984, p.16.

〔9〕 张天泽著,姚楠、钱江译:《中葡早期通商史》,第 111 页。

东监察御史潘季驯禁止佛郎机夷登陆至省,惟容海市"。[1] 广东当局禁外国人入广州与当时的海盗活动有关,"(嘉靖)三十八年海寇犯潮,始禁番商及夷人毋得入广州城"。[2] 这样一来,就不仅迫使原来的浪白澳的葡人迁徙到离广州较近,居住和贸易条件都远比浪白澳优越的澳门,而且也促使在广州居住和贸易的其他国家商人也纷纷向澳门转移。

同时,澳门的兴起也是明朝在澳门官员姑息纵容的结果。明代末期广东山海交讧,社会动荡,为维持封建秩序,地方财政支出随之剧增,尤其是"广东军饷资番舶",番舶成为地方财政之挹注。因此,"开海市,华、夷交易"。为了增加财政收入,鼓励番舶贸易,澳门的"守澳武职及抽分官但以美言奖诱之,使不为异,非能以力钤束之也"。[3] 于是"夷舶乘风而至,往止二三艘而止,近增至二十余艘,或倍焉"。[4] 此外,大量的中国商民亦因居留濠镜的"夷人""金钱甚多,一往而利数十倍",[5] 遂"趋之若鹜",各种工匠也"趋者如市"。[6] "自是诸澳俱废,濠镜独为舶薮矣",[7] 成为当时中国对外贸易的中心。澳门的人口,从一开始的五千人,增加到 16 世纪末、17 世纪初的"万户",时王临亨称:"今聚澳中者,闻可万家,已十余万众矣。"[8] "十余万众"恐怕是夸大之词,但也反映了当时澳门人口之繁盛。

随着人口的不断增加,商业的兴盛,澳门的城市建设也发展起来。"原止搭茅暂住,后容其筑庐而处",[9] 以至于 1557 年,"时仅蓬累数十间,后工商牟奸利者始渐运砖瓦木石为屋,若聚落然"。[10] "商夷用强梗法,盖屋成村,澳官姑息,已非一日"。[11] "不逾年多至数百区,今殆千区以上"。[12] 到嘉靖四十四年,澳门已是"雄然巨镇,"[13] 形成颇具规模的城市街区,"其聚庐中有大街,中

〔1〕 郑舜功:《日本一鉴·穷河话海》卷六,1939 年影印本(厦门大学图书馆藏)。
〔2〕 郭棐:万历《广东通志》卷六八,万历三十年刻本。
〔3〕 叶权:《贤博编》,中华书局,1987 年,第 44 页。
〔4〕 庞尚鹏:《百可亭摘稿》卷一。
〔5〕 王临亨:《粤剑编》,中华书局,1987 年,第 92 页。
〔6〕 陈吾德:《谢山存稿》卷一《四库全书存目丛存》本。
〔7〕 郭棐:万历《广东通志》卷六九。
〔8〕 王临亨:《粤剑编》,第 92 页。
〔9〕 郭尚宾:《郭给谏疏稿》卷一,中华书局,1985 年,第 11 页。
〔10〕 郭棐:万历《广东通志》卷六九。
〔11〕 俞大猷:《正气堂集》卷五,光绪刻本。
〔12〕 庞尚鹏:《百可亭摘稿》卷一。
〔13〕 叶权:《贤博编》,第 44 页。

贯四维,各树高栅"。[1]

　　葡人在澳门不仅搭屋建房,公然居住,甚至还盖起了大教堂。[2] 嘉靖四十四年,两广总督吴桂芳上疏朝廷:"驯至近年,各国夷人据霸香山濠镜澳恭常都地方,私创茅屋营房,擅立礼拜番寺,或去或住,至长子孙。"[3]叶权在澳门也见到葡萄牙人"三五日一至礼拜寺,番僧为说因果"[4]。大约 1570 年,冈萨尔维斯神父记其在澳门所见:葡人"在澳门建立了一个相当大的殖民地,那里有三个教会,一所贫民医院和一个称为'仁慈堂'的慈善机构本部,这个殖民地目前已发展为拥有五千多基督徒的城市。"[5]

　　葡萄牙人在入居澳门之前,就已控制着欧亚之间的海上航运,从事转口贸易。入居澳门后,"这些强悍的路西塔尼亚人很快就几乎是排他性地利用起连接印度、马来群岛、中国和日本的海上航线",[6]把澳门建成"由印度前往中国与日本及东方其他各地的货物以及由这些地方运往印度所必需的中转站"。[7]由此,澳门作为欧亚海上贸易的一个中心迅速兴起。

第五节　17 世纪澳门的海上贸易

　　17 世纪,东亚海域的贸易形势发生了巨大变化,东来的西欧殖民者为争夺中国的丝绸与东南亚的香料,展开了一场激烈的商业竞争。留居澳门的葡萄牙殖民者利用其地理优势,积极开展澳门与广州、日本、东南亚的海上贸易。他们以澳门为中心,把从马六甲载运来的香料、檀木、苏木等货物,经澳门输入广州,换取中国的生丝、丝织品等,然后运到日本、菲律宾等地进行交易。当 1639 年丧失与日本贸易、1641 年马六甲被荷兰殖民者占领后,葡萄牙殖民者又把澳门的贸易延伸到东南亚边远的群岛地区,把在望加锡与帝汶等地攫取的香料、檀木等贩运到广州,以维持其在亚洲海域的殖民生活。

---

〔1〕 郭棐:万历《广东通志》卷六九。

〔2〕 费尔南·门德斯·平托著,金国平译:《远游记》,葡萄牙航海大发现事业纪念澳门地区委员会等,1999 年,第 698 页。

〔3〕 吴桂芳:《议阻澳夷进贡疏》,《明经世文编》,中华书局,1962 年,第 3669 页。

〔4〕 叶权:《贤博编》,第 45 页。

〔5〕 C.R.博克萨:《十六—十七世纪澳门的宗教和贸易中转港之作用》,《中外关系史译丛(第五辑)》,第 82 页。

〔6〕 张天泽著,姚楠、钱江译:《中葡早期通商史》,第 110 页。

〔7〕 佚名:《市堡书(手稿)》,《文化杂志》1997 年第 31 期。

一、澳门与广州、日本的贸易

17 世纪初,葡萄牙把澳门当成同印度和日本贸易的中转站。每年 4 月至 5 月,一艘艘满载毛织品、红布、水晶、玻璃制品、佛兰机钟、葡萄酒、印度光布和棉布等货物的葡萄牙船从印度果亚起航,在正常情况下,他们将在马六甲停靠,把部分船货换成香料、檀木、苏木和暹罗的鲨鱼皮、鹿皮等,然后再航行到澳门。在澳门,他们通常需要等待 10—12 个月,目的是组织运往日本的大批中国生丝和丝织品,因为在广州只有上半年,即在 1 月和 6 月才能获得需要的丝货。葡萄牙船到达澳门的时间一般是 7 月和 8 月,他们不能进入广州,只能停泊在澳门,然后用驳船把生丝和其他船货载运到珠江或西江。

葡萄牙船最后航行到日本是在第二年,乘着 6 月底和 8 月初之间的西南风,到日本南部九州的航程是 12—13 天,船停泊在那里直至 10 月底或 11 月初,等东北风起时才带着贵重的银条起航,在 11 月和 3 月之间到达澳门。从日本载运出来的商品除了银条外,还有漆柜、箱、家具、画有金叶的纸屏风、和服、刀、长矛等,在后期还有铜。在澳门,这一大批日本银条通常被卸下来,用以购买生丝、黄金、丝绸、麝香、珍珠、象牙和瓷器,再装载上船开往果亚,这样就完成了一次由印度果亚到日本的往返航行。[1]

葡萄牙人从澳门进口的船货多数在广州购买。当时的广州,每年举行两次交易会,准许葡萄牙人参加。第一次交易会在 12 月至次年 1 月举行,第二次在 5 月至 6 月举行,会期可能持续数星期,甚至几个月,购货合同经常提前一年签订,也可预付下一次交易会的订金。一般说来,葡萄牙在冬天的交易会是为出口到印度、欧洲和马尼拉购置货物,而在夏天的交易会则为出口到日本做准备。[2] 万历二十九年(1601),奉命到广东审理案件的王临亨曾说,来自印度古里的葡萄牙船,每年三四月间进入中国购买货物,转贩到日本诸国以谋利,满船载的皆是白银。他在广州时曾亲眼看到 3 艘船到达,每船以 30 万两白银投税司纳税,而后听其入城同百姓交易。

在澳门的葡萄牙人从广州贩运到日本的货物,主要是中国的生丝和丝织品。据说在 17 世纪,日本对中国生丝和丝织品的需求量相当大,如荷兰东印度公司平户商站的头目伦纳德·坎普斯(Leonard Campus),在 1622 年 9 月 15 日寄给阿姆斯特丹荷兰东印度公司十七人委员会的一份市场研究报告中称,在日本售卖的中国

---

〔1〕　C. R. Boxer, Fidalgos in the Far East 1550–1770, Martinus Nijhoff, The Hague, 1948, p.15.

〔2〕　C. R. Boxer, The Great Ship from Amacon: Annual of Macao and the Old Japan Trade 1555–1640, Centro de Estudos Historicos Ultramarinos, Lisboa, 1959, pp.5–6.

货物有2/3是生丝和纺丝,其中白生丝的需求量很大,每年约 3 000 担。在日本居住至 1620 年的西班牙商人阿维拉·吉罗恩(Bernardino de Avila-Giron)写信告诉他的朋友说:"自从24 年前丰臣秀吉统治这个国家后,人民的穿着比以前更奢华,从中国和马尼拉进口的生丝已无法满足日本人的需要。"他还说:"在这个王国生丝的消费量平均为 3 000—3 500 担,有时甚至超过这个数量。"以这些记载为依据,日本学者加藤荣一(Kato Eiichi)估计,17 世纪初出口到日本的主要商品是中国生丝和丝织品,在 16 世纪末和 17 世纪初,每年中国生丝的出口总量平均为 1 600 担。随着国内政治形势的稳定,在 1610—1620 年日本的进口总量快速增加到 3 000—3 500担。另一位日本学者岩生成一(Iwao Seiichi)指出,从 1620 至 1640 年每年出口到日本的生丝数量为 2 500—4 000 担,而进口超过4 000担则会出现过剩。[1]

当时经澳门葡萄牙人从广州贩运到日本的货物,除了生丝和丝织品外,还有黄金、瓷器、白糖等。我们在 1600 年一艘葡萄牙船从澳门载运到日本的货物清单中就可见其大概:这艘葡萄牙船载运了白生丝 500—600 担,每担从广州购买到澳门是 80 两,到日本售卖是 140—150 两;各种颜色的丝绢和丝线共 400—500担,优质的色绢买价是 140 两,到日本售价是 370 两,有时高达 400 两;黄金约3 000—4 000 两,普通黄金的买价每两值 5.4 两白银,在日本售价是 7.8 两(优质黄金在广州买价 6.6 两,在日本售价 8.3 两);棉线 200—300 担,每担买到澳门价7 两,在日本售卖 16—18 两;瓷器约 2 000 篓,在广州购买时价格参差不齐,到日本至少可卖 2—3 倍的价钱;白糖约 60—70 担,买价每担 1.5 两,在日本售卖达 3两,甚至 4.5 两,但日本人不习惯食用白糖,他们宁可要红糖。红糖在澳门的买价是 0.4—0.6 两,在日本每担可卖 4—6 两,这是一种赢利最大的商品,故这艘船载运 150—200 担。[2] 这些货物在日本销售可获得非常丰厚的利润,例如在1625 年的航程,仅弗朗西斯科·马什卡雷尼亚什(Dom Francisco Mascarenhas)一艘船的货物就净得个人利润 26 000 银元。[3] 据岩生成一估计,当时由于日中之间的直接贸易完全中断,而日本船又不能到达外国港口,故葡萄牙船垄断了对日贸易,其利润率保持在 70%—80%,有时超过 100%。[4]

---

〔1〕 Kato Eiichi, The Japanese- Dutch Trade in the Formative Period of the Soclusion Policy, in Acta Asiatica, No. 30, Tokyo, 1976, pp.44 – 45.

〔2〕 C. R. Boxer, The Great Ship from Amacon: Annual of Macao and the Old Japan Trade 1555 – 1640, pp.179 – 181.

〔3〕 C. R. Boxer, Fidalgos in the Far East 1550 – 1770, pp.102 – 103.

〔4〕 Iwao Seiichi, Japanese Foreign Trade in the 16th and 17th Centuries, in Acta Asiatica, No. 30, Tokyo, 1976, p.6.

葡萄牙船从日本载运出口的绝大多数是白银。当时的日本,由于岩见及其他地方新银矿的发现,加上 16 世纪末 20 年日本的政治事件和丰臣秀吉的侵略朝鲜,使日本的黄金需求大受刺激,于是,日本的金银比价远远超过中国。据记载,1592年在日本,丰臣秀吉规定的金银比率为 1∶10,但稍后几年似乎都波动在 1∶12 或1∶13 之间,而同时在广州的比率却低至 1∶5.5,很少高过1∶7。[1]在 1615 年,一两白银在日本只能买到大米 1 公石 1 斗 3 升,而在中国可以买到 1 公石 7 斗 4升;在 1620—1630 年,日本的金银比价为 1∶13,而中国为 1∶8 到1∶10。[2]葡萄牙人利用这种差价,把日本出口的白银又载运到广州购买中国的生丝、黄金,然后再贩运到长崎换取白银,每次航程均可获得巨利。根据在 1585—1591 年访问东印度的英国旅行家拉夫尔·菲奇(Ralph Fitch)说:“当时葡萄牙人从中国的澳门到日本,运来大量的白丝、黄金、麝香和瓷器,而从那儿带走的只有银而已。他们每年都有一艘大船到那里,带走的银达 60 万两以上,所有这些日本银,加上他们每年从印度带来的 20 万两,在中国可得到很大的好处,他们把中国的黄金、麝香、生丝、铜、瓷器和许多值钱的东西带走。”葡萄牙史学家戴奥戈·库托(Diogo do Couto)在 17 世纪初也谈到:“我们的大商船每年把船货载运到日本交换白银,其价值超过 100 万金币。”[3]另有学者估计,在整个中国澳门—日本贸易时期(1546—1638),葡萄牙人从日本出口到广州的白银总数大得惊人,一年达 12 525 千克。[4]

二、澳门与马尼拉、越南等地的贸易

葡萄牙人亦热衷于发展澳门与马尼拉之间的贸易,尽管西班牙国王一再下令反对之。例如 1608 年 2 月西班牙国王发布敕令,准许马尼拉每年派一艘船到澳门购置船上的补给品和战争用的军需品,重申禁止两个伊比利亚殖民地之间的正常贸易。该敕令与 1586 年、1636 年发布的其他敕令一样,都绝对禁止两地之间的贸易,但事实并非如此,葡萄牙人在马尼拉的贸易依然很繁盛。据马尼拉总督摩加(Antonio da Morga)描述,当时澳门人在马尼拉经营着一种庞大和赢利的贸易,葡萄牙船通常在 6—7 月到达马尼拉,翌年 1 月返航澳门。摩加列举了他们进口的主要商品:香料、黑奴、印度棉纺织品(包括孟加拉的蚊帐、被子)、琥

〔1〕　C. R. Boxer, The Great Ship from Amacon: Annual of Macao and the Old Japan Trade 1555 – 1640, p.2.

〔2〕　彭信威:《中国货币史》,上海人民出版社,1965 年,第 710 页。

〔3〕　C. R. Boxer, Fidalgos in the Far East 1550 – 1770, pp.6 – 7.

〔4〕　Geoffrey C. Gunn, Encountering Macau: A Portuguese City-State on the Periphery of China, 1557 – 1999, Westview Press, Boulder, 1996, p.19.

珀、象牙、宝石饰物和宝石,"印度、波斯的各种玩具和珍品,土耳其地毯、床、写字箱、澳门制的镀金家具和其他珍贵的商品"。这些澳门船都不必缴税,因为他们属于官方禁止的非法贸易。[1] 除了澳门与马尼拉的直接贸易外,还有大量的葡萄牙小船从印度经澳门到菲律宾,返航时亦经过澳门,这已成为一种规律,当时的编年史学家安东尼奥·博卡罗(Antonio Bocarro)就谈到,奴隶是这种贸易的重要商品之一,在长途航行中,奴隶贩运一般很少获利,而在马尼拉的奴隶贸易却可获大利。[2]

葡萄牙人为了垄断澳门与马尼拉之间贸易,一再阻止西班牙人直接与中国建立贸易联系,他们强烈要求中国官员禁止西班牙人到中国贸易,1598 年里奥斯·科罗内尔(Rios Coronel)写信告诉摩加说:"葡萄牙人看见我们到中国贸易的辛酸感受是无法形容的。"英国地理学家珀切斯(Purchas)描述这两个伊比利亚民族的利益冲突时说:"西班牙人到中国贸易可能导致澳门的衰弱,如果西班牙人把秘鲁和新西班牙的大量银元投入中国贸易,受到损害的不是西班牙而是葡萄牙,虽然他们现在同属一个国王的臣民,但各自的利益还是截然分开的。"此外,澳门的葡萄牙人也设法阻止中国人到菲律宾贸易,他们造谣说西班牙在马尼拉的殖民地已濒临财政崩溃的边缘,无法偿付任何货款。为了使中国船不敢出海,甚至夸大荷兰海盗的危险。[3]

从澳门到马尼拉贸易的葡萄牙船日渐增多,特别是 1619 年以后,在 1620 年就有 10 艘,其装载货物的价值,仅 1626 年的一艘就超过 50 万比索。阿尔瓦拉多(Jose de Navada Alvarado)在 1630 年声称,从澳门进口的正常价值约 150 万比索。[4] 他们所取得的利润,据维尔霍(Lourenco de Liz Velho)说,澳门—马尼拉贸易每年为澳门赢得净利 6 万葡元,这笔款可用来兴建城堡。[5] 如此高额利润是同时期在东方贸易的其他欧洲国家所无法比拟的,如阿卡普尔科大帆船在较好年份载运到菲律宾的银元大约有 200 万比索,返航载运的中国丝绸一般值 200—300 万比索,已被认为是在东方贸易最赢利的一条航线。而英国东印度公司在亚洲的贸易就比较适中,1640 年初他们派了 4 艘船到东方,载运的货物值 5 万英镑(相当于 40 万比索);在 1636—1640 年,3 艘驶往英国的印度船载运的货

〔1〕　C. R. Boxer, The Great Ship from Amacon: Annual of Macao and the Old Japan Trade 1555 – 1640, pp.74 – 75.

〔2〕　Ibid., p.94.

〔3〕　William Lytle Schurz, The Manila Galleon, E. P. Dutton & Co., New York, 1959, pp.130 – 131.

〔4〕　Ibid., p.131.

〔5〕　C. R. Boxer, The Great Ship from Amacon: Annual of Macao and the Old Japan Trade 1555 – 1640, p.102.

物值 109 570 英镑。〔1〕

　　澳门与马尼拉贸易的发展,为西班牙大帆船提供了运往阿卡普尔科的中国丝绸,特别当中国商船较少到马尼拉时显得更加突出,马尼拉总督席尔瓦(Fernando de Silva)在 1626 年就说过:"如果没有澳门载运来的丝绸,新西班牙的船只将无货可载。"然而,葡萄牙人从贸易中攫取的巨额利润很快就引起西班牙人的不满,他们感到葡萄牙人实际是在分享大帆船贸易的利润,尽管他们本身无法参与大帆船贸易。因此,不少西班牙人要求禁止澳门与马尼拉的贸易,而宁愿依靠中国商船载运丝绸。1633 年,西班牙王室终于下令,禁止澳门与马尼拉之间的联系。国王谴责葡萄牙人的高价勒索导致了马尼拉城的穷困,他们每年运走的白银是中国人运走的 3 倍。〔2〕 但是,澳门葡萄牙人绝不会轻易放弃与马尼拉的贸易,他们认为,禁令是轻率和行不通的,马尼拉航程所产生的大笔驻防费和城堡维修费是难以取代的。假如澳门人不再载运丝绸到马尼拉,广东人将会亲自载运,并与福建人联合起来直接同葡萄牙人竞争,而不是像现在这样利用澳门商人作为他们的中间商。再说,禁令无论如何都不可能执行,因为中国商船经常与澳门商人合作载运货物到邻近小岛贸易。〔3〕 更有甚者,西班牙大帆船亦乘机借口购买军需品或为天气所迫航行到澳门,而澳门商人则暗中供给他们所渴望得到的丝绸,一艘大帆船从事这种走私贸易通常都带有 50 万银元。〔4〕

　　1639 年,澳门丧失与日本的贸易后,澳门参议院再次致信腓力普国王,强烈要求正式批准他们到马尼拉,甚至到墨西哥或秘鲁贸易,以补偿他们的损失。他们指出,1633—1634 年王室禁令的严格执行,只是把波托西(Potosi)的财富从尊贵的天主教陛下的澳门臣民的口袋里转移到广东与厦门异教徒华人的金库里。然而,当抗议书送到欧洲时,他们的君王已不再是哈普斯堡的腓力普国王,而是布拉干萨的约翰国王。〔5〕 1669—1677 年,曼内尔·德·利昂(Mannel de Leon)任马尼拉总督期间,曾恢复过澳门与马尼拉之间的联系,准许葡萄牙船重新到马尼拉贸易。但是,此时每年春天季风期都有接连不断的帆船从中国各港口来到

　　〔1〕　C. R. Boxer, The Great Ship from Amacon: Annual of Macao and the Old Japan Trade 1555－1640, p.170.

　　〔2〕　William Lytle Schurz, The Manila Galleon, pp.132－133.

　　〔3〕　C. R. Boxer, The Great Ship from Amacon: Annual of Macao and the Old Japan Trade 1555－1640, p.135.

　　〔4〕　C. R. Boxer, Fidalgos in the Far East 1550－1770, p.136.

　　〔5〕　Ibid., p.138.

马尼拉,而葡萄牙人再也无法获得他们原先在马尼拉的地位,他们只能指定一名丝绸贸易的小代理商,他们卖给西班牙的都是当地制造的商品和一些印度与欧洲的商品。[1]

与日本的贸易丧失后,澳门葡萄牙人亦重新恢复与越南的贸易。其实,葡萄牙人早在 16 世纪就已到过印支港口,但澳门与该地区贸易的繁荣却是在1615—1627 年耶稣会在那里建立和失去日本贸易之后。当时越南分裂成南北两个对立国家,郑氏家族控制着东京和北部;阮氏家族控制南部的安南(广南),并侵占衰落的柬埔寨。南北越之间从 1620 年至 1672 年进行了长达半个世纪的内战,这自然会影响越南的对外贸易,两边都不喜欢外国商人与其敌对方贸易,不管是葡萄牙、中国、荷兰或英国,但郑、阮双方都急于得到外国的枪支和从外商的税收中取得利润。据说耶稣会对促进与郑、阮两方的对外贸易影响甚大,特别是以白银交换生丝。澳门商人最经常到的港口是南方首都顺化以南,现在岘港附近的会安。[2] 在 1617—1637 年之间,由于澳门与越南贸易的繁荣,当时被准许在岘港和会安居住的澳门商人就有 50—60 家。不过,澳门与越南的贸易一般被视为澳门—广州—长崎三角贸易的附属贸易,它维持了相当长时间,直至1773 年西山起义与会安港丧失后才走向衰落。[3]

此外,澳门葡萄牙人也在南婆罗洲的马辰开辟市场。1689 年,维依拉(Andre Coelho Vieira)总督与果亚签订协议,委托一位名叫约瑟夫·平海多(Joseph Pinheiro)的澳门富商在马辰港口设立一个商馆,经马辰苏丹批准,开创了与澳门的胡椒贸易。[4] 1692 年,这个商馆被当地王公捣毁,说是协助"一艘马尼拉的卡斯蒂利亚船到该港口"。澳门商人除了已搬上岸的货物外,还损失了"47 名白人和黑人"。相比之下,澳门葡萄牙人与暹罗国王的交往就比较幸运,在 1662—1667 年清政府实施迁海的最危急时期,暹罗国王提供给他们大量的贷款,限定在此后 6 年内逐年分期偿还。他们还避开了卷入 1688 年的阿瑜陀耶宫廷革命,革命的结果是君士坦丁·帕尔空(Constantine Phanlkon)的死亡和法国人被驱逐出暹罗。澳门葡萄牙人之所以如此幸运,是因为他们在阿瑜陀耶

---

〔1〕 William Lytle Schurz, The Manila Galleon, p.134.

〔2〕 C. R. Boxer, Macao as a Religious and Commercial Entrepot in the 16th and 17th Centuries, Acta Asiatica, No.26, Tokyo, 1974, pp.78 - 79.

〔3〕 Geoffrey C. Gunn, Encountering Macau: A Portuguese City-State on the Periphery of China, 1557 - 1999, p.25.

〔4〕 Ibid., p.26.

的重要性远不如法国人与荷兰人。〔1〕

三、澳门与望加锡、帝汶的贸易

澳门—长崎贸易的丧失与澳门—马尼拉贸易的受限制,对于澳门的葡萄牙人来说,无疑是个沉重的打击,为了生存,他们不得不把贸易重点转移到望加锡和帝汶一带。望加锡是一个独立国家,他们和葡萄牙商人保持着友好关系,并通过这些商人和葡萄牙印度王国建立联系。葡萄牙人在望加锡的地位越来越高,望加锡统治者利用他们帮助发展自己的商业网,并作为望加锡船上的领航员,经营与帝汶和小巽他群岛的檀香木和苏木贸易。正如约翰·维利尔斯(John Villiers)在《望加锡与葡萄牙关系》一文中所说:"葡萄牙人没有瓦解,他们设法支配以望加锡为中心的当地综合贸易模式,寻求把自己的贸易活动纳入这种模式,经营同样的货物,沿袭同样的贸易路线,就像他们的亚洲复制品一样。"〔2〕

17世纪初,葡萄牙与望加锡之间的贸易已有了很大发展。1603年荷兰在印尼群岛的贸易备忘录中写到,葡萄牙人每年都派船到望加锡购买肉豆蔻、肉豆蔻干皮和丁香,他们仅准许以棉布作交换。这些香料由爪哇人和马来人(刚开始时也可能有班达人)从班达载运到望加锡,后来望加锡人也积极介入这种贸易,贸易在1605—1607年安汶岛和蒂多雷岛沦陷后开始兴盛起来。在望加锡,葡萄牙人也可以得到大米供应,这些大米主要是望加锡本地生产的。另据1621年在望加锡的荷兰联合公司的商人报告,每年有12艘葡萄牙船到达该港口,此外,从马鲁古来的船也停靠在望加锡购买香料,而其他葡萄牙船却在那里购买由爪哇、马来和望加锡船从班达和安汶载运来的香料,如果没有香料可购买,他们就装载大米。不过,大米载运到马六甲的利润很低,因为必须缴纳10%的进口税给葡萄牙王室。当时已有20—30家葡萄牙人正式移居到望加锡,按荷兰估计,这些家庭的总资本大约40 000里亚尔,可见他们大体是些小商人,平均贸易资本约2 000里亚尔。〔3〕 1625年,一位从望加锡到巴达维亚的英国商人报道,每年大约有10—22艘葡萄牙船从澳门、马六甲和科罗曼德尔沿岸港口到达望加锡,有时上岸的葡萄牙人多达500人,在那里苏丹准许

---

〔1〕 C. R. Boxer, Macao as a Religious and Commercial Entrepot in the 16th and 17th Centuries, p.88.

〔2〕 Keuneth McPherson, Staying on: Reflections on the Survival of Portuguese Enterprise in the Bay of Bengal and Southeast Asia from the Seventeenth to the Eighteenth Century, Peter Borschberg edited, Iberians in the Singapore-Melaka Area (16th to 18th Century), Lisboa, Harrassowitz Verlag, 2004, pp.71 - 72.

〔3〕 M. A. P. Meilink-Roelifsz, Asian Trade and European Influence, Martinus Nijhoff, The Hague, 1962, pp.163 - 164.

他们自由从事宗教活动。他们在 11—12 月到达,次年 5 月离开,把望加锡作为售卖中国丝绸和印度棉纺织品的中心,交换帝汶的檀香木、马鲁古的丁香和婆罗洲的钻石。这位英国商人宣称,他们每年的贸易额超过 50 万里亚尔银元,仅澳门的葡萄牙船就占 6 万里亚尔。他接着说,难怪葡萄牙人把望加锡看成为第二个马六甲,"这里很安全,没有在印度遇到的敌人,因为敌人从未进攻过这里"。[1]

1641 年马六甲落入荷兰人手里后,来自马六甲的葡萄牙难民则设法在望加锡重建一个"影子"马六甲,当时马六甲的主教管辖区被转移到望加锡港口,在一起的还有方济各会、多明我会和耶稣会的社团,他们在那里建造房子以帮助大量的葡萄牙和基督教民众。当然,葡萄牙在望加锡并非没有竞争对手,英国和丹麦都介入了当地的贸易,但葡萄牙人凭借从科罗曼德尔沿岸进口的大量棉布作交换,使英国和丹麦的丁香贸易利润急遽下降,根本不能与葡萄牙直接对抗。例如,在 1646 年葡萄牙载运到望加锡的棉布是 300 大捆,而英国和丹麦公司载运的数量加起来是 400 大捆。正因为望加锡对葡萄牙的贸易是如此重要,故他们将之描述为"我们花园里最独特的一朵花"。[2] 在 1660 年荷兰人进攻之前,望加锡一直为葡萄牙人提供了一个赢利的商业基地,特别是澳门的葡萄牙人,望加锡的日益繁荣的确给他们以极大的促进。一些葡萄牙商人如弗朗西斯科·维埃拉·德·菲盖雷多(Francisco Vieira de Figueiredo),从望加锡到澳门、帝汶、弗洛勒斯和科罗曼德尔贸易,成为望加锡苏丹哈桑·尤丁(Hassan Udin)的亲信,苏丹的大臣佩坦加洛安(Patengaloan)能流利地说、写葡萄牙文,是一位欧洲书籍和海图的热心收藏者。毫不夸张地说,菲盖雷多已成为群岛东部最有影响的人物。[3] 他出生于葡萄牙,17 世纪 20 年代生活在印度的纳加帕蒂南(Nagapattinam),后来移居望加锡。他在与其他各国商人(特别是英国商人)合作发展望加锡的丁香出口贸易中起到了重要作用,直至 1667 年荷兰占领望加锡,赶走所有竞争者为止。[4]

此时在澳门的葡萄牙人正致力于发展与帝汶的檀香木贸易。安东尼奥·博卡罗(Antonio Bocarro)在 1635 年写道,索洛尔与澳门的檀香木贸易很重要,公认有大的利润,葡萄牙人把檀香木从帝汶运到索洛尔,亦经常与荷兰发生小规模的武装冲突。这些珍贵木材载运到中国销售,利润高达

〔1〕 C. R. Boxer, Fidalgos in the Far East 1550 - 1770, pp.177 - 178.
〔2〕 Peter Borschberg edited, Iberians in the Singapore-Melaka Area (16th to 18th Century), pp.80 - 81.
〔3〕 C. R. Boxer, Fidalgos in the Far East 1550 - 1770, p.179.
〔4〕 Peter Borschberg edited, Iberians in the Singapore-Melaka Area (16th to 18th Century), p.78.

100%—150%，向来是由葡萄牙王室垄断。这些航运不仅是王室的特权，而且是王室用来支持澳门建造要塞和城市防御工事的重要资金来源；其所得的利润则大多数用来资助澳门城里的穷人、寡妇和被遗弃的孤儿。据一份谈到与索洛尔檀香木贸易的报告称："澳门居民除了檀香木贸易外，既无土地耕种，又无其他资源可维持他们的生活。"[1] 在明清朝代更替之际，有大量难民从大陆涌入澳门，据参议院在 1644 年 11 月致国王约翰四世的信中称，澳门人口已膨胀到 4 万多人，在两年之内，将全面崩溃，或被荷兰击垮。结果是与帝汶的檀香木贸易拯救了澳门，原因是檀香木在中国有稳定的需求，可以卖到好的价格。然而，当时葡萄牙人在帝汶没有自己的居留地，他们被荷兰人从索洛尔的要塞赶出来。他们的檀香木贸易基地是在弗洛勒斯东端的拉兰图卡，从澳门来的船在航程中经常停靠在望加锡。1658 年从果亚经拉兰图卡和望加锡到澳门的一张冗长的航程通告中，可以看出当时的利润是相当大的。弗拉奥说，一位年长的多明我会传教士夸口道，他在此次航程得到的利润超过 40 000 葡元（pardao）。耶稣会士评论说："这没有什么值得惊讶，因为檀香木贸易是如此有利可图，以致于一个人只要有一点资本，就可轻易获得大利。"[2]

葡萄牙人虽然设法在索洛尔和帝汶获得大部分的檀香木贸易，但是他们无法成功地垄断整个贸易，因最初在那里建立的中国贸易仍在继续。显然只有中国人能够为这些岛民提供他们特别喜爱的商品，而葡萄牙人、爪哇人，或其他地方的商人就不可能这样做。葡萄牙人通常每年从岛上得到大约 3 000 担的檀香木，遗憾的是中国人得到的数量却无从了解。葡萄牙人似乎也到达小巽他群岛的另一个岛——巴厘岛，首批远征的荷兰人偶然遇到一位在巴厘岛居住多年的葡萄牙人，但国王不准许他离开，"因每年都有船从马六甲来到这里"。这个人和马六甲商品一起来到巴厘岛，明显是为国王做中介或翻译。[3] 葡萄牙人可以依靠小巽他群岛的英德、弗洛勒斯、索洛尔和帝汶的多数居民的效忠，达到这种目的主要是通过多明我会传教士的活动，他们的基地原先在索洛尔，后来在拉兰图卡。但效忠是由半种姓的托帕斯（Topasses）和"黑色葡萄牙人"（Black Portuguese）之间的联姻产生的混血儿来巩固的。两个最著名的混合家庭是霍内伊（Hornays）和哥斯达（Costas），霍内伊由一位荷兰逃兵与拉兰图卡一位本土的母亲传下来。这两个家族为取得对帝汶的有效控制不断引起争端，直至 18 世纪

[1]　Geoffrey C. Gunn, Encountering Macau: A Portuguese City-State on the Periphery of China, 1557 - 1999, p.25.

[2]　C. R. Boxer, Macao as a Religious and Commercial Entrepot in the 16th and 17th Centuries, pp.77 - 78.

[3]　M. A. P. Meilink-Roelifsz Asian Trade and European Influence, p.153.

才归于和好。"黑色葡萄牙人"和他们的帝汶联姻模糊承认葡萄牙王室的宗主权,但他们不认为他们从属于果亚总督。霍内伊和哥斯达家族经营与澳门和望加锡的檀香木、蜂蜡和金沙贸易,多明我教士在贸易中同样有利润分成。[1]

但是,随着 1636 年索洛尔港被包围和 17 世纪 60 年代末一支荷兰船队对望加锡发起决定性的攻击,澳门商人只能派出零星商船到帝汶,当时他们仍属果亚的管辖之下。澳门与帝汶在赢利的檀香木贸易中一直是重要的伙伴,至少在1664—1730 年是如此,于是卷入了帝汶无休止的国内起义。到 18 世纪中叶,葡萄牙实际已放弃了与帝汶的檀香木、奴隶、马匹和蜂蜜的贸易。[2]

综上所述,17 世纪,在东亚海域激烈的商业竞争中,葡萄牙殖民者以留居澳门的地理优势,经营着澳门与广州,以及日本、马尼拉等地的海上贸易。他们把从马六甲载运来的香料等货物,经澳门输入广州,换取中国的生丝、丝织品,然后贩运到日本换取白银。返航澳门后,他们又把在日本赚得的白银投放到广州购买生丝和丝织品,再贩运到马尼拉以赢利。如此循环的三角贸易,使澳门葡萄牙人攫取的高额利润为同时期在东方贸易的其他欧洲国家所无法比拟。

然而,好景不长,1639 年因宗教原因葡萄牙人丧失了日本市场,与马尼拉的贸易亦因赚取的利润太高而被西班牙人限制。在如此困难的情况下,澳门葡萄牙人将市场开辟到越南、暹罗、马辰等地,利用与这些地方的贸易来维持生存。他们甚至把贸易延伸到东南亚边远的群岛地区,在明清交替之际大量难民涌入澳门的艰难时刻,就是与望加锡和帝汶的檀香木贸易拯救了澳门。檀香木贸易的利润不仅成为支持澳门建造要塞和城市防御工事的重要资金来源,而且用来资助澳门城里的穷人、寡妇和被遗弃的孤儿。

因此,博克瑟在《葡萄牙绅士在远东》一书中赞扬道:"多种市场的存在是澳门依然相当富有和繁荣的原因,当荷兰封锁马六甲海峡,与果亚的交通实际已经断绝时;当在荷兰连续不断的袭击下,葡萄牙在亚洲的殖民地已渐渐消失时,给澳门人有勇气和决心去开发这些新的市场,以维持他们在中国摇摇欲坠的立足地,尽管有多次他们几乎被遭受的种种困难所压倒。"[3]

---

〔1〕 C. R. Boxer, Portuguese Conquest and Commerce in Southern Asia 1500－1750, Variorum Reprints, London, 1985, p.14.

〔2〕 Sanjay Subrahmanyam, The Portuguese Empire in Asia, 1500－1700：A Political and Economic History, Longman, London and New York, 1993, pp.207－212.

〔3〕 C. R. Boxer, Fidalgos in the Far East 1550－1770, pp.177－178.

第六节　"南澳 I 号"的发现与南海贸易

2007 年 12 月,位于广东省汕头市南澳县东南三点金海域的乌屿和半潮礁之间的明代沉船"南澳 I 号"被打捞出水。据《"南澳 I 号"水下考古 2010 年度工作报告》称,船上所载货物绝大部分是瓷器,仅本次发掘总计出水文物 11 248 件,其中瓷器 10 624 件、陶器 145 件。瓷器以漳州窑的青花瓷为大宗,多数是盘、碗、杯、碟、瓶、瓷罐等。[1] 可见该沉船与明隆庆漳州月港开禁后,大量漳州窑瓷器的外销有着密切的联系。

一、月港开禁后大量中国瓷器外销到欧洲各地

17 世纪初,荷兰东印度公司对中国瓷器的接触,从葡萄牙的 carrack 船开始。1602 年,他们在大西洋的圣赫勒拿岛外俘获一艘葡萄牙的 carrack 船"圣地亚哥"(Santiago)号;翌年,又在柔佛岛外俘获一艘"圣·凯瑟琳娜"(Santa Cathrina)号。这两艘葡萄牙船装运有大量的中国瓷器,仅"圣·凯瑟琳娜"号就装有将近 30 last 的"数不清的各种瓷器"。按照荷兰著名瓷器研究专家沃尔克(T. Volker)的说法:"1 last 是 2 吨,每吨 1 000 公斤,为估计这'数不清的各种瓷器',我称了 carrack 瓷器的一个大碟、一个盘、一块大碗、一块小碗和一个杯,它们的平均重量是 550 克,由此类推,这'数不清'的数量大约是 100 000 件,这在当时的确是一个惊人的数字。"这些中国瓷器后来在阿姆斯特丹拍卖,买主来自西欧各地,法国国王亨利四世在其大使的劝说下,由路易丝·德·科利格尼(Louise de Coligny)为其挑选了一件"质量非常好的餐具";英国国王詹姆斯一世和法国政府的大臣们也都得到了瓷器。[2] 此次拍卖所得的利润是如此之大,以至于在此后的几十年里,明代青花瓷在荷兰被普遍称为"carrack 瓷器"(carrack-porcelain)。通过拍卖,中国的瓷器亦广泛地传播到欧洲各地,根据 1614 年出版的一本描述阿姆斯特丹情况的书证实,瓷器已成为"普通人的日常生活用具";在此后的 26 年,彼得·芒迪(Peter Mundy)说"各个阶层的家庭"都普遍使用了中国瓷器。[3]

为了满足欧洲对中国瓷器需求的急遽增长,荷兰东印度公司迫不及待地想

〔1〕　广东省文物考古研究所等:《"南澳 I 号"水下考古 2010 年度工作报告》,第 14 页。

〔2〕　T. Volker, Porcelain and the Dutch East India Company, Leiden, 1954, p.22.

〔3〕　C. R. Boxer, The Dutch Seaborne Empire 1600 - 1800, London, 1977, p.174.

与中国建立直接的贸易联系。在达不到目的之后,他们则在中国商船经常去的邻近几个地方进行购买:如 1623 年,"莫里图斯"(Mauritius)号从巴达维亚航行到阿姆斯特丹,在其载运清单中可看到 63 931 件中国瓷器,其中 51 455 件购自北大年,6 586 件购自宋卡,5 890 件购自巴达维亚,总共花了 10 516 荷盾,平均每件 0.16 荷盾,瓷器种类有盘、热饮料杯、浅碟、碗、罐、壶等等;另一艘"瓦尔切伦"(Walcheren)号从巴达维亚航行到米德尔堡,在其载运清单中可看到 10 845 件中国瓷器,价值 2 826 荷盾,平均每件 0.26 荷盾,瓷器种类与"莫里图斯"号装载的一样。[1] 1614 年,巴达维亚总督燕·彼得逊·昆(Jan Pietersz. Coen)写信给荷兰东印度公司董事会说,他将运去大量中国瓷器,总价值 25 000 里亚尔,按当时的平均消费价计算,这批中国瓷器大约是 350 000 件;1615 年,亨德里克·詹斯(Hendrick Jansz)从北大年写信给昆说:"运回荷兰的货物仍是些不甚重要的货物,有价值约 1 700 里亚尔的中国瓷器。"如以每件 0.17 荷盾计算,这批中国瓷器约 24 000 件。[2] 每当巴达维亚较长时间没有运回中国瓷器时,荷兰东印度公司董事会就会写信催促:如 1620 年 5 月 6 日董事会写信给昆说,他们已很长时间没有收到任何中国瓷器,目前仍很需要,要求他购买一大批优质的、中等的和平常使用的粗瓷,特别是大盘 500 个、中盘 2 000 个、小盘 4 000 个,双层黄油碟 12 000 个、单层黄油碟 12 000 个,水果盘 3 000 个、小水果盘 3 000 个、热饮料杯 4 000 个、小热饮料杯 4 000 个、大碗 1 000 个、小碗 2 000 个,浅碟 8 000 个,餐盘 8 000 个;1622 年 9 月 17 日董事会又写信给昆说,他们可以送来 20 000 里亚尔银元,要求购买大盘 400 个、中盘 2 000 个、小盘 4 000 个,双层黄油碟 4 000 个、单层黄油碟 25 000 个,水果盘 9 000 个、小水果盘 3 000 个,带卷边的热饮料杯 8 000 个,大碗 1 000 个、小碗 200 个、浅碟 8 000 个、餐盘 5 000 个。[3]

不过,中国商船载运到这些地方的瓷器数量毕竟有限,远远满足不了荷兰东印度公司董事会的要求。于是,他们就直接派船到福建漳州一带从事走私贸易,或者伺机进行掠夺。例如 1626 年,"希达姆"(Schiedam)号从巴达维亚航行到阿姆斯特丹,其载运清单中有 12 814 件细瓷器购自漳州河,价值 1 645 荷盾,平均每件 0.13 荷盾;1627 年,航行到荷兰德尔夫特的"德尔夫特"(Wapen van Delft)号的载运清单中,有各种瓷器 9 440 件,部分购自漳州河,部分掠夺的,价值 1 131 荷盾,平均每件约 0.12 荷盾;1632 年,"西伯格"

〔1〕 T. Volker, Porcelain and the Dutch East India Company, pp.31、32.

〔2〕 Ibid., p.26.

〔3〕 Ibid., pp.30、31.

(Seeburgh)号与"格鲁坦布鲁克"(Grootenbroeck)号分别从漳州河起航到巴达维亚,其载运清单中有细瓷器4 400件,价值1 242荷盾,平均每件0.28荷盾。[1]

1625年,荷兰殖民者在中国台湾南部建立了殖民基地,称为"热兰遮城"(Zeelandia),把台湾作为荷兰东印度公司贩运中国瓷器的中心。由中国商船载运到台湾的瓷器,被装上荷兰船和公司船运到巴达维亚,然后再载运到马来群岛以外的公司所设商站,而返航船队则把瓷器直接从巴达维亚载运到荷兰。在1633年2月18日,台湾瓷器的存货量是1 800件细瓷器与粗瓷器,价值108荷盾,平均每件0.06荷盾;但至5月31日,存货量则增加到各种细瓷器20 337件,价值6 108荷盾,平均每件0.30荷盾。总督汉斯·帕特曼斯(Hans Putmans)写信告诉巴达维亚,有23 868件瓷器将由"米德尔伯格"(Middelburgh)号运走。1636年9月30日,在台湾运到巴达维亚及荷兰的商品备忘录中,有瓷器212 144件,价值56 085荷盾,平均每件0.26荷盾;10月从台湾和澎湖运到巴达维亚的商品备忘录中,有瓷器90 356件,分别由"特谢"(Texel)、"博米尔"(Bommel)、"达曼"(Daman)、"霍卡斯比尔"(Hoockcarspel)和"克莱·布里达"(Cleyn Bredam)号5艘船载运。[2] 台湾总督还与中国商人签订瓷器供应合同,以满足欧洲市场的需要。如1634年4月25日一份台湾的备忘录详细记录了与中国商人朱西特(Jousit)、戴克林(Tecklin)签订的瓷器合同,其数额相当之大,一次要求为欧洲市场提供355 800件瓷器。总督报告说,大量瓷器已汇集在台湾,其中多数较前次运来的样品好,"非常好且色彩优雅"。他证实,与朱西特、戴克林的订货以见过的最好样品为基础,"尽可能做得又好又精致",一次给予1 600里亚尔,另925里亚尔作订金。"总督"已得到消息,这些瓷器将在1645年1月交货。贮存在台湾的细瓷器由"黑伦"(Haerlem)号运走一半,计146 564件,另一半连同预订的茶杯一起由"斯韦恩"(Swaen)号运走。[3]

至17世纪30年代以后,随着欧洲市场对中国瓷器需求的不断增加,荷兰东印度公司亦不断加大贩运中国瓷器的数量。如1636年,集中了6艘船组成从巴达维亚到荷兰的返航船队,载运各种细瓷器及普通瓷器259 380件,外加散装的1 855件以及156个装有冰糖和蜜生姜的瓷缸;1637年,巴达维亚命令台湾运到荷兰的瓷器共250 000件;1639年,巴达维亚运到荷兰的细瓷器总数366 269

〔1〕 T. Volker, Porcelain and the Dutch East India Company, pp.34－36.
〔2〕 Ibid.
〔3〕 Ibid., pp.48、49、51.

件。[1] 有人做过这样的统计,在 1602—1657 年,荷兰东印度公司载运到欧洲的中国瓷器达 300 万件,此外,还有数万件从巴达维亚转贩到印度尼西亚、马来亚、印度和波斯等地出售。[2] 对此,戴维斯(D. W. Davies)在《十七世纪荷兰海外贸易概述》一书中感慨地说:"世界对瓷器的要求是如此之多,以至于最后都充满了中国的杯和茶壶。"[3]

二、"南澳 I 号"出水瓷器多数属漳州窑产品

按照"南澳 I 号"出水的海域及其沉没的年代来看,它可能是一艘在月港开禁后从漳州出发到海外贸易的中国商船。其装载的瓷器多数具有漳州窑产品的特点,即"瓷胎和釉质比较厚重,青花颜色比较暗淡、发灰或发黑,无论是人物还是花草图案都比较随意,器表施满釉,底足粘有细砂,即所谓的'砂足器'"。[4]

明清时期漳州地区的窑址,据说集中分布在平和、华安、南靖、诏安等地,在云霄、漳浦等地亦有发现。烧造的瓷器以青花瓷为大宗,还有青瓷、白瓷、色釉瓷(如兰釉、酱釉、黄釉等)、彩绘瓷(又称五彩或红绿彩)等。这些瓷器制作的一般都比较粗率和草就,而其造型、图案与景德镇民窑明晚期至清初的青花瓷器的艺术风格相同,显然是模仿景德镇的产品。据日本瓷器专家森村健一的估计,漳州窑系统陶瓷器的生产始于 16 世纪的后半叶(或末期),而向国外出口的历史直到 18 世纪中叶才中止。漳州窑瓷器主要应海外贸易的需要而生产,它们在国内古遗迹中极少被发现,但在海外却发现甚多,明末清初的日本关西地区遗址,如大阪城迹、堺市环濠都市、平户荷兰商馆等,都有大量的漳州窑瓷器出土;东南亚各国,如菲律宾、新加坡、泰国、越南、马来西亚、印度尼西亚等,也都在遗址中出土过这类瓷器;甚至在埃及的福斯塔特遗址中也有这类瓷片发现。有些漳州窑瓷器是在海底沉船中被发现和打捞的,如菲律宾的"圣迭戈"(San Diego)号沉船(约沉没于 1600 年)和非洲西部圣赫勒拿岛海底的"白狮"号沉船(约沉没于 1613 年),这些沉船当时的目的地不一定是东南亚,而可能是欧洲。[5]

为什么漳州窑生产的瓷器在月港开禁后大量地输出海外呢? 著名瓷器研究

---

〔1〕 T. Volker, Porcelain and the Dutch East India Company, pp.39、40、46.
〔2〕 C. R. Boxer, The Dutch Seaborne Empire 1600 - 1800, p.174.
〔3〕 D. W. Davies, A Primer of Dutch Seventeenth Century Overseas Trades, The Hague, 1961, p.62.
〔4〕 广东省文物考古研究所等:《"南澳 I 号"水下考古 2010 年度工作报告》,第 20 页。
〔5〕 〔日〕森村健一:《漳州窑陶瓷(SWATOW)的贸易》,《漳州窑——福建漳州地区明清窑址调查发掘报告之一》,福建人民出版社,1997 年,第 122 页。

专家熊海堂先生提出了自己的看法。他认为,17世纪初期,荷兰东印度公司刚成立不久,事业正处于上升阶段,此时明代青花瓷在欧洲的需求量很大,它不可能因景德镇瓷窑的减产和停产而终止获取贩运中国瓷器所得的利润。因此,东印度公司的经营者手捧景德镇瓷器和欧洲人喜爱的图样四处寻找订货点。几乎在此同时,荷兰人看准了瓷业刚刚起步的日本有田窑,但日本窑工不擅于批量生产,不能满足欧洲人在数量上的要求,于是福建沿海配合走私而生产的民窑就成为大量制作景德镇瓷器替代品的基地。漳州地区的瓷窑就是在这种背景下应运而生的。它们是一种急功近利的产业,生产的目的纯粹是为了利润,投向海外的瓷器数量特别大,在一定程度上弥补了内地名窑商品瓷供应的不足,填补了海外对中、低档粗瓷的需求。这些瓷器中所谓的珠光瓷、仿龙泉青瓷、仿景德镇青白瓷、仿景德镇青花瓷和最近发现的仿景德镇彩瓷等,在日本和东南亚一带可谓是鱼目混珠,致使海外的消费者往往误认为是景德镇及龙泉的产品。[1]

　　荷兰东印度公司在转运这些中国瓷器的过程中,为了开发瓷器贸易的潜力,使之适应于欧洲市场大规模的需要,遂采取了逐步把中国瓷器的基本式样和装饰花纹改变成西方式样的做法。其中如1635年要求按欧洲式样的三种尺寸订做中国瓷器,或者把一些烧好的瓷器式样带到中国来,要求中国窑工仿照生产等等。当时在荷兰和英国,中国瓷器主要作为生活用具,这就决定它们必须适应于欧洲的社会习惯,而中国的制瓷者亦愿意按照荷兰人的意图来生产瓷器,以便扩大在欧洲的销量,于是就产生了一种所谓的"中国形"(Chinese Imari)瓷器,即融合西方式样的中国瓷器。[2] 其实,荷兰早在1614年就开始仿造明代的青花瓷器,在此后的50年里,荷兰生产的德尔夫特陶器与中国和日本的瓷器极为相似,他们连续生产有名的德尔夫特青花瓷器长达150年之久。这些荷兰瓷器并不一味仿照远东的式样,有些德尔夫特陶器的装饰结合了日本、中国和印度的风格。大约在1660年后,荷兰也生产出具有中国艺术风格,充满活力的瓷器,这种风格在18世纪特别流行。[3] 由此可见,明隆庆漳州月港开禁后大量中国瓷器外销到欧洲各地,对于当时东西方的瓷器生产均起到一定的积极影响。正如美国学者科比勒(C. Le Corbeiller)在《中国贸易瓷器》一书中写道的:"如此众多的瓷器满足了西方人对中国瓷器的兴趣,它深深地影响到荷兰、德国和英国瓷器制造的风格,但

　　〔1〕　熊海堂:《华南沿海对外陶瓷技术的交流和福建漳州窑发现的意义》,《漳州窑——福建漳州地区明清窑址调查发掘报告之一》,第117、114页。

　　〔2〕　T. Volker, The Japanese Porcelain Trade of the Dutch East India Company After 1683, Leiden, 1959, pp.55−56.

　　〔3〕　C. R. Boxer, The Dutch Seaborne Empire 1600−1800, p.174.

是,更重要的是买主有目的地特别订制的瓷器,发展了东西方的联系,即使是完全由西方人设计的瓷器,亦常常下意识地表现出中国风格的影响。"〔1〕

综上所述,2007 年 12 月在广东省汕头市南澳县东南三点金海域打捞出水的明代沉船"南澳 I 号",使人们联想到明隆庆漳州月港开禁的情景。当时有很多私人海外贸易船从月港出航到东西洋进行贸易,船上装载着大量外销到欧洲各地的中国瓷器。这些中国瓷器有相当一部分是经由荷兰东印度公司转运到欧洲的,他们为了满足欧洲市场对中国瓷器的需求,或直接派船到福建漳州一带从事走私贸易,或伺机进行掠夺。荷兰殖民者于 1625 年在中国台湾南部建立殖民基地后,则把台湾作为荷兰东印度公司贩运中国瓷器的中心,把大量的中国瓷器经台湾贩运到欧洲、印度、波斯及东南亚各地。正是欧洲市场对中国瓷器的大量需求,才促使漳州窑瓷器生产应运而生。它们是一种急功近利的产业,生产的目的纯粹是为了利润,投向海外的瓷器数量特别多,在一定程度上弥补了内地名窑商品瓷供应的不足,填补了海外对中、低档粗瓷的需求。同时,为了适应欧洲社会的习惯需要,中国制瓷者按照荷兰人和英国人的意见生产出一种所谓"中国形"的瓷器,也就是融合西方式样的中国瓷器,把东西方的瓷器制造风格有机地结合起来,对以后欧洲瓷器制造业的发展起到了较大的影响。

---

〔1〕 C. Le Corbeiller, China Trade Porcelain, New York, 1973, p.7.

第八章　明清时期有关南海疆域的记载

第一节　有关南海疆域的记载

明清时期,随着航海事业的发展,以及航海者对中国南海海域认识的加深,有关中国南海海域与外国海域分界的记载则更趋具体。明嘉靖十五年(1536年)黄衷撰写的《海语》一书,把中外海域的分界称为"分水"(图七)。他写道:"分水在占城之外罗海中,沙屿隐隐如门限,延绵横亘不知其几百里,巨浪拍天,异于常海。由马鞍山抵旧港,东注为诸番之路,西注为朱崖、儋耳之路,天地设险以域华夷者也。"[1]外罗位于越南中部海面,因在广南占毕罗(占婆岛)外洋而得名,法国学者伯希和将其考定在理山群岛(Culao Ray),又名广东群岛(Pulou Canton)。[2]外罗在当时航海者的心目中,有着极其重要的地位,原因有两个方面:

一方面,外罗山作为航海标志,过往船只均以之为"准绳"。《海国闻见录》写道:"独于七州大洋,大洲头而外,浩浩荡荡,无山形标识……而见广南占毕罗,外洋之外罗山,方有准绳。偏东则犯万里长沙,千里石塘;偏西则恐溜入广南湾。"[3]可见船只经过海南岛东部的大洲岛后,没有较高的山作为标识,惟有见到外罗山才说明航向正确,如偏东一点则触到中国境内的万里长沙、千里石塘,偏西一点则溜入越南的广南湾。这说明航行中应密切注意外罗山,丝毫不能忽视,否则真可谓"差之毫厘,失之千里也"。

另一方面,外罗海是中外两条航线的汇合点。从中国到外国的船只,一般

---

〔1〕　黄衷:《海语》卷下,《文渊阁四库全书》本。

〔2〕　张礼千:《东西洋考中之针路》,新加坡南洋书局,1947年,第14页。

〔3〕　李长傅:《海国闻见录校注》,中州古籍出版社,1985年,第50页。

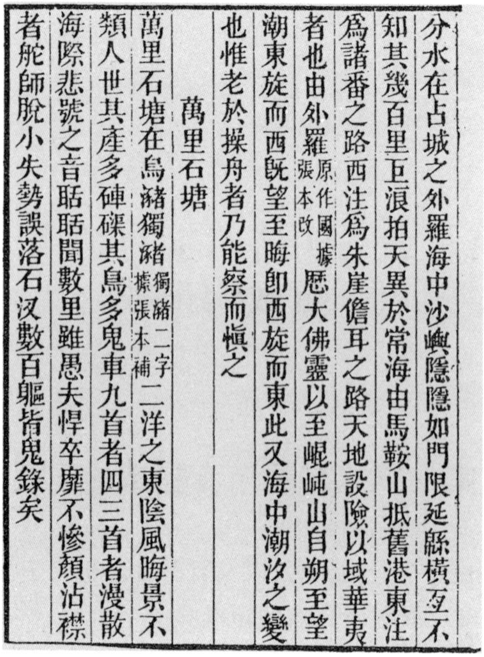

分水在占城之外羅海中沙嶼隱隱如門限延綿橫亙不知其幾百里巨浪拍天異於常海由馬鞍山抵舊港東注爲諸番之路西注爲朱崖儋耳之路天地設險以域華夷者也由外羅（原作國據張本改）歷大佛靈以至崐崘山自朔至望潮東旋而西既望至晦即西旋而東此又海中潮汐之變也惟老於操舟者乃能察而慎之

萬里石塘

萬里石塘在烏豬獨豬（獨豬二字據張本補）二洋之東陰風晦景不類人世其產多硨磲其鳥多鬼車九首者四三首者漫散海際悲號之音聒聒聞數里雖愚夫悍卒靡不慘顏沾襟者舵師脫小失勢誤落石汊數百軀皆鬼錄矣

图七 《海语》中有关"分水"的记载(学生书局1975年影印本)

乘东北风,走外罗海东边的航线,"分水"称之为"东注";而从外国返海南岛的船只,则乘西南风,航经外罗海西边的航线,"分水"称之为"西注"。如万历六年(1578年)暹罗馆的翻译握文源叙述从中国到暹罗的航程时说:"由广东香山县登舟,用北风下,指南针正午,出大海,名七洲洋,十昼夜可抵安南海次,中有一山名外罗,八昼夜或抵占城海次……此皆以顺风计,约四十日可至其国(指暹罗)。"[1]另据海南岛渔民说,他们"从新加坡回海南岛要经过越南沿海岛屿,过昆仑岛后……再往北到外罗山,外罗是个山岛,岛上有山,那里一带水流很急"。[2]

外罗海在中外航海中的重要地位,使之成为中国海与外国海的天然分界,因此《海语》称之为"天地设险以域华夷者也"。由此说明,在明代,越南中部的外罗海已成为中国海域与越南海域的分界,也就是中国南海疆域西面的界限。到了清代,暹罗王郑昭于1781年派遣使者到北京朝见乾隆皇帝时,在使者的纪行诗中亦写道,过了外罗洋就进入中国境。[3]

---

[1] 章潢:《古今图书编》卷五九,明抄本。
[2] 韩振华:《我国南海诸岛史料汇编》,东方出版社,1988年,第408页。
[3] 姚楠、许钰:《古代南海史地丛考》,商务印书馆,1958年,第83页。

有关外罗海东西两条航线的记载,在清代史籍中显得更加详细。在乾隆四十七年(1782年)至乾隆六十年,随番舶出洋,在海上漂泊14年之久的谢清高,在其口述的《海录》一书中写道:"噶喇叭,在南海中为荷兰所辖地。海舶由广东往者,走内沟,则出万山后向西南行,经琼州、安南至昆仑,又南行约三四日到地盆山,万里长沙在其东。走外沟,则出万山后向南行少西,约四五日过红毛浅,有沙坦在水中,约宽百余里,其极浅处止深四丈五尺,过浅又行三四日到草鞋石,又四五日到地盆山,与内沟道合,万里长沙在其西。沟之内外,以沙分也。"〔1〕这里所说的"内沟"、"外沟",与上述《海语》中谈到的"西注"、"东注"一样,指的都是经过外罗海东、西的两条航线。"地盆山",亦称"地盘山",即马来半岛东南海面的潮满岛(Pulou Tioman);"红毛浅",殆指中沙群岛,因其尚未露出水面,水显得较浅,而红毛船(指荷兰、英国等西欧的夹板船)船底较深,至此需注意搁浅,故名为"红毛浅";〔2〕"草鞋石"即萨帕图岛(Pulou Sapatu),位于北纬9°59′、东经109°05′,为葛威克群岛(Catwick Is.)最东边的一岛,因从某些方向看像只鞋而得名。

按照上述《海录》的描述,从广东到印尼雅加达(噶喇叭)有两条航线:一条称"内沟航线",船驶出万山群岛后,则向西南航行,经过海南岛、越南中部沿海,至昆仑岛,又向南航行三四天到潮满岛,当船航经越南中部沿海时,万里长沙(西沙群岛)就在船的东面。另一条称"外沟航线",船驶出万山群岛后,则向南偏西航行,大约四五天经过中沙群岛,又航行三四天到萨帕图岛,再航行四五天到潮满岛,在这里与"内沟航线"汇合,当船航经中沙群岛时,万里长沙就在船的西面。所谓的内、外沟航线,就是从西沙群岛处分开的。上面提到的"外沟航线",基本与今天新加坡至广州的航线相符,可见当时的记载还是比较准确的。

《海国闻见录》也谈到这条"外沟航线",它写道:"中国往南洋者,以万里长沙之外,渺茫无所取准,皆从沙内粤洋而至七州洋,此亦山川地脉联续之气,而于汪洋之中以限海国也。"〔3〕《海国闻见录》的"四海总图"与《海录》卷首的"亚洲总图"一样,都把七州洋标于琼州与昆仑之间,长沙、石塘皆在其东,长沙包括了西沙群岛和中沙群岛,故把经过中沙群岛的"外沟航线"称为"从沙内粤洋而至七州洋"。而这个七州洋的范围极广,北起海南岛南面的西沙群岛洋面,南至越南东南的昆仑岛洋面,连绵不断,成为汪洋大海之中中国海域与外国海域的天然

〔1〕　冯承钧:《海录注》,中华书局,1955年,第44页。
〔2〕　见郑光祖《舟车所至》辑本中的《海录》。
〔3〕　李长傅:《海国闻见录校注》,第73—74页。

界限。

　　清代后期的史籍,一般把南沙群岛洋面作为中国海域与外国海域的分界。颜斯综的《南洋蠡测》写道:"南洋之间有万里石塘,俗名万里长沙,向无人居。塘之南为外大洋,塘之东为闽洋。夷船由外大洋向东,望见台湾山,转向北,入粤洋,历老万山,由澳门入虎门,皆以此塘分华夷中外之界。唐船单薄,舵工不谙天文,惟凭吊砣验海底泥色,定为何地,故不能走外大洋。塘之北为七洲洋,夷人知七洲多暗石,虽小船亦不乐走。塘之西为白石口……"[1]俗名"万里长沙"的"万里石塘",显然是指南沙群岛,因其四至很清楚,南面是中国境外的大洋,东面是闽省洋面,北面是西沙群岛洋面,西面是新加坡海峡的白石口。凡从中国境外大洋来的外国船只,向东航行,看到台湾岛后则转向北,进入广东洋面,经过万山群岛,由澳门入口虎门,他们都把万里石塘(南沙群岛)作为中国海与外国海的界限。

　　这一点在姚文柟的《江防海防策》中亦有同样记载:"过琼州七洲洋,有千里石塘、万里长沙,为南、北洋界限。"[2]这里说的"南洋",不是清末用来指江苏、浙江、福建、广东沿海地区的南洋,而是指中国南海疆域外的海洋,以后南洋一名就以此引申为对东南亚各国的统称;"北洋"也不是清末用来指奉天(辽宁)、直隶(河北)、山东沿海地区的北洋,而是泛指中国境内的海洋,因东南亚一带把中国称为"北国",把中国人称为"北人",如宋代朱彧的《萍洲可谈》就写道:"北人过海外,是岁不还者,谓之'住蕃'。诸国人至广州,是岁不还者,谓之'住唐'。"[3]于是,中国的物品亦被称为"北物",如《安南小志》称:"国中又多药草,但国人不知制之,皆一致于中国,中国制而复送于安南,土人谓之'北药'。"[4]由此引申下去,把中国境内的海洋称为"北洋"也就不难理解了。可见当时把西沙群岛和南沙群岛海域作为中国南海海域与外国海域的界限,已普遍被载入史册。

　　到了19世纪后期,在一些中国官员的游记中更明确指出,西沙群岛就在中国南海疆域之内。例如郭嵩焘的《使西纪程》写道:光绪二年(1876年)十月,自香港出发,"二十四日午正,行八百三十一里,在赤道十七度三十分,计当在琼南二三百里,船人名之'齐纳细',犹言中国海也。海多飞鱼,约长数尺,跃而上腾至丈许乃下,左近'柏拉苏岛'(即西沙群岛英文名Pracel的音译——引者注),

〔1〕　颜斯综:《南洋蠡测》,《小方壶斋舆地丛钞再补编》第十帙。
〔2〕　姚文柟:《江防海防策》,《小方壶斋舆地丛钞》第九帙。
〔3〕　朱彧:《萍洲可谈》,中华书局,2007年,第134页。
〔4〕　姚文柟:《安南小志》,《小方壶斋舆地丛钞》第十帙。

出海参,亦产珊瑚,而不甚佳,中国属岛也。"〔1〕张德夷的《随使日记》亦有同样的记述:"二十四日,辛亥,晴,水平风顺,午正,行八百三十一里,在赤道十七度三十分,左近巴拉赛(Pracel)小岛,中国属岛也。"〔2〕

以上引述的史籍记载说明,在明清时期,作为中外两条航线汇合点的外罗海,以及从海南岛南面的西沙群岛洋面连绵不断地延伸到越南东南端昆仑岛洋面的七洲洋,已成为中国南海疆域西面的天然界限,在汪洋大海中把中国南海海域与外国海域截然分开。而南沙群岛海域亦普遍被作为中国南海海域与外国海域的界限,即中国南海疆域的南面界限。

第二节　千里石塘与万里长沙

在明代,南海交通发展迅速,航经南海海域的船只不断增多,人们对"航海危险区"的石塘、长沙有了更进一步的认识。嘉靖十五年,南海人黄衷将其长期以来与航海者接触,了解到的有关海外情况整理成《海语》一书。书中把万里石塘和万里长沙列入"畏途",并分别作了描述:"万里石塘在乌潴、独潴二洋之东,阴风晦景不类人世……舵师脱小失势,误落石汊,数百躯皆鬼录矣";"万里长沙在万里石塘东南,即西南夷之流沙河也。弱水出其南,风沙猎猎,晴日望之如盛雪,船误冲其际,即胶不脱,必幸东南风劲乃免陷溺。"〔3〕此处提到的"乌潴",指的是今广东中山上川岛东面的乌猪洲,其所在洋面称为乌潴洋;"独潴"是指海南岛万州东南海中的大洲岛,西人称之 Tinhosa 岛,其所处洋面称为独潴洋。位于这两处洋东面的万里石塘,就是指西沙群岛和中沙群岛,因有些沙、滩仍是没于水下的"石汊",故舵师不慎触之,必有覆舟之灾。至于万里长沙,它位于万里石塘东南,指的是南沙群岛,因其范围广大,岛、礁密布,一向被视为航海危险区,故有"西南夷之流沙河","弱水出其南"、"风沙猎猎,晴日望之如盛雪"等传说。

与《海语》几乎同时成书的《海槎余录》亦谈到千里石塘,它写道:"千里石塘在崖州海面之七百里外,相传此石比海水持下八九尺,海舶必远避而行,一堕即不能出矣。万里长堤出其南,波流甚急,舟入回遭中,未有能脱者,番舶久惯自能

〔1〕　郭嵩焘:《使西纪程》,《小方壶斋舆地丛钞》第十一帙。
〔2〕　张德夷:《随使日记》,《小方壶斋舆地丛钞》第十一帙。
〔3〕　黄衷:《海语》卷三。

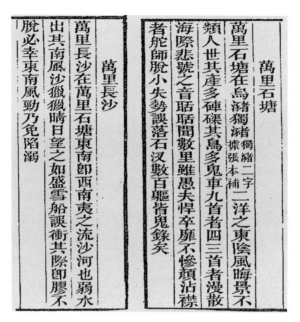

图八　《海语》中有关"万里石塘"和"万里长沙"的
记载（学生书局 1975 年影印本）

避,虽风汛亦无虞。"[1]这个千里石塘同前面谈过的北宋天禧二年(1018 年)占城国使者说的一样,指的是崖州东海面七百里外的西沙群岛。而位于其南的万里长堤,当然是指南沙群岛,"万里长堤"有可能是"万里长沙"的异称。

　　有关万里石塘的范围,明代的记载与元代略有不同。成书于嘉靖四十一年至万历五年(1562—1577 年)的《古今图书编》中,引述了暹罗通事握文源的话说:"……遇西风飘入东海中,有山名万里石塘,起自东海琉球国,直至南海龙牙山,潮至则没,潮退方现,飘舟至此,罕有存者。"这里所说的东海琉球,指的是今日中国的台湾,因台湾在明代亦称为琉球,且位于东海;南海龙牙山,有的认为是"指新加坡及其附近的 Lenga 群岛,史书中,亦称龙牙门"。[2] 这种说法把范围扩得太大,难以置信。笔者认为,龙牙山的对音为 Lingapavata,《隋书·赤土传》称为"陵伽钵拔多",Linga 梵语意为"林伽",Parvata 意为"山",整个词的意思是林伽山。其地位于越南最东端北纬 12°53′、东经 109°27′的华列拉岬(Cape Varella)。可见这个万里石塘的范围,起自东海台湾,直至南海华列拉岬,包括了东沙群岛、西沙群岛、中沙群岛及其洋面。此范围虽不如元代万里石塘之广大,

---

〔1〕　顾玠:《海槎余录》,《纪录汇编》卷一六六,商务印书馆,1935 年。
〔2〕　韩振华:《我国南海诸岛史料汇编》,第 64 页。

但已基本反映出当时中国南海疆域的西部界限。

有关万里石塘的范围到达华列拉岬的记载,在清代的著作中亦有出现。如成书于雍正八年(1730年)的《海国闻见录》写道:"南澳气,居南澳之东南,屿小而平,四面挂脚,皆嵝岵石,底水草,长丈余。湾有沙洲,吸四面之流,船不可到,入溜则吸搁不能返。隔南澳水程七更,古为落漈。北浮沉皆沙垠,约长二百里,计水程三更余。尽北处有两山,名曰东狮象,与台湾沙马崎对峙,隔洋阔四更,洋名沙马崎头门。气悬海中,南续沙垠,至粤海,为万里长沙头。南隔断一洋,名曰长沙门。又从南首复生沙垠至琼海万州,曰万里长沙。沙之南又生嵝岵石,至七洲洋,名曰千里石塘。"〔1〕陈伦炯所谓的"南澳气",居南澳之东南,尽北处有两山,与台湾南部的沙马崎对峙,指的明显是东沙群岛。由东沙群岛南部延伸至广东洋面,称为"万里长沙头";再延伸至海南岛东部的万州洋面,称为"万里长沙",而万里长沙的南部至七洲洋,则称为"千里石塘"。

我们在前面已经谈过,在中国史籍中,记载有两个七洲洋:一个是《琼州志》所说的在文昌东100里海中,"连起七峰,内有泉,甘洌可食……俗传古是七州,沉而成海"〔2〕的七洲洋;另一个是海南岛南部海面的七洲洋,其范围到达北纬13°的华里拉岬。上述七洲洋指的是后一个,也就是说,这个千里石塘的范围是从海南岛东部的万州海面至越南最东端的华列拉岬,它包括了西沙群岛、中沙群岛及其洋面。

清代的另一本著作《洋防说略》亦有谈到两个七洲洋和千里石塘的范围,它写道:"琼州孤悬海外……至铜鼓山百二十里,其下有礁石,海船望见辄相惊避,东北数十里间,有浮邱山,七岛罗列,即七洲洋山也。……崖州在南,为后户,港汊纷歧,岛屿错出,暗沙、礁石所在有之。又有万里长沙,自万州迤东直到南澳;又有千里石塘,自万州迤南直至七洲洋。粤海天堑最称险阻,是皆谈海防者所宜留意也。"〔3〕在海南岛铜鼓角"东北数十里"的"七洲洋",指的是海南岛东北部七洲列岛洋面的七洲洋,"自万州迤东直到南澳"的万里长沙,显然包括了东沙群岛及其洋面;"自万州迤南直到七洲洋"的千里石塘,这个"七洲洋"指的是海南岛以南的另一个七洲洋,其范围到达越南东端的华列拉岬。也就是说,千里石塘的范围是从万州以南至华列拉岬,它包括了西沙群岛、中沙群岛及其洋面,这与上述《海国闻见录》的记载基本相符。

〔1〕　李长傅:《海国闻见录校注》,第73页。
〔2〕　张燮:《东西洋考》,中华书局,1981年,第172页。
〔3〕　徐家干:《洋防说略》卷上,道光十三年刻本。

　　清代有些著作也把西沙群岛称为"万里长沙",把南沙群岛称为"千里石塘"。例如谢清高的《海录》这样写道:"万里长沙者,海中浮沙也,长数千里……沙头在陵水境,沙尾即草鞋石。"〔1〕万里长沙头所在的"陵水境",指的是海南岛东南部的陵水;沙尾的草鞋石即位于越南东端平顺海岛东南南大约 32 海里处的萨帕图岛(Pulou Sapatu)。这个范围同上述《海国闻见录》记载的"千里石塘"的范围差不多,指的是中国的西沙群岛及其洋面。

　　与《海录》记载类似的还有清人汪文泰的《红毛番英吉利考略》,它写道:"今夷船之出万山者,正南行约五日而至红毛浅,过浅南行五日少西到草鞋石,即万里长沙之尾也(尾在安南对海,头在琼州陵水县对海,凡数千里。草鞋石西北为万里长沙,东南为七洲大洋,全是大石,其中不知几千里),又南行少西七日至地盆山(华人则自万山西南行经外罗山、新仁、陆奈,乃向南行四日到昆仑山,是安南地方,又南行五日至地盆山,与夷船所行路合,以避草鞋石之险,少回远也)。"〔2〕此处提到的外国船只,从万山出航后,走的就是经过中沙群岛的"外沟航线";而中国船只出万山后,则沿着越南海岸航行,走的是"内沟航线",以避开萨帕图岛周围的危险,两条航线可在潮满岛处汇合。万里长沙头在海南岛陵水县对海,沙尾在越南对海的萨帕图岛,这种说法与上述《海录》的记载基本相同。当时的航海者都认为葛威克群岛和萨帕图岛是中国地方,"为飓风之南界"〔3〕。

　　《海录》还谈到千里石塘:"七洲洋正南,则为千里石塘,万石林立,洪涛怒激,船若误经,立见破碎。故内沟、外沟亦必沿西南,从无向正南行者。"〔4〕我们已经说过,这个七洲洋指的是海南岛以南的七洲洋,其范围到达越南东端的华列拉岬。在华列拉岬正南的千里石塘,指的就是南沙群岛,因其礁、滩林立,被视为"航海危险区",故无论是走内沟航线,或者是走外沟航线,都必须避开它,沿西南方向航行,而不敢向正南航行。

　　《海录》再写道:"小吕宋,本名蛮哩喇……千里石塘是在国西……东沙者,海中浮沙也,在万山东,故呼为东沙。……其沙有二,一东一西,中有小港可以通过。西沙稍高,然浮于水面者,亦仅有丈许……沙之正南,是为石塘。"〔5〕这里谈到千里石塘的两个方向,一个是在菲律宾国西,另一个是在东沙群岛正南,指的明显是南沙群岛。这个记载基本反映出中国南海疆域的东部界限。

---

〔1〕　冯承钧:《海录注》,第 44 页。
〔2〕　汪文泰:《红毛番英吉利考略》,道光二十三年抄本。
〔3〕　[日]引田利章著,毛乃庸译:《安南史》卷四,教育世界社,光绪二十九年刻本。
〔4〕　冯承钧:《海录注》,第 44 页。
〔5〕　同上书,第 59—60 页。

综上所述,明代的"万里石塘"指的是在广东乌猪洲和海南大洲岛以东的西沙群岛和中沙群岛,而位于其东南的"万里长沙"指的是南沙群岛。这个"万里石塘"的范围,起自东海台湾,直至南海华列拉岬,包括了东沙群岛、西沙群岛、中沙群岛及其洋面。至清代,有关石塘、长沙的含义略有变化,如自万州以东直至南澳称为"万里长沙",它包括了东沙群岛及其洋面;自万州以南直至七洲洋称为"千里石塘"。这个"七洲洋"不是指海南岛东北部七洲列岛洋面的七洲洋,而是指海南岛以南的另一个七洲洋,其范围到达越南东端的华列拉岬。这就是说,千里石塘的范围是自万州以南至华列拉岬,它包括了西沙群岛、中沙群岛及其洋面,这基本反映出当时中国南海疆域的西部界限。

第三节 清朝水师巡视南海海域

中国南海疆域内的海域,在清代属海南岛崖州协水师营管辖。据《崖州志》记载:"崖州协水师营分管洋面,东自万州东澳港起,西至昌化县四更沙止,共巡洋面一千里。南面直接暹罗、占城夷洋,西接儋州营洋界,东接海口营洋界。"[1]由此可以了解,当时崖州水师营的巡洋路线有两条:一条是从海南岛东部的万州东澳港,绕海南岛沿海,到西部的昌化四更沙为止,历程一千里;另一条是直接向南巡洋到越南中部的占城洋面,也就是到达中国南海疆域的西部洋面。

在康熙四十九年至五十一年(1710—1712年)任广东水师副将的福建同安人吴陞,就亲自巡洋至与昆仑岛洋面相接的七洲洋。《同安县志》写道:"吴陞,字源泽,同安人,本姓黄……擢广东副将,调琼州,自琼崖,历铜鼓,经七洲洋、四更沙,周遭三千里,躬自巡视,地方宁谧。"[2]

上节提到,中国史籍记载的七洲洋有两个:一个是海南岛东北海面的七洲洋,另一个是西沙群岛海域的七洲洋。要区分它们很简单,根据航线经过的地名顺序即可。如《海录》写道:"纪海国自万山始,既出口,西南行过七洲洋,有七洲浮海面故名,又行经陵水,见大花、二花、大洲各山……"[3]这条航线经过的七洲洋在大洲、陵水之前,显然指的是陵水以北七洲列岛附近海面的七洲洋。而吴陞巡海的航线却是"自琼崖,历铜鼓,经七洲洋",这个七洲洋在铜鼓之后经过,

---

[1] 张隽等:《崖州志》,广东人民出版社,1983年,第225页。
[2] 吴堂:嘉庆《同安县志》卷二一,光绪十二年刻本。
[3] 冯承钧:《海录注》,第1页。

显然不是铜鼓前面的七洲洋,而是另一个七洲洋。那么,这个七洲洋在哪里呢?我们可看看同时代的《海国闻见录》中的"四海总图",七洲洋的位置在琼州与昆仑之间,长沙和石塘之西,可见包括了西沙群岛一带海域。19世纪70年代郭嵩焘在《使西纪程》中对七洲洋的位置描述得更加具体:"……在赤道北一十三度,过瓦蕾拉山,安南东南境也,海名七洲洋。"〔1〕在北纬13°,越南东南华列拉岬的洋面,已是延伸到西沙群岛以南的洋面,这个七洲洋的范围与《海国闻见录》标示的七洲洋一致。

另外,我们可看看吴陛巡海的航程。以现代地图标出的航程来说,从海口市到三亚市是389公里,从三亚市到八所港是213公里,从八所港到海口市是261公里,共计863公里,合1726里。〔2〕 而余下的1274里则可能是巡视西沙群岛洋面往返的航程,就以三亚市到西沙群岛永兴岛的航程计算,单程330公里,往返660公里,合1320里,与记载的吴陛巡海的里程基本相符。可见当时吴陛巡视的七洲洋就是今天的西沙群岛海域。

吴陛巡海的事实说明,西沙群岛海域在清初由广东省水师负责巡视。清政府当时已在西沙群岛一带行使主权和管辖权。这一点亦可从越南人黎贵惇的《抚边杂录》中得到证实。黎贵惇这本书被越南史学界誉为"最为完备和准确的史料,当时国内外尚无任何一个学者能像黎贵惇那样记述详备"。〔3〕 正是这本《抚边杂录》如此写道:"黄沙渚正近海南廉州府,船人时遇北国(中国)渔舟,洋中相问。常见琼州文昌县正堂官。查顺化公文内称:乾隆十八年,安南广义府彰义县割镰队安平社军人十名,于七月往万里长沙采拾各物,八名登岸,寻觅各物,只存两名守船。狂风断捉,漂入青澜港,伊官查实,押送回籍。"〔4〕

这段文字至少可以证实两点:一、越南船只时常在洋中遇到中国渔船,相互问候,且经常看到琼州文昌县正堂官在洋中巡视。这说明中国渔舟一直在西沙海域进行生产,而这个海域属海南岛文昌县管辖,文昌县的官员经常在洋中巡视,这一点与上述吴陛巡海到西沙群岛海域的事实相互佐证。二、安南安平社军人往万里长沙采拾沉船遗物时,遭风漂到青澜港,清朝官员获悉后,经过审讯核实,即将他们"押送回籍",驱逐出境,充分显示了清政府在中国南海海域内行使了主权和管辖权。

〔1〕 郭嵩焘:《使西纪程》,《小方壶斋舆地丛钞》第十一轶。

〔2〕 中华地图学社:《中国地图册》,中国地图出版社,1993年,第23页。

〔3〕 [越]阮国胜:《黄沙、长沙》,《越南关于西南沙群岛主权归属问题文件资料汇编》(以下简称《汇编》),河南人民出版社,1991年,第269页。

〔4〕 转引自《汇编》,第271—272页。

第四节　越南黄沙、长沙非
中国西沙、南沙考

越南方面把黄沙、长沙说成是中国的西沙、南沙，然后"论证"他们所谓的"历史主权"，并且鼓动一些学者、文人反复论说。在此有必要对越南黄沙、长沙的真实位置进行一番考释，让世人看看黄沙、长沙到底是中国的西沙、南沙，还是越南中部沿海的某些岛屿，以还历史本来的真面目。

一、长沙是外罗海中的小岛、沙洲

越南方面列举的最早史料是由一位名叫杜伯的儒生撰写的《纂集天南四至路图书》。这本书按越南学者武龙犀所说，大约是 1630—1653 年编撰的，书中载有发生于 15 世纪的一些事件。"这些事件如果不是发生在 1403—1407 年间即古垒和占洞（广南和广义）统属于我国的期间，那么，至少也是发生于 1471 年我国南部边界到达石碑山（富安）的时候。"〔1〕但是，据实际了解，此书所志路程有四，即河内至占城为一道，河内至钦州为一道，河内至谅山为一道，河内至云南为一道。书中"可以看到阮朝建造于十七世纪的所有城堡的详细记载，而且有些地名如淳禄（今为厚禄县）、富春（书中载为浮春，今之顺化城），是到十七世纪才有的地名"。〔2〕因此，法国汉学家马司伯乐（H. Maspero）将此书成书时间考订在 17 世纪末或 18 世纪初，认为它"是为一种图书，对于古历史地志不能供给何种材料"。〔3〕

然而，越南方面引用了该书"广义地区图"的一段注释："海中有长沙，名罢葛镇，约长四百里（按：这里的"里"是越南的里，约合一千三百五十米——下同），阔二十里，卓立海中。自大占（DAI CHIEM）海门至沙荣（SA VIMH），每西南风，则诸国商舶内行漂泊在此；东北风，外行亦漂泊在此，并皆饥死。货物各置其处。阮氏每年冬季月持船十八只，来此取货，多得金银钱币铳弹等物。自大占

〔1〕　武龙犀：《黄沙和长沙两群岛的地名学问题》，《黄沙和长沙特考》，商务印书馆，1978 年，第273 页。

〔2〕　[越] 陶维英著，钟石岩译：《越南历代疆域》，商务印书馆，1973 年，第 11 页。

〔3〕　马司伯乐：《唐代安南都护府疆域考》，《西域南海史地考证译丛四编》，商务印书馆，1940 年，第 62 页。

门越海至此一日半,自沙淇(SA KY)门至此半日……"〔1〕

这段注释写得很清楚,这个卓立海中,名为"罢葛镇"的长沙,其范围起自大占海门(今广南一岘港省的大海门),止于沙荣(今义平省的沙兄海门)。从大占门越海至长沙的距离是一日半航程,从沙淇门(今广义省平山县东南的一个海口)至长沙是半日航程。按当时越南在沿海航行的船只,一般是红船、淀舍,或田姑船,这些船不仅船体小,而且航速慢。就以红船来说,其船体狭长,状如龙舟,昂首尾丹漆之,船上不能容炊具,仅贮淡水一缸,船上棹军赤体暴烈日中,渴则勺饮馁腹,其体力消耗很大,航速较慢可想而知。例如,康熙三十四年(1695)七月,广州僧人大汕厂翁欲从越南返国,越南官员备了40只田姑船为他送行,大汕本人乘红船,于十九日中午后从会安港解缆,直至次日平明才抵占婆岛上洋船。〔2〕从广南江口(大占海口)至占婆岛的距离大约12公里,〔3〕用了半天多的时间,而一日半的航程最多只能走30余公里。可见这个长沙是沿着与越南中部海岸平行的方向分布,其沙头距离越南海岸稍远一点(一日半航程,约30公里),而沙中部却与越南海岸靠得相当近(半日航程,约10公里)。

每年当西南风起时,从外国到中国的商船,一般沿着越南海岸与"长沙"之间的航道航行,称为"内行";而当东北风起时,从中国到外国的商船沿着"长沙"外面的航道航行,称为"外行"。"长沙"成为这两条航道的天然分界线。有关这内、外两条航道,中国史书亦有记载,如黄衷《海语》把这两条航道的天然分界线称为"分水",把外行航道称为"东注",把内行航道称为"西注"。这就是说,作为内、外两条航道分界线的"分水"就在占城附近的外罗海中。外罗指的是越南中部沿海的理山群岛(Culao Ray),今称广东群岛(Pulou Canton),其所在海面称为外罗海。从这里可以看出,"广义地区图"中注释的称为"罢葛镇"的长沙,其实就在占城附近的外罗海中,《海语》描述其"沙屿隐隐如门限,延绵横亘不知其几百里",与注释所说的"约长四百里,阔二十里,卓立海中"基本相符。

至于"诸国商船内行漂泊在此,外行亦漂泊在此,并皆饥死"的原因,大概有如下两个方面:

一方面是此"长沙"范围广大,暗礁林立,航道险阻。康熙三十四年(1695),

---

〔1〕 转引自《汇编》,第56页。
〔2〕 大汕:《海外纪事》,中华书局,2000年,第48—98页。
〔3〕 [法]伯希和著,冯承钧译:《交广印度两道考》,中华书局,1955年,第52页。

亲履其境的大汕厂翁这样描述道："盖洋海中横亘沙碛,起东北直抵西南,高者壁立海上,低或水平沙面,粗硬如铁,船一触即成齑粉。阔百许里,长无算,名万里长沙。渺无草木人烟,一失风水漂至,纵不破坏,人无水米,亦成馁鬼矣。"[1]明成化二十一年(1485 年),奉命到占城册封的给事中林荣、行人黄乾亨等一行近千名军民,就因物货太重,船上火长昧于途径,而在长沙头占毕罗附近"误触铁板沙,舶坏,二使溺焉,军民死者十九"。[2]清道光十五年(1835 年)十月初二日,澎湖廪生蔡廷兰应乡试完毕,从金门东南之料罗登船,欲回澎湖,途中突遭飓风,在海上漂流了十昼夜,到达越南广义省海岸的菜芹汛。当地渔民为他能侥幸闯过占毕罗附近的暗礁险滩大感惊讶,说是"非神灵默护,胡能尔尔? 初到小屿,即占毕罗屿。屿东西众流激射,中一港甚窄,船非乘潮不得进,触石立沉。由西而南,可抵内港,桅篷已灭,逆流不能到也。其东西一带,至此称极险,海底皆暗礁、暗线(海底石曰礁,沙曰线),线长数十里,港道迂回,老渔尚不稔识,一抵礁,齑粉矣"。[3]这些记载证实,在占毕罗附近的"长沙"不仅范围大,而且险象环生。由于不幸触礁之沉船的货物多汇集在这里,故越南国王经常派人到此搜拾沉船遗物,大汕厂翁就写道:"先国王时,岁差淀舍往拾坏船金银、器物。"这与"广义地区图"注释中所写:"阮氏每年冬季月持船十八只,来此取货,多得金银、钱币、铳弹等物",[4]正相吻合。

另一方面是外罗海周围水流急,潮汐变化大,每月自初一至十五,潮水从东向西流,自十六至三十,又从西向东流,只有经验丰富的老操舟者才能察而慎之。[5]康熙三十四年七月中旬,大汕厂翁欲从会安搭船返国,当时西南风已近尾声,北风渐起,水向东流,南风微弱,不敌东归流急,故舟所进几与所退相敌。他们于二十日清晨在占毕罗上船,候风至三十日始鸣锣起碇,但当晚风势转逆,次晨仍被吹返占毕罗。[6]对外罗海的潮汐变化,诸国商船均引以为戒,如有不慎被漂入港者,非待西风起不得出,而越南国王则趁机派人没收其货,或倍税之。[7]

大汕厂翁的遭风过程,亦可证实"长沙"与越南海岸间的距离。大汕所搭乘

〔1〕 大汕:《海外纪事》,第 62 页。
〔2〕 黄衷:《海语》卷三。
〔3〕 蔡廷兰:《海南杂著·炎荒纪程》,《台湾文献丛刊》第 42 种,台湾银行经济研究室编印,1959 年。
〔4〕 转引自《汇编》,第 56 页。
〔5〕 黄衷:《海语》卷三。
〔6〕 大汕:《海外纪事》卷四。
〔7〕 魏源:《征抚安南记》,《小方壶斋舆地丛钞》第十帙。

的船只于三十日清晨从占毕罗起航,走了近一天,在当晚遭遇北风时已到达"长沙"边缘,故称"举船尽以长沙为忧"。而当次晨船被吹回占毕罗时,舟人则击鼓赛神,庆幸免遭"万里长沙鱼腹之患"。可见从占毕罗到"长沙"的距离为一日航程,加上从会安到占毕罗的半日航程,共距离一日半航程,与"广义地区图"注释的航程一样。另外,从《大南一统志》的记载也可看出"长沙"与越南海岸间的距离确实是比较近。"长沙"名"罢葛锁",这是越南文字实行拉丁化前的"字喃",意即"黄沙"。《大南一统志》记述广义省的四邻道:"东横沙岛(黄沙岛),连沧海以为池;西控山蛮,砌长垒以为固;南邻平定,石津冈当其冲;北接广南,沙土滩为之限。"[1]这里说明,黄沙岛("横"为"黄"的别字)位于广义省的东面,中间隔着大海,由于距离相当近,以至于把海当成池一样看待。越南学者武龙犀在解释这段记载时,故意把"沧海"两字作"神仙海岛"解,把"池"字作"城池"解,然后别出心裁地道出下面两种含义:"在东面,沙岛(属黄沙岛)横卧,与大海相连接以作为城池";"在东面,沙岛(属黄沙岛)横卧,与其他诸岛相连接以作为城池"。武龙犀的目的是把这段记载说成是"强调了越南海岸东面海岛系统的战略价值,虽然没有说明这些海岛的名称,但仍包括现在群岛专称之为长沙的群岛"。[2] 殊不知他完全歪曲了这段记载的原意,犯下了望文生义、牵强附会之大忌。

　　上述考释说明,《纂集天南四至路图书》中"广义地区图"注释的"长沙",是外罗海中的一些小岛、沙洲,它们沿着与越南中部海岸平行的方向分布,其范围起自今广南—岘港省的大海门(约北纬16°),止于今义平省的沙兄海门(约北纬14°40′),沙头距离岘港大海门一日半航程(约30公里),沙中部距离平山县海口半日航程(约10公里)。由于外罗海的水流急,潮汐变化大,故每年当西南风起时,从外国到中国的商船,一般走靠近越南海岸的"内行"航道;而当东北风起时,从中国到外国的商船则走远离越南海岸的"外行"航道,"长沙"就成为这两条航道的天然分界线。这个"长沙"与中国西沙群岛没有任何联系,其原因有三:一、中国西沙群岛距离越南海岸相当遥远,其最近部分距离越南沿海的广东群岛亦有120海里(约222公里),距岘港有170海里(约315公里);二、中国西沙群岛位于北纬15°45′与17°15′之间,与此"长沙"在北纬14°40′与16°之间完全不相符;三、中国西沙群岛远离海岸,分布于大海之中,不存在什么船只沿海岸航行的航道,故亦不可能成为"内行"与"外行"

〔1〕　高育春:《大南一统志》卷六,东京印度支那研究会,1941年影印本。
〔2〕　武龙犀:《黄沙和长沙两群岛的地名学问题》,《黄沙和长沙特考》,第278页。

两条航道的天然分界线。

二、黄沙渚是理山岛北部的小岛

越南方面列举的第二条史料是黎贵惇在 1776 年任顺化协镇时编纂的《抚边杂录》,书中写道:"广义府平山县安永社居近海,海外之东北有岛屿焉。群山零星一百三十余崟。山间出海,相隔或一日或数更。山上间有甘泉。岛之中有黄沙渚,长约三十余里,平坦广大,水清澈底。岛傍燕窝无数,众鸟以万千计,见人环集不避。"〔1〕越南方面在引用这段史料时先把"黄沙渚"说成是名为"罢葛锁"的黄沙,然后将之与中国的西沙群岛混为一谈,以说明早在几个世纪之前,他们就已对西沙群岛进行过调查与考察。〔2〕 为驳斥这种谬论,我们有必要先考证一下"黄沙渚"的具体位置。

这段史料提到的安永社,系指永安、安海二坊。按《大南一统志》的记载:"理山岛在平山县东海中,俗名峋崂哩,岛四面高中凹,可数十亩,永安、安海二坊民居焉。"〔3〕这就是说,永安、安海二坊就在理山岛中部的凹地上,四面为高山所围,所谓其东北的岛屿,不外乎是理山岛附近的一些小岛。这从中国清人编撰的《越南地舆图说》中亦可得到证实,该书写道:"平山县安永社村居近海,东北有岛屿,群山重叠一百三十余岭(原注:案即外罗山),山间又有海,相隔一日许或数更,山下间有甘泉,中有黄沙渚(原注:案即椰子塘),长约三十里,平坦广大,水清澈底,诸商船多依于此。"〔4〕这条记载的内容显然与上述《抚边杂录》的记载相差无几,指的是同一个地方。不过,这条记载明确注明安永社东北有"一百三十余岭"的岛屿是外罗山(即理山岛),黄沙渚是椰子塘。我们知道,理山岛由数屿组成,北岛极小,南岛狭长,东大西小,北岛是椰子塘,亦即通草屿。〔5〕可见《抚边杂录》提到的"黄沙渚",就是理山岛北部的小岛,称为椰子塘,或通草屿。《越南地舆图说》卷首的"越南全图"就把黄沙渚绘在广义省平山附近新州港的外面,也就是在理山岛的位置上,它与中国的西沙群岛毫不相干。

《抚边杂录》又写道:"广义平山县安永社大海门外有山名峋崂哩,广可三十余里。旧有四政坊居民豆田,出海四更可到。其外大长沙岛,旧多海物舶货,立

---

〔1〕 转引自《汇编》,第 57 页。
〔2〕 同上书,第 76 页。
〔3〕 高育春:《大南一统志》卷六。
〔4〕 盛庆绂:《越南地舆图说》卷一,光绪十九年重订本。
〔5〕 张礼千:《东西洋考中之针路》,第 16 页。

黄沙队以采之,行三日夜始到,位乃近于北海之处。"〔1〕这里所说的"岣崂哩"明显与上面提到的《大南一统志》记载的理山岛俗名岣崂哩不一样,这个"岣崂哩"是在永安社大海门外,广仅 30 余里,而那个俗名岣崂哩的理山岛仅中凹平地就有数十亩,且为永安、安海二坊居民的居住地,故这个"岣崂哩"指的应是理山岛附近的小岛。所谓"其外大长沙岛",也就是前面考释过的分布于外罗海中的名为"罢葛锁"的长沙,因内、外行商船多漂泊于此,沉船的货物亦汇集于此,而越南国王又经常派人到此搜拾沉船遗物,故称"旧多海物船货,立黄沙队以采之"。至于"行三日夜始到",前面已经说过,当时在越南沿海使用的"私小钓船"航速极慢,三日夜大不了走几十公里,仍然是在越南海岸附近,而绝不可能到达距离越南海岸二三百公里外的西沙群岛。

　　有关外罗岛与分布在外罗海的黄沙岛,在越南的史书记载中经常搞混,如《大南一统志》写道:"黄沙岛在哩岛之东,自沙圻海岸放洋,顺风三四日夜可至。岛上群山罗列,凡一百三十余峰,相隔或一日程,或数更许。岛之中有黄沙洲,延袤不知几千里,俗名万里长沙。洲上有井,甘泉出焉。海鸟群集,不知纪极,多产海参、玳瑁、文螺、鼋鳖等物,诸风难船货物汇集于此。"〔2〕这一段记载的前三句,说的是外罗岛之东的黄沙岛,而接下来的四句却与《抚边杂录》写的一样,都是说外罗岛。所谓"岛之中有黄沙洲",其实就是黄沙渚,即外罗岛北部的小岛椰子塘,其长约 30 里,但这段记载却说它"延袤不知几千里",且"俗名万里长沙"。可见《大南一统志》完全把外罗岛与黄沙岛混为一谈,分不清哪个是外罗岛,哪个是分布在外罗海的黄沙岛。其他史书亦有类似搞混的记载,如《大南实录前编》写道:"广义平山县安永社海外有沙洲一百三十余所,相去或一日程或数更许,延袤不知其几千里,俗称万里黄沙,洲上有井,甘泉出焉。所产有海参、玳瑁、文螺、鼋鳖等物。"〔3〕这一段与《抚边杂录》的记载相似,都是描述外罗岛的情况,但把"群山一百三十余嶂"改成"沙洲一百三十余所",省去了"黄沙渚"或"黄沙洲"三字,且把"万里长沙"变成"万里黄沙"。越南史书记载的混乱,使越南方面无法讲清其所谓"黄沙"或"长沙"的真实位置,以至于张冠李戴,将之莫名其妙地与中国的西沙和南沙群岛混为一谈。

　　越南方面公布的《大南一统全图》(见图七)声称,该图所绘的黄沙、万里长沙就是中国的西沙、南沙群岛。其实,这张地图出自何时、何人之手,目前尚有争

---

〔1〕　转引自《汇编》,第 74 页。
〔2〕　高育春:《大南一统志》卷六。
〔3〕　《大南实录前编》卷一〇。

论。法国航海家拉皮克（P. A. Lapicque）在 1929 年出版的《论帕拉塞尔群岛》（A Propos des Iles Paracels）一书中，曾公布过这幅地图，注明是摘自明命十四年（1833）刊行的《皇越地舆志》一书。但是，越南学者武龙犀却认为这不可能，"因为明命皇帝于 1838 年才颁行'大南'的国号"，直至 1839 年初，"大南"这一国号才正式用于国家的公文和国史上。因此，他认为："这幅地图可能是法属时期以前专门负责编纂阮朝正式史地典籍的国史馆史臣的个人或集体的作品。"另外，他还透露了这张地图的来历："其实这幅地图是原负责文化事务的国务卿府办公厅主任、现任负责国家发展计划的副总理助理兼国会联络员朱玉崔先生很久以前搜集到的一个抄本，并有雅意供我们使用。"[1] 由此可见，这幅地图是属于制作时间不详、制作者不明的私人流传的非正式抄本，类似这种私人绘制的舆图，"可用来评论制图人的学养好坏，在法律上却不一定是充足依据"。[2]

越南学者吹嘘这幅地图"绘制十分精心和准确"，"万里长沙地区位于富安、庆和各省的对面，部分岛屿散布到了南面，与头顿（南部）相垂直"，"黄沙也是一组由许多小岛组成的岛屿，位于大吉墨海口（大占）、俱低海口（岘港）和海云山（今广南——岘港省辖地）的对面"。[3] 简言之，是"在广义前面的海域中绘有一个名叫大长沙或罢葛镇的长条地带"。[4] 事实上，这块"长条地带"的画法并不是《大南一统全图》的专利，我们只要看看英国船长约翰·沙利在 1613 年写的《航海志》一书中的地图就可发现，这块"长条地带"无论从位置上看，还是从形状上看，两张地图都如出一辙。《航海志》地图上，在这块"长条地带"的上端标尖笔罗岛（Pulou Cham）、中部标广东群岛（Pulou Canton）、下端标羊屿（Pulou Gambir）。可见这块长条地带（即《大南一统全图》中的黄沙、万里长沙）包括了占婆岛、广东群岛和羊屿，也就是沿着与越南中部海岸平行的方向，分布在外罗海中的一些小岛和沙洲。

约翰·沙利在《航海志》中，讲述他在越南中部近海航行的情况时指出：在北纬16°至17°，"幸福岛东经"129°30′至130°42′之处（幸福岛在今非洲西北的加那利群岛，位于现代西经18°左右，当时西方人以此作为子午线计算经度。上述经度折合今天格林威治东经约111°30′至112°42′）有"眼镜群岛"（Les Lunettes），即中国的西沙群岛。在"眼镜群岛"的西南方，"幸福岛东经"128°至129°（即今天格林威治东经110°至111°），北纬16°30′至12°之处，有旧帕拉塞

〔1〕 武龙犀：《黄沙和长沙两群岛的地名学问题》，《黄沙和长沙特考》，第275—276 页。
〔2〕 孙淡宁：《明报月刊所载钓鱼台群岛资料》，香港明报出版社，1979 年，第116 页。
〔3〕 ［越］阮国胜：《黄沙、长沙》，《汇编》，第255 页。
〔4〕 ［越］黄春瀚：《黄沙群岛》，《黄沙和长沙特考》，第11 页。

尔,其形状像一只脚,脚的大拇指朝向西南。[1] 这个形状像一只脚的所谓"旧帕拉塞尔",就是《大南一统全图》中绘在广义前面海域名为黄沙、万里长沙的长条地带,它所处的位置显然与中国的西沙群岛不同,中国西沙群岛位于北纬15°47′—17°08′、东经111°10′—112°55′,而此长条地带位于北纬12°—16°30′、东经110°—111°,两者不能混为一谈。

三、葛镄是越南中部沿海的"长条地带"

西方史籍中记载的帕拉塞尔的地点和范围是随着时间的变化而变化的,在19世纪20年代之前,它们通常把这块沿着与越南中部海岸平行、分布在外罗海中,由一些小岛和沙洲组成的"长条地带",称为"帕拉塞尔"(Pracel)。到了1817年,经过英国船长罗斯和穆罕等人对中国的海南岛和西沙群岛进行了一系列调查之后,西方史籍才开始把"帕拉塞尔"的范围向北延伸,包括了中国的西沙群岛。而直至19世纪后半期以后,"帕拉塞尔"一词才被用来专指中国的西沙群岛。[2] 越南方面利用"帕拉塞尔"一词所指地点和范围在时间上的差异,把19世纪20年代之前的旧帕拉塞尔与之后的帕拉塞尔混淆起来,企图以他们的黄沙、长沙来取代中国的西沙、南沙群岛。为了弄清事实真相,我们必须对一些西方史籍上有关旧帕拉塞尔的记载进行考释,以证实其具体位置。

越南方面利用最多的是一位法国传教士塔伯尔(Jean Louis Taberd)1837年在《孟加拉皇家亚洲学会会刊》(Journal of the Royal Asiatic Society of Bengal)发表的一篇论文,题为《交趾支那地理考释》(Note on the Geography of Cochinchina)。该文写道:"帕拉塞尔或普拉塞尔是由一群小岛、岩石和沙滩组成的迷宫,延伸到北纬11°和从巴黎算起的东经107°(相当于格林威治东经109°10′)。一些航海者勇敢地越过部分沙洲,与其说是小心谨慎,不如说是侥幸成功,而另一些人的尝试却失败了。交趾支那人称这些岛屿为Cotuang。虽然这些群岛除了岩石和深海之外别无他物,且惟有造成不便而无其他好处,然而嘉隆皇帝却认为,增地虽小,但也扩大其领土。1816年,他庄严地在那里插上旗帜,并占有这些岩石,估计不会有任何人对之提出异议。"[3]

从塔伯尔这段文字中可以了解,这个延伸到北纬11°、东经109°10′的"帕拉

---

〔1〕 韩振华:《西方史籍上的帕拉塞尔不是我国西沙群岛》,《西沙群岛和南沙群岛自古以来就是中国的领土》,人民出版社,1981年,第75页。

〔2〕 同上书,1981年,第76—77页。

〔3〕 Jean Louis, Note in the Geography of Cochinchina, In JRASB, Sept. 1837, p.745.

塞尔",显然指的是距离越南中部海岸不远的某些岛屿。交趾支那人称之为
Cotuang。Cotuang 这个词,越南当局为了往黄沙上面套,故意将之错译。在 1975
年 5 月南越发布的白皮书中,把这个词译成"金沙";在 1982 年 1 月 18 日越南方
面发布的白皮书中,又把这个词译成"葛镄"。[1] 可见越南方面为了某种需要,
随时都可更改译文的原意。其实这些称为 Cotuang 的岛屿,按塔伯尔标出的经
纬度,可能是指平顺地岛(Pulou Cecir Terre)。它位于北纬 11°14′、东经108°49′,
高 85 英尺(25.9 米),约在拉干角(Lagan point)东北 8 海里处。岛上几乎全是岩
石和荒地,仅在平地部分有一些草,岛的周围全是岩石,有的在水上,也有的在水
下。[2] 平顺地岛的这些情况与塔伯尔的描述基本相符,故所谓嘉隆皇帝在
1816 年占领的那些岩石,可能就是距离越南海岸不远的平顺地岛。这一点可从
法国人让·巴蒂斯特·沙依诺(Jean Baptiste Chaigneau)在 1820 年发表的一篇
题为《交趾支那见闻录》的文章中得到证实,他写道:"交趾支那,其国王现称皇
帝,包括交趾支那本部、东京……,几个距海岸不远的有人居住的岛屿和由无人
居住的许多小岛、浅滩、岩石组成的帕拉塞尔群岛。只是到了 1816 年,当今皇帝
才占有了这一群岛。"[3]这里着重说明了"帕拉塞尔"的情况,是由距离越南海
岸不远的一些小岛、浅滩和岩石组成的,而嘉隆皇帝当时占领的正是这些距离越
南海岸不远,包括平顺地岛在内的一些小岛、浅滩和岩石。

有关这个"帕拉塞尔"的具体位置,我们还可看看塔伯尔主教于 1838 年出
版的《拉丁文—安南文词典》书后附的一幅地图。这幅地图名为《安南大国画
图》,图中在大约北纬 17°至 11°、东经 109°至 110°的南海海中,画有一些岛屿,并
写下岛屿名曰:帕拉塞尔,即葛镄。

在与岛屿相对的安南沿海地区,地图上标出的地名依次有:顺化、翰海门、
沱瀼的川茶半岛、大占海口、劬劳占、沙坼、大广义海口、广义营等。[4]

从地图上这个称为葛镄的普拉塞尔的位置可以看出,它确实是位于距越南
中部海岸不远的海中,并沿着与越南中部海岸平行的方向分布,其范围起自顺化
对面的海中,止于广义营一带。这个"普拉塞尔"与后来专门用来称呼中国西沙
群岛的"帕拉塞尔"绝对不是同一个地方,中国的西沙群岛位于北纬 15°42′—
17°08′、东经 111°10′—112°55′,其岛屿呈横向分布,而不是纵向排列。当时的西
方地图把"普拉塞尔"画在越南中部附近海中的事实,连越南学者亦不得不承

〔1〕　转引自《汇编》,第 13、75 页。
〔2〕　Great Britain Hydrographer of the Navy, China Sea Pilot, London, 1938, vol. 1, p.222.
〔3〕　[越]阮雅等:《黄沙和长沙特考》,第 214—215 页。
〔4〕　同上书,第 226 页。

认:"在当时欧洲的地图中,当画 Paracel 的时候,也画成一个很长的沙滩,横摆在我国中部领海之前。"[1]

18 世纪初,英国船长亚历山大·汉密尔顿(Alexander Hamilton)对这个"帕拉塞尔"的位置描述得更加具体。他说:"在这个海岸(指交趾支那海岸),有一些岛屿,越靠近海岸航行越没有危险。西色尔·地岛(Pullo Secca de Terra)是位于最向南和最靠近海岸的一个岛。这些都是没有人居住的,看起来,像一包包烧焦了的礁石群,一点草木也没有。我经过此处时,距它在一英里之内,距大陆海岸也是约一英里。西色尔·海岛(Pullo Secca de Mare)以及这一串串全部来自帕拉塞尔的危险滩,与其说是群岛,不如说是礁石群。羊屿(Pullo Gambir)是位于离海岸 15 里格(约 45 海里)并靠近帕拉塞尔之处。尽管此岛颇大,但仍然没有人居住。广东群岛(Pullo Canton)位于靠近海岸之处,占毕罗(Champello)群岛也是这样,但它们的外面,却没有什么危险。当东北季候风猛吹时,海流向南劲奔,这种情况,使舵师们十分谨慎地把船驶向更加靠近交趾支那海岸,因为担心会落入帕拉塞尔才之缘故这样干的。它(帕拉塞尔)是一串一串危险的礁石,长约 130 里格(约 400 海里),阔为 15 里格(约 45 海里),仅其两端才有一些岛屿。"[2]按照汉密尔顿的描述,这个"帕拉塞尔"显然是位于距离越南海岸不远的海中,它与越南中部沿海的一些岛屿,诸如占毕罗岛、广东群岛、羊屿、平顺海岛和平顺地岛靠得很近,且互相平行,船只可在它们之间通行。这个"帕拉塞尔"与中国的西沙群岛毫无任何联系。

综上所述,从上述考释可以看出,越南方面以偷梁换柱、张冠李戴的手法,将其黄沙、长沙说成是中国的西沙、南沙,主要表现有如下三个方面:一是歪曲史料记载的原意。如《纂集天南四至路图书》中"广义地区图"的注释,明确说明称为"罢葛镤"的"长沙"是在大占海门至沙荣一带,距离大占门为一日半航程,距离沙淇门仅半日航程。这个"长沙"明眼人一看就知道是指分布在越南中部沿海的一些岛屿,但是越南某些学者却以"罢葛镤"是越南文字实行拉丁化前的"字喃",意即"黄沙",而"黄沙"又是他们现在对中国西沙群岛的称呼为由,武断地把黄沙与西沙画上等号,这种歪曲历史事实的做法无疑是笨拙的,也是不能得逞的。二是混淆地图上的同名异地。如《大南一统全图》把绘在越南中部沿海的一块"长条地带"写上黄沙和万里长沙,越南某些学者则将将这两个地名与现在

〔1〕 〔越〕黄春瀚:《黄沙群岛》,《黄沙和长沙特考》,第 12 页。
〔2〕 韩振华:《南海诸岛史地考证论集》,中华书局,1981 年,第 182—183 页。

称中国西沙、南沙群岛为"黄沙"、"长沙"联系起来,大肆渲染这张地图的"精心与准确",仿佛抓到了一个"确凿证据"。殊不知这块长条地带无论从形状,还是从所处的经纬度来看,都与中国的西沙、南沙群岛毫无相似之处,不能混为一谈。三是钻了同一地名所指的地点、范围可随时间变化的空子。如西方史籍中记载的"帕拉塞尔",在 19 世纪 20 年代之前,通常指的是位于越南中部沿海的"长条地带"。到 20 年代以后,其范围才向北延伸,包括了中国的西沙群岛,而一直至 19 世纪后半期以后,才被用来专指中国的西沙群岛。越南某些学者就利用这种时间上的差异,大量引用西方史籍中有关 19 世纪 20 年代前"帕拉塞尔"的记载,企图将之与中国的西沙群岛混淆起来。然而,假的终究是假的,谎言掩盖不了事实,越南的黄沙、长沙只能到越南中部沿海的岛屿上寻找,它绝不是中国的西沙和南沙群岛,本文的考释就说明了这一点。

第五节　中国人民开发经营西沙、南沙群岛的证据

本节列举了中国人民长期开发经营西沙、南沙群岛的证据,以说明西沙、南沙群岛历来就是中国领土,并非"无主地"的事实。

一、在西沙、南沙群岛发现的遗址、遗物

中国与东南亚、印度的海上交通,开始于公元前 2 世纪的汉武帝时期。当时有船只从中国最南的日南边塞,或雷州半岛的徐闻、合浦出发,经越南南圻、暹罗、缅甸,到印度东海岸;返航时从印度东海岸横渡印度洋到苏门答腊岛,再横越南中国海到日南象林。中国南海海域内的西沙、南沙群岛正处于这条航线的要冲,因此,经过长期的不断航行,中国人民最先发现并认识了这些岛礁。三国时期,孙权手下的中郎康泰与宣化从事朱应于黄武五年(226)至黄龙三年(231)奉命出使扶南(今柬埔寨),归来后写下《扶南传》,其中记载西沙、南沙群岛说:"涨海中,倒珊瑚洲,洲底的盘石,珊瑚生其上也。"[1]这说明当时的中国人对西沙、南沙群岛的构成,已有了一定的认识。晋代裴渊在《广州记》中写道:"石洲,在海中,名为黄山。山北,日一潮;山南,日再潮。"[2]南沙群岛中面积最大的太平

---

〔1〕 李昉等:《太平御览》,中华书局,1966 年,第 324 页。
〔2〕 同上书,第 327 页。

岛,俗称"黄山马"。据海南岛渔民说,黄山马即黄山岭,文昌人把"岭"念成"马",如把文昌"铜鼓岭"念成"铜鼓马"。在太平岛西南面的南威岛,就是24小时仅一次潮汐,即所谓的"一日潮"。可见当时不仅已对南沙群岛的主岛命名,而且对其他岛屿的潮汐情况也了解得一清二楚。

随着对西沙、南沙群岛认识的加深,中国人民开始移居到这些珊瑚小岛,在那里进行开发和经营,留下了不少遗址和遗物。其中如西沙群岛的甘泉岛,岛上井泉甘甜,适于人们居住。1975年考古人员在岛上发现了一处唐宋时期的居民遗址,位于岛边向内倾斜的坡地上,地高通风,遗址的地层堆积厚度达35—90厘米,先后两次出土了107件唐代和宋代的青釉陶瓷器,5件铁刀、铁凿,1件铁锅残体和许多当时居民吃剩的鲣鸟鸟骨、各种螺蚌壳以及燃煮食物的炭粒灰烬。[1] 类似的居住遗址在南沙群岛的太平岛亦发现过。1993年5月,到西沙群岛考古的中央民族大学教授、考古学家王恒杰在西沙群岛的北岛发现了明清以来的一系列居住遗址,这是目前在西沙、南沙群岛发现的较为完整配套的居住遗址。这些居住遗址皆为风雨棚结构,门大多向南开,以保持南风的畅通和防止东北风的袭击。[2] 上述遗址和遗物的发现,充分说明中国人民至少自唐代以来,就一直居住在西沙、南沙群岛从事生产活动。这些遗址、遗物是中国人民开发经营西沙、南沙群岛的有力证据。

当时居住在西沙、南沙群岛的中国先民,其使用的生活用品多数由大陆带去,其中包括各朝代发行的铜钱,这从出土的文物中可得到证实。如永兴岛出土的5件清代康熙青花五彩大盘残片,瓷盘口径约60厘米,底径约20厘米,胎厚0.6—1.4厘米,胎质细白坚硬,制法精巧,为江西景德镇民窑的产品。在金银岛的珊瑚沙中挖出3只相叠在一起的清初青花龙纹瓷盘,完好如新,均为圈足,口径20.2、高4、底径13.5厘米,瓷质洁白坚硬,釉色白中泛青,为清代康熙至雍正年间江西景德镇民窑的产品。从这些瓷盘保存的状况看,它们没有留下受海水浸泡过的痕迹,显然是当时居住在岛上的中国先民的遗物。[3] 至于铜钱的发现更为普遍,1920年日本渔民在西沙群岛珊瑚礁上发掘出一些中国古代使用的铜钱,其中最少最古的是王莽钱,最多最新的是永乐通宝。[4] 1947年广东省西

〔1〕《人民日报》1976年8月31日,第4版。
〔2〕《人民日报》1995年3月28日,第4版。
〔3〕 广东省博物馆:《西沙文物——中国南海诸岛之一西沙群岛文物调查》,文物出版社,1974年,第7页。
〔4〕 参阅《西沙群岛主权问题之初步研究报告》,《广东省西、南沙群岛志编纂委员会资料》,1947年。

沙、南沙群岛志编纂委员会代表王光玮教授,在石岛的珊瑚石岩下拾到开元、皇宋、洪武、永乐等年号的古钱16枚。[1] 这些都是历代居住在岛上的中国居民使用过的遗物。

中国的商船、渔船亦经常往来于西沙、南沙群岛,有些不幸遇难沉没,在那里留下了沉船残迹和大批遗物。1974年海南岛琼海渔民在西沙群岛的北礁发现了一艘明代沉船的残骸,打捞起汉至明代的铜钱403.2公斤,以及铜锭、铜镜、铜剑鞘、铅块等文物。这些铜钱因长期浸泡在海水中,有些已和珊瑚石胶粘在一起,但锈蚀程度不甚严重,大多数文字仍清晰可读。经过整理,在能够看出文字的单个铜钱中,有49 684枚是明代的"永乐通宝",其他31 022枚的品种十分复杂,计有新(王莽)、东汉、西魏、唐、前蜀、南唐、后周、北宋、南宋、辽、金、元、明等历代钱币78种。其中有元末农民起义领袖韩林儿、徐寿辉、陈友谅、朱元璋等所铸的钱币,最晚的是"洪武通宝"。从钱币的币值、书体、纹饰来区分,则多达300种以上。[2] 此外,考古人员还在晋卿岛、广金岛、永兴岛和金银岛等地收集到古代沉船的各种遗物,其中以陶瓷器为最多,除南朝以外,隋、唐、宋、元、明、清,直至近代的都有,而且都是产自中国浙江、江西、福建、湖南、广东、广西等省(区)的窑场。这些遗物所在的位置,均是在各礁盘的北部或东西两侧,说明这些沉船大多是从中国东南沿海一带驶至西沙群岛的。同时,考古人员还在礁盘上收集到一批石雕遗物,有石狮、石柱、石担、石磨、石供器等,这些石器无论是花纹图形,还是雕刻工艺,均具有鲜明的中国特色。值得注意的是一块宋代石砚,从其质地和做工都看出是船上自用的文具,由此更可证明这艘沉船是中国古代的船舶。[3]

1994年7月9日至19日,中国考古学家又分别在西沙群岛的石岛和北岛发现了一批历史文物。石岛出土的有秦汉时期的压印纹硬陶、唐代的陶瓷、元代的残瓷片、明清的残陶和瓦片,还有西汉时期的五铢钱。北岛出土的有汉代的素面硬陶、唐代的酱釉残片、宋代青瓷碗残部、元代的残瓷片,尤以落有"嘉靖年造"、"万历年造"、"万福攸同"、"天下太平"、"长命富贵"等年款及吉祥语的明代青花瓷为大宗,字款都在器底。这批出土文物中的陶瓷器,有官窑产品,也有民窑产品,制作工艺各异。这些出土文物均是中国大陆的制品,为中国先民在南海生产、生活的遗物。它们证明过去在西沙、南沙群岛上出土的秦汉时期文物并不是

〔1〕　余思宙:《南沙群岛主权属于中国》,《中央日报》1947年2月25日。
〔2〕　广东省博物馆:《西沙文物——中国南海诸岛之一西沙群岛文物调查》,第9页。
〔3〕　《人民日报》1976年8月31日,第4版。

孤立的、偶然的;证明秦汉时期有关南海的记录并非虚辞;证明当时中国先民在南海的活动远比人们想象的更频繁,范围更广泛。[1]

西沙、南沙群岛发现的这些遗址、遗物,足以作为中国人民最早开发经营的证据。有的外国学者对此感到怀疑,认为这些考古发现"是在1974年底打败占据西沙群岛的南越军后发表的"。[2] 其实,这些遗址、遗物是中国人民长期不断在西沙、南沙群岛开发经营遗留下来的,是客观存在的,关键是这些发现结合中国文献的记载,如实证明了中国人民最早发现、最早开发经营西沙、南沙群岛的历史事实。

二、西沙、南沙群岛保存的古庙遗迹

中国人民在开发经营西沙、南沙群岛的同时,也把中国的传统文化带到岛上,特别是民间流行的海神天妃与土地神崇拜。渔民们每到一个岛上,首先就在那里建庙,据说最先上岛盖庙的渔民最受人尊敬,捉海龟、捡贝壳都享有优先权,庙就是他们最先上岛的标志和纪念。[3] 这些庙的构造简单,规模很小,个别是用大陆运来的砖瓦砌筑,而多数是就地取材,用珊瑚石堆砌起来。据海南岛文昌县东郊乡渔民王安庆在1977年讲述:"在南沙各岛,凡有人住的地方都有庙,铁峙(中业岛——作者注,下同)、红草(西月岛)、黄山马(太平岛)、奈罗(南子岛)、罗孔(马欢岛)、第三(南钥岛)、鸟子峙(南威岛)等岛都有我们渔民祖先建造的珊瑚庙,渔民到南沙后都要到庙里去祈求保佑平安和生产丰收。"[4]这些庙的种类大概可分为如下三种:

一种是娘娘庙,也就是天妃庙,这种庙一般供有佛像。如西沙群岛琛航岛西北角的娘娘庙,有一尊明代龙泉窑的观音像和一对近代青花瓶。观音双手抱净瓶,手脸已露胎。这尊佛像被渔民称为"三脚婆",因渔民俗称琛航岛为"三脚岛",故以岛名为佛像名。另有永兴岛,俗称"猫岛",或"猫注",而岛上娘娘庙的神像就称"猫注娘娘"。在渔民中间流行着一首有关"猫注娘娘"的符咒:"策赐山峰布斗,明芝兴德显神,顺赞天后圣母元君,左千里眼神将,右顺风耳守海将军,掌仓掌库天仙大王,猫注娘娘马伏波爷爷,一百零八兄弟公,男女五姓孤

〔1〕 参阅陈开廷、林润川:《西沙群岛考古新发现》,《光明日报》1994年9月19日第3版。

〔2〕 Selig S. Harrison, China, Oil and Asia: Conflict Ahead? Columbia University Press, New York, 1977, p.200.

〔3〕 广东省博物馆:《西沙文物——中国南海诸岛之一西沙群岛文物调查》,第8页。

〔4〕 韩振华:《我国南海诸岛史料汇编》,第416页。

魂。"据说当渔民出海遇险时,就念此符咒以祈求平安。[1]"猫注娘娘"即上述永兴岛上的妈祖神像,"策赐山峰布斗"殆即海南方音"策赐大风普渡";"明芝兴德显神"中的"明芝",殆即海南方音"明著",这是天妃娘娘的封号之一,元世祖至元十八年(1281 年)"封护国、明著、天妃";"天后圣母元君","圣母"是天妃娘娘的尊称,"元君"是明末对天妃娘娘的封号之一;千里眼、顺风耳、马伏波等,都是天妃娘娘的陪神;一百零八兄弟公与男女五姓孤魂,系指受天妃娘娘沐恩的当地 108 位兄弟孤魂。相传在明代,海南岛有 108 位渔民结伴到西沙、南沙群岛捕鱼生产,途中不幸遭遇海难,全部身亡,后来凡有渔民去西沙、南沙群岛,中途遭风时,则祈求这 108 位渔民兄弟显灵保佑,脱险后即在岛上立庙祭祀。[2] 由此可见,妈祖在西沙、南沙群岛渔民的心目中,已同当地祭祀的 108 位兄弟孤魂结合起来,共同成为渔民的海上保护神。

另一种是土地庙。南沙群岛的太平岛和中业岛上各有一座土地庙,均由几块宽大的石板所架成,高约 1 米,宽约 0.75 米,中间供着石质的土地神像,虽经风雨的侵蚀,已斑驳不清,但其衣冠形制仍隐约可辨。这种土地庙在南威、南钥、西月等岛上亦能见到。南威岛西的一座土地庙高丈许,内有香炉一只,但无神像;南钥岛上有一座石块砌的土地庙,供奉石质土地神像,摆着两个酒杯、四只饭碗和一把酒壶,均是粗瓷所制;西月岛海边有石板架成的土地庙一座,因年久失修,已残破不堪,上面刻的文字亦模糊难辨。[3] 鸿麻岛中央的丛林中也有土地庙一座,内供神像、香炉,庙旁对联虽经风雨侵蚀,但犹隐约可辨认,1949 年 4 月国民党军舰巡视该岛时,巡视人员还在庙里供奉过香火。这些土地庙的供奉形式与大陆一般无二,太平岛上土地庙门还悬有"有求必应"四个大字,显然是中国先民在岛上留下的遗迹。

再一种是孤魂庙,亦叫兄弟公庙。西沙群岛的永兴岛(旧称林岛)上有一座孤魂庙,为海南岛文昌县渔民所建,式样与大陆乡间的土地庙相似,高仅三四尺,庙门悬有"兄弟感灵应,孤魂得恩深"对联一副,横悬"海不扬波"木匾一块。按渔民习惯,凡到永兴岛者,必先往祭孤魂庙。这种孤魂庙在西沙群岛的北岛、南岛、赵述岛、和五岛、晋卿岛、琛航岛、广金岛、珊瑚岛、甘泉岛等地也发现过。和五岛西南角一座庙的庙门上有一副对联:"前向双帆孤魂庙,庙后一井兄弟安",是 60 多年前潭门港渔民莫经琳所题。北岛的一座庙里现在还有两块木质神主

〔1〕 韩振华:《我国南海诸岛史料汇编》,第 415 页。
〔2〕 何纪生:《谈西沙群岛古庙遗址》,《文物》1976 年第 9 期。
〔3〕 张振国:《南沙行》,学生书局,1975 年,第 253、286、287、280 页。

牌,但文字已模糊不清,据渔民说,30 多年前牌上的文字还是清晰的,一块写的是"有求必应",另一块是"明应英烈一百有余兄弟忠魂灵神位",左边署"沐恩信民冯振东敬送"。冯振东也是潭门港渔民。[1]

西沙、南沙群岛上存在的这些古庙遗迹,表明大陆民间流传的宗教信仰也在西沙、南沙群岛广泛传播,这是中国人民最早开发经营西沙、南沙群岛的有力证据。这些古庙建造的年代,根据考古人员的考察,有的建于明代,而大多数建于清代。海南岛文昌县老渔民蒙全洲一家从曾祖父起都以渔业为生,至今已有200 多年。蒙全洲回忆起 15 岁(1895 年)时随同祖父去西沙群岛捕鱼,看到祖父在北岛、永兴岛上的古庙祭祀,听他祖父说,这些庙都是古代留下来的。[2] 可见这些古庙历时久远,世代相传,不仅是沿海疍民的践食之所,而且是各岛礁属中国领土的见证。

越南对中国西沙、南沙群岛提出主权要求的法理依据,主要是所谓的"历史的占有"。他们不惜采用卑劣手法,摧毁岛上的中国古庙,另建其新庙,以伪造他们的"遗迹证据"。在 1932 年法国人非法占据中国西沙群岛的永兴岛时,越南人就在岛上的北面建造一座黄沙寺和一座安南墓。寺和岛南面中国渔民建的孤魂庙式样相同,配上一副似通不通的中文对联:"春也有情海深喜逢鱼弄月,人得其意春风和气鸟逢林",末书"大南皇帝保大十四年三月初一日"。[3] 他们妄图以此伪造的"遗迹"来印证越南皇帝在明命十六年乙未(1835 年)派人在黄沙岛建黄沙神祠的"记载",但没有想到在时间上露出马脚,写上"保大十四年(1939 年)",前后相差整整一个世纪。再说,所谓嘉隆皇帝占有的"黄沙岛",即葛镇,是今越南中部沿海的外罗山(理山群岛),它与中国的西沙群岛风马牛不相及,毫无关系。黄沙岛上的黄沙寺,只能到外罗山一带去寻找其遗迹。

越南的另一种做法是,谎称岛上古庙里的神像是他们国家的。例如在西沙群岛的珊瑚岛上,有一尊高约 1.5 米的石雕天妃娘娘像。在日本侵占该岛时期,尚无庙,仅是由当地渔民在其周围树立一些竹桩之类的东西,权作围护之用。到日本战败投降后,大约在 1947 至 1948 年之间,岛上盖起了娘娘庙,其外表像一个平顶盒子,长 6 米、宽 4 米、高 3 米,仅有一个门对着大海。后来,法国军队又一度非法占据了该岛,并派一些越南伪兵到岛上。这些越南伪兵对岛上的天妃娘娘惟诚惟恐,在入庙供拜时都不敢久视娘娘雕像。珊瑚岛上这尊石雕娘娘神

〔1〕 何纪生:《谈西沙群岛古庙遗址》,《文物》1976 年第 9 期。
〔2〕 韩振华:《我国南海诸岛史料汇编》,第 368 页。
〔3〕 吴福自:《西沙群岛的真面目》,香港《星岛日报》1947 年 1 月 27 日。

像,据说是 100 多年前广东潮州一艘驶往南洋的商船在该岛附近海域遇难沉没,遗留下来的遗物。20 世纪 20 年代,由海南岛琼海县潭门港渔民黄家秀、苏德柳等人从附近海里打捞上来。[1] 但是,越南人却谎称是他们的,一会儿说是"占人的雕像,法国人原打算把它送到沱灢博物馆,后来又把它留在岛上了",[2]一会儿又说:"可能是越南渔民建造的";[3]一会儿再说"跟岘港附近五行山地区的佛像相似。某些更熟悉情况的人说,这位娘娘就像富国岛上的娘娘"。[4] 反反复复,颠三倒四,连自己都说不清楚,怎能叫人相信。其实,石雕像外形相似是常有的事,何况中国的妈祖信仰已在世界各地广泛传播,据统计,全世界共修有妈祖庙约 1 561 座,分布于 20 多个国家和地区,如中国港澳地区,以及日本、朝鲜、泰国、越南、柬埔寨、缅甸、文莱、新加坡、阿根廷等地均建有妈祖庙。[5] 即使说珊瑚岛上的娘娘神像与越南某地的佛像有所相似,那也只能说是中国的天妃神像雕塑艺术传入越南的结果。越南人之所以要如此撒谎,目的是伪造证据,为他们侵占中国西沙、南沙群岛掩盖罪责。他们认为,把天妃娘娘的神像说成是占人的雕像,就可把珊瑚岛也说成是占人的领土,"而当占国的领土并入越国的版图的时候,越人就成了它的理所当然的继承者"。[6]

越南人制造伪证的做法,正说明岛上这些娘娘庙遗迹在证明西沙、南沙群岛归属时的重要性。早在 1907 年,日本商人西泽吉次以"发现"为名,占据中国的东沙群岛,中国政府在向日本驻广东领事交涉时,列举的人证物证中,就有两条有关东沙岛上古庙遗迹的证据:一是据当时提督萨镇冰所派"飞鹰号"兵船管带黄钟英报告,岛上旧有中国渔民建造的天后庙,日人西泽来时,将之毁去,以图灭迹;二是据渔商梁应元禀称:"……光绪三十二年,忽有日人多人到岛,将大王庙一间拆毁。查该庙系该处渔户公立之所,坐西北,向东南,庙后有椰树三株,现下日人公然在此开挖一池,专养玳瑁,前时该庙之旁,屯有粮草伙食等物,以备船只到此之所需,今已荡然无存……"日本领事在证据面前,无言可辩,只好承认东沙群岛为中国领土。[7] 以此案为例,西沙、南沙群岛上这些娘娘庙遗迹是海南岛渔民长期以来在此开发经营的见证,这些岛礁并不是什么"无主地",自古以来就是中国领土的一部分,任何其他国家都不能对

〔1〕 何纪生:《谈西沙群岛古庙遗址》,《文物》1976 年第 9 期。
〔2〕 兰江:《东海中的黄沙、长沙两群岛》,《黄沙和长沙特考》,第 141 页。
〔3〕 山宏德:《黄沙群岛初考》,《黄沙和长沙特考》,第 295 页。
〔4〕 陈世德:《见证人谈黄沙群岛》,《黄沙和长沙特考》,第 340 页。
〔5〕 杨永占:《清代对妈祖的敕封与祭祀》,《历史档案》1994 年第 4 期。
〔6〕 兰江:《东海中的黄沙、长沙两群岛》,《黄沙和长沙特考》,第 141 页。
〔7〕 郑资约:《南海诸岛地理志略》,商务印书馆,1947 年,第 72—73 页。

其实行什么"占领"。

三、中国渔民在西沙、南沙群岛的生产活动

中国海南岛渔民,在每年 11 月至次年 4 月的渔汛期中,都要成群结队驶往南沙群岛捕鱼。他们经常把渔船停靠在太平岛,以补充淡水,修理船只,这里是他们传统的鱼横区和休息地,自他们的祖先开始,就一直仰给于这个群岛的资源,甚至闭上眼睛也能找到岛上 12 处淡水补给地。在西沙、南沙群岛上,到处都留下中国渔民生产活动的遗迹。在中业岛的西端,人们在 20 世纪五六十年代尚发现有几间茅屋,这些茅屋的建造方式与大陆相同,都是以竹竿为橼,阔叶为盖,中间铺以柔草,似有人起居其间,可能是中国渔民在此小憩后留下的。在茅屋东约 12 米的地方,有一口井,其形式与深度,同太平岛上的相似,井水清澈可口,可供 30—50 人饮用。[1] 1933 年法国殖民者非法侵占中国南沙九小岛时,在太平岛就发现一间用树叶盖成的小屋,一块整齐的番薯地,一座小庙;庙里面有一只拜佛用的茶壶,装竹筷子的瓶子,还有中国渔民的家属神主。草屋里挂着一块木板,用中文写道:"余乃船主德茂(Ti Mung),于三月中旬带粮食来此,但不见一人,余现将米留下放在石下藏着,余今去矣。"[2] 在南钥岛的一棵大树底下,亦发现有茅屋一间,里边有一只茶壶和一个炉灶,神龛前插的香棒尚存。[3]

有的渔民长期居住在西沙、南沙群岛,在岛上种植椰子、香蕉、蔬菜、番薯,死后就埋葬在岛上,长眠于祖国的南疆。据渔民蒙全洲讲述,文昌县东郊乡上坡人陈鸿柏曾在南沙住了 18 年,死后就埋葬在双子礁。在 20 世纪 30 年代时,居住在南沙群岛的渔民就有 20 多人,南沙的中业岛(铁峙)、南钥岛(第三峙)、太平岛(黄山马)、双岛(奈罗)、鸿麻岛(南密)、景宏岛(秤钩)、马欢岛(罗孔)、南威岛(鸟子峙)等都有人住过。在北子岛发现有两座坟,墓碑分别写有"同治十一年翁文芹"、"同治十三年吴□□"。在西月岛上,不仅有海南渔民种的椰子和其他植物,而且建有坟墓三座。[4]

有关中国渔民在西沙、南沙群岛生产、生活的情况,外国书籍亦屡有记载。如英国出版的《中国海航海指南》(China Sea Pilot)和美国出版的《亚洲航海指南》(Asiatic Pilot)均有记载。1867 年英国测量舰"里夫尔曼"(Rifleman)号到南沙测量时,发现各岛俱有海南渔民的足迹。这些渔民以捕捉海参、介贝为活,有

〔1〕 张振国:《南沙行》,第 277 页。
〔2〕 韩振华:《我国南海诸岛史料汇编》,第 434 页。
〔3〕 凌纯声:《法占南海诸岛之地理》,《方志月刊》1934 年第 7 卷第 5 期。
〔4〕 胡焕庸:《法日觊觎之南海诸岛》,《中国今日之边疆问题》,学生书局,1975 年,第 169 页。

多年留居于岛上者,每年由其他海南渔民派船送来粮食,然后把参、贝运走。1930 年法国炮舰"麦里休士"(Maliciense)号到南威岛时,岛上已住有 4 名中国人,掘有淡水井一口,种植椰子树、香蕉树、番薯和蔬菜,主要职业是捕捉海龟;在中业岛上,住有海南渔民 5 名,挖淡水井一口,足供 5 人饮用,他们除捕鱼外,亦种植椰子、香蕉、番薯,并采掘磷矿;在南子岛上,住有 7 位海南人,其中还有两个儿童,他们有充足的余粮,且养有数十只鸡。[1]　1918 年,日本海军退伍军人小仓卯之助受日本拉沙磷矿股份有限公司的派遣,乘"报效丸"号船到南沙群岛调查矿产,曾遍历北子岛、南子岛、西月岛、中业岛、太平岛等主要岛屿。在其著作《暴风之岛》中写道,他们在南子岛上遇到三位中国渔民,携有罗盘和地图,从事渔捞生产,据渔民们说,中国渔船每年 11 月至次年 1 月均前来捕鱼,并将所获的水产运回中国,3 月至 4 月间再来一次,找人前来接替。从这些记载可以看出,最迟至 1867 年,中国海南渔民已长期居住在南沙各岛,从事各种生产活动,为西沙、南沙群岛的开发经营贡献力量。

综上所述,中国人民长期以来开发经营西沙、南沙群岛的事实,已证明这些岛屿并非什么"无主地",况且中国自 19 世纪以来,就一直对西沙、南沙群岛行使主权。因此,西沙、南沙群岛绝不是什么"无主地",而是中国领土不可分割的一部分,中国对这些岛屿拥有全部主权。

---

〔1〕　凌纯声:《法占南海诸岛之地理》,《方志月刊》1934 年第 7 卷第 5 期。

第九章　清代的南海

第一节　康熙时期的开海与
禁止南洋贸易

清康熙时期的南海贸易,经历了从迁海、开海到禁止南洋贸易的演变过程。这些过程的演变既和当时的政治、经济形势有联系,又与清朝统治者为维护其封建统治的目的分不开,它直接影响了南海贸易的发展与沿海一带社会经济的恢复。本节拟就当时开海与禁海的目的、实行的政策以及所造成的社会影响作一初步的探讨。

一、清初迁海政策的实施

清政府入主中原后,为了切断郑成功等反清势力与大陆的联系,沿袭了明朝的海禁政策,所不同的是,明朝实行海禁的目的是防止倭寇的侵扰,海禁几乎与明王朝的存亡相始终;而清初的海禁,则主要是对付国内的抗清势力,是战时体制的临时措施。

其实,清政府并不是一开始就实行海禁,而且早在顺治三年(1646年)就颁布过准许商人出海贸易的政策:"凡商贾有挟重资愿航海市铜者,官给符为信,听其出洋,往市于东南、日本诸夷。舟回,司关者按时值收之,以供官用。"[1]顺治四年又因平定浙东、福建,颁诏天下:"通番干禁者,概从赦宥,听其归里安业。"[2]左都御史慕天颜在《请开海禁疏》中曾回顾海禁前的情景说:"犹记顺治六七年间,彼时禁令未设,见市井贸易咸有外国货物,民间行使,多以外国银钱,

---

〔1〕　张寿镛:《皇朝掌故汇编》卷一九,光绪二十八年求实书社藏本。
〔2〕　《清世祖实录》卷三〇,顺治四年二月癸未。

因而各省流行,所在皆有。"〔1〕

　　然而,随着郑成功抗清力量的不断增长,清政府感到对其统治的威胁越来越严重,于是开始考虑实行海禁。浙闽总督屯泰于顺治十二年上奏说:"沿海省份应立严禁,无许片帆入海,违者立置重典。"〔2〕翌年,清政府即颁布《申严海禁敕谕》,认为郑成功抗清力量之所以未遭剿灭,是因为"有奸人暗通线索,贪图厚利,贸易往来,资以粮物。若不立法严禁,海氛何由廓清",因此敕谕浙江、福建、广东、江南、山东、天津各督抚镇,要求他们"申饬沿海一带文武各官,严禁商民、船只私自出海,有将一切粮食、货物等项与逆贼贸易者……即将贸易之人,不论官民俱行奏闻处斩,货物入官",凡沿海可容船只湾泊、登岸的口子,"要严饬防守各官,相度形势,设法拦阻,或筑土墙,或树木栅,处处严防,不许片帆入口、一贼登岸"。〔3〕 同时还规定了种种海禁律法,如沿海地方奸豪、势要及军民人等,私造海船,将带违禁货物下海、前往番国买卖者,正犯处斩,全家发近边充军;打造海船卖与外国图利者,造船与卖船之人,为首者立斩,为从者,发近边充军;若将船只雇与下海之人,分取番货,及纠通下海之人,私行接买番货,与探听下海之人,番货到来,私买、贩买苏木、胡椒至一千斤以上者,俱发近边充军,番货并入官等。〔4〕

　　这些海禁律法固然严厉,但却不能完全切断郑成功反清势力同内地的联系,郑成功船上使用的钉、铁、麻、油、硝,以及粮、布等必需品,"皆我濒海之民,阑出贸易,交通接济"。〔5〕 为了彻底切断这种接济,真正做到"片板不许下水,粒货不许越疆",〔6〕清政府决定进一步实行严酷的迁海政策。他们以"保全民生"为理由,认为"江南、浙江、福建、广东濒海地方,逼近贼巢,海逆不时侵犯,以至生民不获宁宇",命令尽迁移内地,〔7〕目的是让郑成功势力"无所掠食,势将自困"。〔8〕

　　迁海政策的实施大抵经历过两次高潮。第一次高潮从顺治十八年开始,当时迁海令刚刚下达,来势异常迅猛,"令下即日,挈妻负子,载道路露处,其居室

〔1〕　慕天颜:《请开海禁疏》,《皇朝经世文编》,岳麓书社,2004年,第535页。
〔2〕　《清世祖实录》卷九二,顺治十二年六月壬寅。
〔3〕　《申严海禁敕谕》,《明清史料》丁编第二本,"中研院"史语所,1951年,第155页。
〔4〕　伊桑阿等:《(康熙朝)大清会典》,凤凰出版社,2016年,第1559页。
〔5〕　王胜时:《漫游纪略》卷三,光绪申报馆铅印本。
〔6〕　夏琳:《海纪辑要》,《台湾文献史料丛刊》本。
〔7〕　《清圣祖实录》卷四,顺治十八年闰七月己未。
〔8〕　姜宸英:《海防总论》,《学海类编》本。

放火焚烧,片石不留"。[1] 在广东,康熙元年(1662)二月,内大人科尔坤、介山受命移民立界,令海滨居民悉徙内地五十里,限三日尽夷其地,空其人;二年五月,内大人华某又来巡海界,再迁其民;三年三月,内大人特某又来巡界。大凡被迁徙之地,毁屋庐以作长城,掘坟墓而为深堑,五里设一墩,十里立一台,东起大虎门,西迄防城,地方三千余里,作为大界,"民有阑出咫尺者,执而诛戮"。[2] 在福建,顺治十八年九月,迁沿海居民以垣为界,海澄自一都至六都皆为弃土;[3] 福清二十八里,只剩八里,长乐二十四都,只剩四都,火焚两个月,惨不可言。[4] 此次迁海高潮大概持续到康熙五年,当时因攻克厦门、金门,郑氏势力撤退到台湾,故清政府根据福建总督李率泰的遗疏请求,同意"略宽界限,俾获耕渔,稍苏残喘"。[5] 康熙七年,广东也在两广总督周有德的奏请下,同意安插迁民,复其故业。[6] 至康熙十三年"三藩之乱"起,耿精忠占据福州时,闽省所有迁入内地之民,大多已经归还故土。[7]

第二次迁海高潮开始于康熙十七年,当时郑经重新占据厦门,与内地的反清势力相呼应,直接打击了清政府在福建的统治。于是,清政府再次下达迁海令,"如顺治十八年立界之例,将界外百姓迁移内地,仍申严海禁,绝其交通"。[8] 当时的福建,上自福宁,下至诏安,沿海筑寨,置兵守之,仍筑界墙,以截内外,滨海数千里,无复人烟。[9] 此次高潮维持到康熙二十年,郑氏势力已接近崩溃,清政府始同意福建总督姚启圣和巡抚吴兴祚的展界请求,准许沿海人民复业。[10] 两年之后,清政府统一台湾,郑氏反清势力覆灭,康熙皇帝即派遣吏部侍郎杜臻、内阁学士席柱,往勘福建、广东海界;工部侍郎金世鉴、副都御史雅思哈,往勘江南、浙江海界,[11] 从此结束了长达二十多年的迁海政策。

清政府实施迁海政策,虽然达到了切断郑氏反清势力与内地的联系,使之供应逐渐枯竭的目的。[12] 但是,沿海五省居民大规模地进行迁徙,其造成的损失

---

〔1〕 海外散人:《榕城纪闻》,厦门大学出版社,2004 年。
〔2〕 屈大均:《广东新语》,中华书局,1985 年,第 58 页。
〔3〕 陈锳等:乾隆《海澄县志》卷一八,乾隆二十七年刻本。
〔4〕 海外散人:《榕城纪闻》。
〔5〕 《清圣祖实录》卷一八,康熙五年正月丁未。
〔6〕 《清圣祖实录》卷二七,康熙七年九月戊申。
〔7〕 夏琳:《海纪辑要》。
〔8〕 《清圣祖实录》卷七二,康熙十七年三月丙辰。
〔9〕 夏琳:《海纪辑要》。
〔10〕 《清圣祖实录》卷九四,康熙二十年正月辛卯。
〔11〕 《清圣祖实录》卷一一二,康熙二十二年九月乙丑。
〔12〕 [日]浦廉一著,赖永祥译:《清初迁界令考》,《台湾文献》1955 年第 4 期。

是无法估量的。康熙元年十一月,迁海伊始,福建巡抚许世昌就奏报,海上新迁之民,死亡者 8 500 余人,而未经册报者,尚不知多少。[1] 当时被迫迁徙之民,因"恋生计,胁于严刑,多不愿",[2]酿成了许多惨绝人寰的悲剧。有的以为不久即归,尚不忍舍离骨肉,至飘零日久,养生无计,则父子、夫妻相弃,痛哭分携,"其丁壮者去为兵,老弱者展转沟壑,或合家饮毒,或尽帑投河",仅广东八郡,死者以数十万计。[3] 而迁出之土地,因长期无人耕种,尽成废墟,据康熙十二年福建总督范承谟疏报,在福建,自迁海以来,废弃民田达 2 万余顷,减征正供 20 余万,以至"赋税日缺,国用不足"。[4] 这些说明,清初的迁海不仅使东南沿海一带的生产力惨遭破坏,而且也直接影响了清初社会经济的恢复与发展。

二、康熙下令开放海禁

康熙二十三年,康熙皇帝在派遣席柱、杜臻等人分别到广东、福建、浙江等省展界时,亦宣布废除直隶、山东、江南、浙江、福建、广东各省原先制定的海禁处分条例,准许五百石以下的船只出海贸易,由地方官登记姓名,取具保结,给予印票,船头烙号,令海防官员照印票点其人数,令其出入。[5] 康熙皇帝之所以如此及时地改变政策,下令开放海禁,其目的之一是稳定民心,美化自己,为迁海开脱罪责。众所周知,历时二十多年的迁海已使东南沿海一带的生产力惨遭破坏,如果不及时采取抢救措施,势必造成新的动乱。因此,当康熙听完席柱的展界汇报后,即说:"百姓乐于沿海居住,原因海上可以贸易、捕鱼,尔等明知其故,前此何以不议准行。"席柱奏曰:"海上贸易,自明季以来,原未曾开,故议不准行。"康熙曰:"先因海寇,故海禁不开为是,今海氛廓清,更何所待?"席柱奏曰:"据彼处总督、巡抚云,台湾、金门、厦门等处,虽设官兵防守,但系新得之地,应俟一二年后,相其机宜,然后再开。"康熙曰:"边疆大臣,当以国计民生为念,向虽严海禁,其私自贸易者,何尝断绝,凡议海上贸易不行者,皆总督、巡抚自图射利故也。"[6]康熙通过这一席对话巧妙地把厉行海禁的罪责开脱了,把矛盾转移到总督和巡抚身上。

---

〔1〕 《清圣祖实录》卷七,康熙元年十一月乙未。
〔2〕 魏源:《圣武记》,岳麓书社,2004 年,第 330 页。
〔3〕 屈大均:《广东新语》,第 58 页。
〔4〕 范承谟:《条陈闽省利害疏》,《皇朝经世文编》,第 617 页。
〔5〕 《康熙二十三年户部开洋设关原案》,《明清史料》丁编第八本,国家图书馆出版社,2008 年,第 295 页。
〔6〕 《清圣祖实录》卷一一六,康熙二十三年七月乙亥。

其实,总督、巡抚等官员早在开禁之前就一再提出过开海贸易,如康熙二十年福建巡抚吴兴祚奏请:"应令西洋、东洋、日本等国出洋贸易,以便收税。"但康熙不同意,认为"海寇未靖,舡只不宜出洋,此皆汛地武弁及地方官图利之意耳,着不准行"。[1] 康熙十九年大学士李光地亦曾奏曰:"开海一事于民最便,现今万余穷民借此营生贸易,庶不至颠连困苦。"康熙曰:"虽然如此,海禁亦未便遽开。"[2]可见海禁的开放与否,与总督、巡抚等官员的奏请关系不大,而是主要取决于康熙本人。康熙通过与席柱的一番对话,既粉饰了自己,又稳定了民心,使沿海百姓为得以展界返乡而感恩不尽,表示"不特此生仰戴皇仁,我等子孙亦世世沐皇上洪恩无尽矣"。[3]

康熙下令开放海禁的另一目的是使沿海百姓恢复生业,以迅速改变因迁海而造成的恶果。我们前面说过,迁海使沿海各省土地荒芜,赋税无征,仅福建一省,自迁海以来,废弃民田达二万余顷,减征正供二十余万,以至造成"赋税日缺,国用不足"。为了改变这种困境,惟一的办法是发挥沿海地方的优势,开放海禁,广开百姓谋生之路,"借贸易之赢余,佐耕耘之不足",恰如后来福建总督高其倬在《开闽省海禁疏》中所说:开洋之后,"富者为船主、商人,贫者为头舵、水手,一船几及百人,其本身既不食本地米粮,又得沾余利归养家属"。[4] 这样一来,既解决了土地荒芜,粮食不足的困难,又使百姓谋生有路,不致流为盗贼。对于这一点,康熙本人亦承认:"开海禁之意,原为穷民易于资生。"[5]"向令开海贸易,谓于闽粤边海民生有益,若此二省,民用充阜,财货流通,各省俱有裨益"。[6]

康熙下令开放海禁的另一目的是征收饷税以养兵。清政府在镇压郑氏抗清力量的过程中,深刻认识到海防的重要性,康熙十九年福建水师提督万正色曾上疏说:"闽省之患,海甚于山,防守之宜,水重于陆。海澄、厦门、浯屿、金门、围头、海坛、平海、定海、烽火门、日湖、獭窟、永宁、铜山、南澳等十四处,或孤悬海上,或滨海要冲,若以兵三万人,设镇分防,不时巡缉,则贼不能肆犯,我兵得以乘机灭寇矣。"[7]康熙本人亦告谕兵部:"闽省近海要区,总督、提督标下,可设五

〔1〕 中国第一历史档案馆:《康熙起居注》第一册,康熙二十年一月三十日甲申,中华书局,1984年,第657页。

〔2〕 中国第一历史档案馆:《康熙起居注》第一册,康熙十九年十二月十四日己亥,第643页。

〔3〕 中国第一历史档案馆:《康熙起居注》第一册,康熙二十三年七月十一日乙亥,第1199页。

〔4〕 王之春:《中外通商始末记》,《国朝柔远记》,岳麓书社,2010年,第195页。

〔5〕 中国第一历史档案馆:《康熙起居注》第一册,康熙十九年八月二十八日甲申,第592页。

〔6〕 《清圣祖实录》卷一一六,康熙二十三年九月甲子。

〔7〕 《清圣祖实录》卷八九,康熙十九年三月戊子。

营,兵五千人;巡抚标下,设二营,兵一千五百人;至通省防守兵,依旧额留五万一千七百五十人,余一万九千九十五人,俱行裁汰;提督驻镇海澄,其铜山、厦门诸处,分设总兵官、副将镇守,见在水师留二万人,其余五千人,亦行裁汰。”〔1〕由此可知,仅福建一省的防守兵员就多达 78 250 人,其兵饷耗费之大是可以想象的,而这些兵饷来自何处呢? 就以福建本省来说,地处海滨,土瘠民贫,加之惨遭迁海祸害,根本无法承受如此浩大的兵饷;如依靠内地各省供给,势必加重各省负担,且转运交通亦甚不便。最好的办法当然是就地解决,于是康熙在统一台湾后,就迫不及待地宣布开海贸易,借征收饷税以养兵。康熙本人就这样说过:“……出海贸易非贫民所能,富商大贾,懋迁有无,薄征其税,不致累民,可充闽粤兵饷,以免腹里省分转输协济之劳。腹里省分钱粮有余,小民又获安养,故令开海贸易。”〔2〕

康熙皇帝为了上述目的,尽管已下令开放海禁,但他对出洋贸易船只仍然很不放心,因此制定了种种限制条令,如康熙二十三年议准,如有打造双桅五百石以上违式船只出海者,不论官兵民人,俱发边卫充军;〔3〕康熙三十三年又议准,凡内地商人往外国贸易,若损坏船只,替造船只来者,到关时禀明地方官并海关监督,照原出人数、姓名查验相对,所造船只准其进入。如坐去船只不曾损坏,竟造船只带来者,将船只入官,商人照打造违式大船在海行走例治罪;〔4〕康熙四十二年再议准,出洋贸易商船许用双桅,梁头不得过一丈八尺,如一丈八尺梁头连两披水沟统算有三丈者,许用舵水八十人,一丈六七尺梁头连两披水沟统算有二丈七八尺者,许用舵水七十人,一丈四五尺梁头连两披水沟统算有二丈五六尺者,许用舵水六十人。在这些条令的限制下,当时的海外贸易船很难航行到远洋,不过,既已下令开放海禁,准许出洋贸易,南海贸易还是急遽地发展起来,“商船交于四省,遍于占城、暹罗、真腊、满刺加、勃泥、荷兰、吕宋、日本、苏禄、琉球诸国”,真可谓“极一时之盛矣”。〔5〕

三、康熙末年禁止南洋贸易

随着南海贸易的发展与出洋贸易船数的增多,附搭出洋谋生的人数亦不断增多。据雍正五年(1727 年)浙闽总督高其倬奏报:从前商船出洋之时,每船所

---

〔1〕 《清圣祖实录》卷九一,康熙十九年七月庚申。
〔2〕 《清圣祖实录》卷一一六,康熙二十三年九月甲子。
〔3〕 伊桑阿等:《(康熙朝)大清会典》,第 1350 页
〔4〕 “中研院”史语所:《明清史料》丁编第八本,第 319 页。
〔5〕 孙尔准:道光《重纂福建通志》卷八七,同治十年正谊书院刻本。

报人数,连舵水、客商总计,多者不过七八十人,少者六七十人,其实每船皆私载二三百人,到彼之后,照外多出之人俱存留不归;更有一种嗜利船户,略载些许货物,竟将游手之人偷载至四五百之多,每人索银八两或十余两,载往彼地即行留住,此等人大约闽省居十之六七,粤省与江浙等省居十之三四。[1] 靖海将军施琅亦曾奏报过类似情况:船户刘仕明赶缯船一只,给关票出口往吕宋,经纪其船甚少,所载货无多,附搭人数共 133 名。[2] 大量百姓移居海外,当然引起清朝统治者的恐惧,他们担心这些人如当年郑成功那样,在海外建立抗清基地,聚集反清队伍。施琅在《论开海禁疏》中就道出了这种忧虑之心:“数省内地,积年贫穷,游手奸宄,实繁有徒,乘此开海,公行出入,恐至海外,诱结党类,蓄毒酿祸”,“如今贩洋贸易船只,无分大小,络绎而发,只数繁多,赀本有限,饷税无几,且借公行私,多载人民,深有可虑”。[3]

这种恐惧心理对于康熙皇帝来说,更有过之而无不及,他担心“海外有吕宋、噶喇吧等处,常留汉人,自明代以来有之,此即海贼之薮”,认为“留在彼处之人,不可不预为措置”,甚至对在福建、广东沿海及台湾一带从事海运活动的人们亦深怀疑虑,他告谕大学士等:“往年由福建运米广东,所雇民船三四百只,每只约用三四十人,通计即数千人,聚集海上,不可不加意防范;台湾之人,时与吕宋地方人互相往来,亦须预为措置。”[4] 当这种恐惧心理发展到高峰时,康熙则以“朕南巡过苏州时,见船厂问及,咸云每年造船出海贸易者多至千余,回来者不过十之五六,其余悉卖在海外,带银而归”,“张伯行曾奏,江浙之米多出海贩卖,斯言未可尽信,然不可不为预防”为借口,于康熙五十六年下令禁止南洋贸易:“凡商船照旧令往东洋贸易外,其南洋吕宋、噶喇吧等处,不许前往贸易。”[5] 同时还规定:“一切出洋船只,按其海道远近、船内人数、停泊发货日期,每人每日准带食米一升,余米一升,以防风信阻滞。”[6]“入洋贸易人民,三年之内,准其回籍,其五十六年以后私去者,不得徇纵入口”,[7] 等等。

禁止南洋贸易令发布后,不少到南洋贸易的商人慑于海禁的威力,纷纷搭船回国,如康熙五十七年,“香山澳门回棹夷船在柔佛国、噶喇吧陆续搭回汉人共三十九名,内广东人十一名,福建人二十八名”;康熙五十八年,“外国贸易住居

〔1〕 《雍正五年九月初九日浙闽总督高其倬等奏》,《朱批谕旨》第四十六册,《四库荟要》本。
〔2〕 施琅:《海疆底定疏》,乾隆《泉州府志》卷二五,乾隆二十八年刻本。
〔3〕 施琅:《论开海禁疏》,《皇朝经世文编》,第 532 页。
〔4〕 《清圣祖实录》卷二七〇,康熙五十五年十月辛亥、壬子。
〔5〕 席裕福:《皇朝政典类纂》卷一一七,光绪二十九年刻本。
〔6〕 《雍正元年七月二十六日两广总督杨琳奏》,《朱批谕旨》第六册。
〔7〕 《清世宗实录》卷五八,雍正五年六月丁未。

汉人搭载澳门夷船回籍及合伙买船回籍者,本年共到十四起,男妇大小计五百九名口";康熙五十九年,"从外国搭船回籍及自置船回籍者共计十二起,男妇共三百五名口"。〔1〕据不完全统计,自康熙五十六年至五十九年,仅福建、浙江两省到南洋贸易回籍之人就将近二千名。〔2〕

其实,康熙末年禁止南洋贸易的目的,并不是真要切断与南洋的贸易联系。他于康熙五十七年批准了两广总督杨琳的奏折,同意"澳门夷船往南洋及内地商船往安南不在禁例"。〔3〕这样一来,就为有些商人到南洋贸易开了方便之门,他们以往贩安南为名,填照出口,经由南澳、海坛时,防海官兵亦不便阻留,待返航之后,发现载有南洋土产,俱称自安南转买而来,或称在海上被风飘至南洋岛屿带回者,因为安南不是禁地,且海上遭风是常有之事,故以此作为借口是再好不过。另外,暹罗属禁例之内,它与安南连界,商船一出外洋,茫茫大海任其所为,既不能跟随航行,又不能保证它不驶往别地,到返航时,亦无证据说明它究竟往何地贸易。这种情况不仅对广东船如此,江浙、福建船亦如此,且历来相安,别无事端,可见所谓的"禁止南洋贸易"只不过是空谈而已。浙江巡抚李卫在奏报这种情况时,态度也是模棱两可,一方面建议:"凡内地商船果贩货到彼发卖,完日,取具安南国夷官印结,填明到彼及回棹日期,回缴查销,如无印结者,即行究罪";另一方面又说:"抑或以原属买卖货物,现无别项干系,仍行照旧之处。"结果雍正皇帝批示:"商船贸易非朝伊夕,自应照旧为是。"〔4〕由此说明,切断与南洋的贸易联系并不是清朝统治者的目的所在。

那么,康熙末年禁止南洋贸易的目的是什么呢?在这里我们来看看雍正皇帝对浙闽总督高其倬等人奏折的批示。雍正皇帝在谈到有关康熙末年禁止南洋贸易的情况时说:"朕思此等贸易外洋者,多不安分之人,若听其去来任意,伊等全无顾忌,则飘流外国者必致愈众,嗣后应定一期限,若逾限不回,是其人甘心流于外方,无可悯惜。朕意应不令其复回内地,如此则贸易欲归之人,不敢稍迟在外矣。"高其倬等人秉承皇帝的旨意,提出了一系列禁止百姓移居国外,以及使漂流外国之人复归故土的建议,但雍正却批示:"朕非欲必令此辈旋归也,即尽数旋归,于国家亦复何益?所虑者既经久离乡井,安身异域……而一旦返回故土,其中保无奸徒包藏诡谋,勾连串通之故乎?朕意欲将去国年远之人概不许其

〔1〕吕坚:《试述清康熙时期禁止与南洋贸易和华侨限期回国问题》,《文献》1986年第1期。
〔2〕允禄:《世宗宪皇帝上谕内阁》卷七二,《文渊阁四库全书》本。
〔3〕嵇璜:《清朝文献通考》卷三三,《万有文库》本。
〔4〕《雍正五年二月十七日浙江巡抚李卫奏》,《朱批谕旨》第四十册。

复还,前谕显然,尔等懵焉莫解,殊属胸无识见。"〔1〕从此批示中可以看出,雍正担心的是这些返回故土之人有可能搞颠覆,同国内反清势力串通一气,于是不准他们回国。而高其倬等人不解其意,再次上奏提出禁止人们移居国外的严厉措施,结果雍正在批示中强调指出:"前经详悉降谕,意指甚明,乃犹胶执谬见,惟恐内地人外出,设下种种严切科条,殊属可笑,朕实不解","朕谓岁远不归之人,既不乐居中国,听其自便,但在外已久,忽复内返,踪迹莫可端倪,倘有与外夷勾连,奸诡阴谋,不可不思患预防耳"。〔2〕

这两次批示的意思,显然是担心移居国外之人同外国人互相勾结,共同反抗清政府统治,故不准他们回国,这才是康熙末年禁止南洋贸易的真正目的所在。正如马克思指出的:"推动这个新的王朝实行这种政策的更主要的原因,是它害怕外国人会支持很多的中国人在中国被鞑靼人征服以后大约最初半个世纪里所怀抱的不满情绪。由于这种原因,外国人才被禁止同中国人有任何来往。"康熙的这种措施所造成的危害很深,未禁之前,到南洋谋生者去来自便,人各安其生,"自海禁严,年久者不听归,又有在限内归,而官吏私行勒索,无所控告者,皆禁之弊也"。〔3〕 直至乾隆年间,仍遵循康熙遗规,以至于出现如乾隆十四年(1749年)旅居巴达维亚二十余年的福建龙溪县民陈怡年老回国后,被判处交结外国罪,发边远充军的惨案。〔4〕 使广大华侨不能自由出入自己的祖国,从而被迫沦为流落异域的海外孤儿,这在我国华侨史上可以说是最惨痛的一页。

康熙末年禁止南洋贸易的目的虽然不是切断与南洋的贸易联系,但是既已作为一种禁令发布,商船不能任意往返,对当时与南海国家贸易的发展无疑是个沉重打击。就拿与巴达维亚的贸易来说,大多数广州商人因自己的船不能出海贸易,只好租用葡萄牙的船到巴达维亚。〔5〕 窃据澳门的葡萄牙人乘其未被列入禁例之机,独占贸易之利,大量建造船只,〔6〕垄断了对荷兰东印度公司的茶叶供应,仅1718年在澳门注册往巴达维亚的葡萄牙船就从9艘增加到23艘。〔7〕 荷兰东印度公司在不得已的情况下,只好购买由葡萄牙商船载运来的茶叶,结果不仅数量远远达不到要求,而且价格猛增,例如1718年购到的茶叶仅

〔1〕《雍正五年九月初二日浙闽总督高其倬奏》,《朱批谕旨》第四十六册。

〔2〕《雍正六年正月初八日浙闽总督高其倬等奏》,《朱批谕旨》第四十六册。

〔3〕 庄亨阳:《禁洋私议》,道光《重纂福建通志》卷八七。

〔4〕《清高宗实录》卷一一,乾隆十五年五月乙巳。

〔5〕 Leonard Blusse, Chinese Trade to Batavia in the 17th and 18th Centuries, A Preliminary report.

〔6〕《雍正二年六月二十四日两广总督孔毓珣奏》,《朱批谕旨》。

〔7〕 C. R. Boxer, Fidalgos in the Far East 1550－1770, The Hague, 1948, p.211.

达董事会要求量的一半,每担武夷茶需花费 115—125 荷元,比往年平均增价 75%。[1]

据记载,自 1717 年禁止南洋贸易的措施开始实施后,因中国商船不能驶往巴达维亚,当地茶叶的输入量遽减,茶叶价格随即上升,到 1721 年达到每担 100.5两白银的高峰,相当于广州价格的两倍多。但 1722 年康熙皇帝去世后,海禁有所放松,中国帆船又重新在巴达维亚露面。据巴达维亚当局的报道,有两艘来自上海,两艘来自东京,预计还有另外二至三艘。[2] 于是,输往巴达维亚的茶叶重新增多,价格随即暴跌,1722 年每担仅值 37.4 两,几乎接近广州的价格。可见禁止南洋贸易对当时与南海国家的贸易有直接影响。除此之外,禁止南洋贸易亦使我国沿海一带社会经济的发展遭到破坏,"既禁之后,百货不通,民生日蹙",因此不少地方官员纷纷上疏要求开南洋之禁,认为"沿海居民萧索岑寂,穷困不聊之状,皆因洋禁","今禁南洋有害而无利,但能使沿海居民富者贫,贫者困,驱工商为游手,驱游手为盗贼","开南洋有利而无害,外通货财,内消奸宄,百万生灵仰事俯畜之有资,各处钞关且可多征税课,以足民者裕国,其利甚为不小"。[3] 清朝统治者迫于舆论压力,不得不于雍正五年宣布废除禁止南洋贸易令,而不准华侨回国的措施却继续实施,一直至光绪十九年(1893 年)八月辛亥,清政府才被迫宣布废除华侨归国禁令。

第二节　清代前期中国与东南亚的大米贸易

自康熙二十二年解除海禁,宣布开海贸易后,中国与东南亚的海上贸易就迅速地发展起来。作为中国与东南亚贸易口岸的厦门,据估计,贸易最盛时每年的出洋帆船有一两百艘,其运载能力约有十万吨。[4] 这些贸易帆船遍及东南亚各地。[5] 在其载运的进出口贸易品中,最值得注意的是从东南亚各地进口的大米,它对解决当时中国东南沿海地区粮食短缺问题,发展中国与东南亚之间的贸易往来,均起了一定的积极作用。因此,本节拟就康熙末年至乾隆年间,中国

〔1〕　Kristif Glamann, Dutch-Asiatic Trade 1621–1740, Copenhagen, 1958, p.217.
〔2〕　Ibid. p.218.
〔3〕　兰鼎元:《论南洋事宜书》,《小方壶斋舆地丛钞》第十帙。
〔4〕　樊百川:《中国轮船航运业的兴起》,四川人民出版社,1985 年,第 24 页。
〔5〕　周凯:道光《厦门志》卷五,道光十九年刻本。

与东南亚大米贸易发展的原因,清政府采取的鼓励措施以及大米贸易的意义作一初步的论述。

一、中国与东南亚大米贸易发展的原因

中国东南沿海一带,粮食供给历来较为紧张,如福建漳、泉等地,因多山少田,早在明代初期,平时供给就全赖广东惠、潮之米,若遇海禁严急,惠、潮商舶不通,米价腾贵,百姓难以存活。[1]　入清以后,这种缺粮现象不仅没有得到缓解,反而更加严重,一遇饥旱,米价骤升到每石二两余至三两不等,"人食草木之叶,饥民夺食,道路壅塞"。[2]　而赖以提供大米的广东,每石的米价升至一两以上,甚至在康熙五十二年每石卖至二两左右;[3]素称粮食丰富的江浙,在康熙南巡时,米价每石不过六七钱,至康熙五十五年竟贵至一两二三钱;[4]即使是产米之乡湖南,向来米价每石不过七八钱,至乾隆元年湖南省城的米价亦剧增到每石一两七八钱不等,民间颇有"艰食之虑"。[5]　这种米价腾贵的现象,在清代看来非常普遍,且有逐年上涨的趋势,乾隆十三年杨锡绂在奏疏中提到:"康熙年间,稻谷登场之时,每石不过二三钱,雍正年间,则需四五钱,无复二三钱之价;今则必需五六钱,无复三四钱之价……"[6]

清代前期出现大米短缺、米价腾贵的原因,主要有两个方面:一方面是人口增长过快。康熙中期,社会经济经过较长时间的恢复和发展,因而人口数量急遽增长。据统计,康熙四十九年全国为 2 331 万口,[7]康熙六十年增加到 10 500 万口,在短短十年里翻了近五倍,到乾隆五十九年,更是达到 31 300 万口,[8]在原来的基础上又增加了近三倍。由于人口增长过快,在东南沿海一带,已普遍存在"地狭民稠,产米不敷食用"的状况。另一方面是耕地面积缩小。随着商品经济的发展,农村中经济作物的栽种面积不断扩大,而大米的种植面积则相对缩小,如广东土地大多栽种龙眼、甘蔗、烟叶、青靛等经济作物,以至于民富而米少,专仰给于广西之米;[9]福建新开辟的田地亦大部分种植茶、蜡、麻、糖蔗、荔枝、

---

〔1〕　郑若曾:《筹海图编》,中华书局,2007 年,第 282 页。

〔2〕　蔡世远:《与浙江黄抚军请开米禁书》,《皇朝经世文编》,第 425 页。

〔3〕　《清圣祖实录》卷二五四,康熙五十二年三月庚子。

〔4〕　《清圣祖实录》卷二六九,康熙五十五年九月甲申。

〔5〕　《清高宗实录》卷一三,乾隆元年二月辛卯。

〔6〕　杨锡钹:《陈明米贵之由疏》,《皇朝经世文编》,第 228 页。

〔7〕　《清高宗实录》卷一四四一,乾隆五十八年十一月戊午。

〔8〕　Sarasin Viraphol, Tribute and Pofit, Sino-Siamese Trade 1652 – 1853,1977, Harvard, p.74.

〔9〕　《清世宗实录》卷五三,雍正五年二月乙酉。

柑橘、青子等经济作物,加之烟草的种植,约占总耕地面积的百分之七八十,因此大米的种植面积寥寥无几,不得不仰食于江浙、台湾;[1]但浙江本省同样因丝织业的发展,杭、嘉、湖三府种植桑树的面积不断扩大,于是大米产量减少,米价亦随之上涨。[2]

为了解决大米短缺、米价骤增的问题,清政府采取了种种措施,诸如严禁囤积米石、雇佣民船转运大米、[3]严禁大米出洋等,但始终未能获得根本解决。直至康熙末年,康熙皇帝从暹罗朝贡使者那里了解到,"其地米甚饶裕,价值亦贱,二三钱银,即可买稻米一石",随即下令从暹罗进口大米30万石,分运到福建、广东、宁波等处贩卖。[4] 从此开创了清代前期中国与东南亚大米贸易的端倪,使东南沿海地区粮食短缺的问题得以初步解决。

清代前期中国与东南亚大米贸易的发展,亦同东南亚当地的大米生产有着密切的联系。如当时吕宋的大米产量较为富裕,早在康熙五十六年禁止南洋贸易之前,就已经常载运到厦门出售;[5]雍正十三年,因该地麦收减产,还特附洋船载运稻谷2 000石到厦门换麦。[6] 至于暹罗的大米生产,据说在17世纪末已出现过剩,一位英国东印度公司的雇员乔治·怀特(George White)在1679年评论道:"暹罗是邻近几个地区的主要产粮区,世界上任何地区的大米都不如它丰裕,它每年供应邻近的马来亚沿岸,远至马六甲,有时甚至到爪哇,荷兰和其他国家亦从这里载运大米出口。"[7]1690年,在暹罗船上服务的中国船员向长崎当局报道说:在暹罗,大米异常丰富,暹罗人不烦恼下雨,因每年都有洪水。他们解释说,由于大米生产如此容易,故米价较其他国家为低。[8] 有人曾做过这样的计算,从1820年至1860年,大米在中国的卖价是每担平均约4铢,在暹罗是每担平均0.75—1.25铢,按照这个差价,一艘载运4 000担大米的帆船,从暹罗航行到中国,一次可净赚利润7 782铢。[9] 正因为利薮所在,故不论是暹罗本国的船只,或者是到暹罗贸易的中国船只,均源源不断地将大米运载到中国。

〔1〕 郭起元:《论闽省务本节用书》,《皇朝经世文编》,第107页。
〔2〕 《清高宗实录》卷三一三,乾隆十三年四月壬午。
〔3〕 如康熙五十五年前,由福建运米到广东,所雇民船三四百只,每只约用三四十人,通计达数千人。见稽璜:《清朝文献通考》卷三三。
〔4〕 《清圣祖实录》卷二九八,康熙六十一年六月壬戌。
〔5〕 兰鼎元:《南洋事宜论》,《小方壶斋舆地丛钞》第十帙。
〔6〕 允禄:《世宗宪皇帝上谕内阁》卷一五七,雍正十三年六月二十三日。
〔7〕 James Lngram, Economic Change in Thailand Since 1850, 1955, Stanford, p.23.
〔8〕 Sarasin Viraphol, Tribute and Pofit, Sino-Siamese Trade 1652-1853, p.84.
〔9〕 J. W. Cushman, Field from the Sea: Chinese Junk Trade with Siam During the Late Eighteenth Century and Early Nineteenth Century, 1975, Cornell University, Ph.D., pp.130-131.

二、清政府采取的鼓励大米进口措施

清政府为了鼓励从东南亚进口大米,曾先后采取了如下几种措施:

1. 免除大米进口税和减免随大米载运的货物税

康熙六十一年,康熙皇帝敕令从暹罗进口 30 万石大米到福建、广东、浙江贩卖时就明文规定,此 30 万石大米系官运,不必收税。随后,雍正二年又准暹罗运来米石,并免压船货税;雍正六年,再准暹罗商人运载米石、货物,免其纳税。[1]这些免税措施使暹罗商人有利可图,刺激了他们出口大米的积极性。雍正五年,一位名叫乃文六的暹罗船主就说过:“本国米价每百斤三钱有零,水脚、食用约及四钱以外,共计七钱有零,涉此险远,止带米来,利息有限,必搭载货物,方有余利。”[2]

乾隆八年,这些免税措施被确定下来,成为定例。其规定是:“自乾隆八年为始,嗣后凡遇外洋货船来闽、粤等省贸易,带米万石以上者,着免其船货税银十分之五,带米五千石以上者,免其十分之三。”[3]而后在乾隆十一年,有暹罗商人方永利载米 4 300 石,蔡文洁载米 3 800 石,并各带有苏木、铅、锡等货,先后进口,因两船所载米石皆不足五千之数,所有船货税银未便援例宽免,故又补充规定,运米不足五千之数,免其船货税银十分之二。[4]

上述这些免税措施只是针对外国来华贸易的商船而言的,清政府对本国商船采取的是强行规定载米回国的办法。如雍正三年规定:往暹罗者,大船带米 300 石,中船带米 200 石;噶喇吧,大船带米 250 石,中船带米 200 石;吕宋、柬埔寨、马辰、柔佛四处,大船各带米 200 石,中船各带米 100 石;赤仔、六坤、安南等七处,中船各带米 100 石,于入口时将数目验明,如不足数及有偷漏情弊,照接济奸匪例治罪。这些强制规定一直执行到乾隆四年才被废除,当时议准,往东南亚各国贸易的商船,返航时买米压载,或不买米载回,均听从民便。[5]

至于本国商船享受免税待遇问题,乾隆十六年,福州将军兼管闽海关事新柱曾援引乾隆八年准许外国商船免税一例,上疏指出:“内地贩洋商船,每年出口自五十余只至七十余只不等,若令回棹多带食米,则较番船更为充裕。在洋商船

〔1〕 席裕福:《皇朝政典类纂》卷一一七。
〔2〕《雍正朝外交案一孔毓珣折五》,《史料旬刊》第七期,京华印书局,1930—1931 年,第 248—249 页。
〔3〕 梁廷枏:《海国四说》,中华书局,1997 年,第 186 页。
〔4〕《清高宗实录》卷二七五,乾隆十一年九月戊午。
〔5〕 孙尔准:道光《重纂福建通志》卷二七〇。

大者载货七八千石,其次载货五六千石,但涉历风涛,权衡子母,其带别货之利胜于带米,是以带归者少,惟有大加宽恤,自必踊跃乐从。"因此,他建议嗣后内地贩洋商船带米回棹,请援照外洋番船带米免税之例,略为变通,如有带米 3 000 石以上者,免其货税十分之三,带米 5 000 石以上者,免其货税十分之五;带米 7 000 石以上者,货税全免。带回之米听商民自行粜卖,其不及数者,听地方官酌量奖赏。[1] 翌年,阿里衮亦上疏,要求往安南、暹罗等处贸易的本港商船载米回粤,请照外洋船只之例,一体减免货税。当时清政府虽然考虑到,若将船货照例减税,"设一商所载货可值数十万,而以带米五千石故,遂得概免货税十分之三,转滋偷漏隐匿情弊"。[2] 但是为了鼓励大米进口,还是下令"准其照外洋番船之例,一体分别减免船货之税"。[3]

2. 准许本国商人在国外造船,载米回国,发给牌照

清政府虽然采取了免税措施,但是效果并不理想,因商船远涉外洋,载米回国,获利甚微,故兴贩者少。后来,有的商人发现暹罗的木料甚贱,造船容易,有利可图。克劳福德(Crawford)在 19 世纪 20 年代曾谈到,曼谷每年建有 6—8 艘大船,每吨造价 6.25 暹罗两,对比之下,在厦门的造价是 42 西班牙元,在樟林是 32 西班牙元。另外,他还指出,载重 8 000 担或 476 吨的船,在暹罗的建造费用是 7 400 西班牙元,而在樟林是 16 000 元,在厦门是 21 000 元,相差二三倍之多。[4] 正因为造价悬殊如此之大,故商民纷纷从暹罗造船运米回国。据福建巡抚陈大受奏称:自乾隆九年以来,买米造船运回者,源源接济,较暹罗商人自来者尤便。[5]

然而,这些从暹罗建造的船只,因没有清政府发放的牌照,在回国途中,经常受到守口官兵的刁难,他们以查照为由,借端敲诈。乾隆十二年,福建巡抚陈大受目睹这种现象,为使商民运米回国的积极性不受打击,特上疏要求给予牌照,以便关津查验。后来经大学士张廷玉等议覆,准许闽省赴暹罗买米造船运回,给印票,进口之日缴销,另给牌照归澳安插,如该商并无米石载回,只造船而归者,应令倍罚船税示警。[6] 以此作为鼓励从东南亚进口大米的另一

〔1〕　新柱:《奏请酌免洋船带米货税以裕民事折》,《宫中档乾隆朝奏折》第一辑,台北故宫博物院,1982 年,第 815 页。

〔2〕　《清高宗实录》卷四二四,乾隆十七年十月己亥。

〔3〕　阿里衮:《奏请准本港洋船带米回粤者减免船货税折》,《宫中档乾隆朝奏折》第三辑,第 772 页。

〔4〕　Sarasin Viraphol, Tribute and Pofit, Sino-Siamese Trade 1652–1853, pp.180–181.

〔5〕　《清高宗实录》卷二八五,乾隆十二年二月丙戌。

〔6〕　嵇璜:《清朝文献通考》卷二七。

种措施。

3. 对自备资本从国外运米回国的商民,分别给予奖励或赏给职衔、顶带

为了进一步鼓励商民从东南亚运米回国,以解决"闽省地窄人稠,岁产米谷不敷民食"的困难,闽浙总督喀尔吉善于乾隆十九年将南洋回厦各商船入口带运的米石,奏请就厦粜卖,分散给漳泉二郡接济民食,并对运米之商人酌量议叙。后经部议,同意"凡内地商民有自备资本,领照赴暹罗等国运米回闽粜济,数至二千石以上者,按数分别生监、民人赏给职衔、顶带"。[1] 如生监运米 2 000 石以上者,赏给吏目职衔;4 000 石以上至 6 000 石者,赏给主簿职衔;6 000 石以上至 1 万石者,赏给县丞职衔。其民人买运 2 000 石以上至 4 000 石者,赏给九品顶带;4 000 石以上至 6 000 石者,赏给八品顶带;6 000 石以上至 1 万石者,赏给七品顶带。这种奖励措施据说收效甚快,商民无不踊跃从事贩运,闽浙总督苏昌在乾隆三十年的奏折中写道:"计自乾隆十九、二十、二十一、二十二、二十三等年,各商买运洋米进口,每年自九万余石至十二万余石不等,于闽省民食大为得济,行之已有成效,宜于贩运,源源有增无减矣。"[2]

乾隆二十一年,两广总督杨应琚亦上疏要求仿效闽省实行奖励之法。他指出:"粤东附近之安南等国均系产米之乡。现在内地商民贸易各国,有带米回棹,于边海民食甚为有益。请嗣后商民有自备资本,领照赴安南等国运米回粤,粜济民食者,照闽省之例酌量奖赏议叙。"经部议后,同意嗣后粤东商民可自备资本,领照赴安南等国运米回粤,粜济民食,数在 2 000 石以内者,仍令督抚等分别奖励,如系 2 000 石以上至 4 000 石者,照闽省之例,生监给予吏目职衔,民人给予九品顶带;4 000 石以上至 6 000 石者,生监给予主簿职衔,民人给予八品顶带;6 000 石以上至 1 万石者,生监给予县丞职衔,民人给予七品顶带。其已邀议叙之人,再有应叙之处,仍照米数递加,若生监已递加至县丞职衔,民人已递加至七品顶带,又有运米数多者,自行酌量奖赏,毋庸加给顶带、职衔。[3] 同福建一样,广东实行这种奖励措施收效甚快。据布政使宋邦绥转据南海县详报,乾隆二十三年,商民自柬埔寨、暹罗等国运回洋米共 24 776 石,其中在 2 000 石以内受奖励的有陈泰等 9 名,在 2 000 石以上给予九品顶带的有江珽等 7 名。[4]

〔1〕 席裕福:《皇朝政典类纂》卷一一七。
〔2〕 《吏部"为内阁抄出闽浙总督苏等奏"移会》,《明清史料》庚编第六本,"中研院"史语所,1960年,第532页。
〔3〕 《户部等部题本》,《明清史料》庚编第八本,第736—738页。
〔4〕 《吏部"为内阁抄出两广总督李奏"移会》,《明清史料》庚编第六本,第526—527页。

可是,这种收效持续的时间并不长,就以福建来说,在乾隆二十三年之前,由各商买运大米进口,每年自 9 万至 12 万石不等,而在二十三年之后,每年运米进口仅 1 万至 6 万石不等,数量明显减少,且自乾隆二十四年至三十年,无复见有奏请议叙洋商之案。之所以出现这种情况,一方面是外洋产米各处年岁丰歉不齐,价格增加所致;另一方面是各商民资本饶裕者,从前已邀议叙,其余资本不多之商,买运有限,均不得仰邀议叙,遂不复踊跃从事贩运,因而日少。〔1〕 鉴于上述原因,闽浙总督苏昌于乾隆三十年上疏,建议将各商带运米石,按数议叙之例,量为更定从优,以鼓励商民踊跃贩运,不致因循中阻。于是,奖励规定作了如此变动:嗣后凡生监每船运米 1 500 石至 2 000 石,赏给吏目职衔;2 000 石以上至 4 000 石者,赏给主簿职衔;4 000 石以上至 6 000 石者,赏给县丞职衔;6 000 石以上至 1 万石者,俱赏给州判职衔。民人每船运米 1 500 石至 2 000 石者,赏给九品顶带;2 000 石以上至 4 000 石者,赏给八品顶带;4 000 石以上至 6 000 石者,赏给七品顶带;6 000 石以上至 1 万石者,俱赏给把总职衔。〔2〕 下面把部分商民运米回国,赏给职衔、顶带的情况列成一表,以供参考。

表四 部分商民运米回国赏给职衔、顶带情况表

年份	商民姓名	船户姓名	船籍	数量(石)	赏给空衔	资料来源
乾隆二十二年	庄文辉	郑吴兴	龙溪县	3 900	九品顶带	《明清史料》庚编,第六本,第525—526页。
	方学山	黄顾祥	海澄县	5 200	八品顶带	
乾隆二十三年	江 珽		南海县	3 840	九品顶带	同上书,第526—527页。
	陈成文		南海县	3 010	九品顶带	
	邱毓堂		南海县	2 710	九品顶带	
	陈观成		南海县	2 300	九品顶带	
	叶简臣		南海县	2 660	九品顶带	
	林孔超		南海县	2 220	九品顶带	
	郭俊英		三水县	2 330	九品顶带	
乾隆二十四年	叶锡会	金得春	同安县	3 380	九品顶带	同上书,第528页。

〔1〕 《吏部"为内阁抄出两广总督李奏"移会》,《明清史料》庚编第六本,第526—527页。
〔2〕 同上。

续　表

年份	商民姓名	船户姓名	船籍	数量(石)	赏给空衔	资料来源
乾隆二十八年	蔡陈江琛		南海县	2 000	九品顶带	《清高宗实录》卷六八七,乾隆二十八年五月癸未。
	黄锡连		南海县	2 000	吏目	
乾隆三十二年	李成瑞		南海县		九品顶带	同上书,卷七八七,乾隆三十二年六月壬戌。
乾隆三十二年	陆赞		番禺县	2 857	九品顶带	《明清史料》庚编,第八本,第736—738页。
	谢紫岗		南海县	2 521	九品顶带	
	杨利彩		澄海县	2 700	九品顶带	
	蔡志贵		澄海县	2 200	吏目	
	蔡启合		澄海县	2 200	九品顶带	
	林合万		澄海县	1 800 谷 500	九品顶带	
	蔡嘉		澄海县	2 600	九品顶带	
	姚峻合		澄海县	2 200	九品顶带	
	陈元裕		澄海县	2 200	九品顶带	

三、发展与东南亚大米贸易的意义

清代前期,清政府采取各种措施,鼓励从东南亚进口大米,这对于解决东南沿海地区粮食短缺、民食不敷的问题,无疑具有十分重要的意义。当时粮食短缺较严重的应数福建省,它"负山环海,地狭人稠,延、建、邵、汀四府,地据上游,山多田少,福、兴、宁、泉、漳五府,地当海滨,土瘠民贫,漳、泉尤甚"。[1] 岁产米谷不敷民食之半,向来凭借商贩由台湾运米接济。但是,自乾隆以来,台湾因移居之人日渐增多,米价渐贵,加之经常因干旱歉收,不得不下令禁米出港。[2] 对于清政府规定的每年拨运金、厦、漳、泉大米16万余石的任务,经常不能完成,递年压欠。即使在正常年份,亦限制商贩买运台米,每船不得过200石,为数有限,远远不能满足漳泉一带的需要。[3]

---

〔1〕 汪志伊:《议海口情形疏》,《皇朝经世文编》,第655页。
〔2〕 《清高宗实录》卷一六八,乾隆七年六月壬寅。
〔3〕 《吏部"为内阁抄出闽浙总督苏等奏"移会》,《明清史料》庚编第六本,第532页。

在这种情况下,惟一解决的办法就是从东南亚进口大米。雍正五年,闽浙总督高其倬就是以此为理由,要求开放闽省海禁并获得批准。而从东南亚进口的大米亦确实为解决闽省的大米短缺起到了一定的积极作用。据不完全统计,乾隆十三年由东南亚陆续回棹的闽省商船有 16 艘,每艘随带大米二三百石不等,另加龙溪县船商何景兴从暹罗运来的大米 1 000 石,总计约 5 000 石。[1] 乾隆十六年,从厦门进口的商船有 20 艘,带回大米 5 300 余石,连同暹罗商船买回的 4 000 余石,共计 9 300 余石。[2] 乾隆二十年,吕宋商民载运大米 10 000 余石到厦门,折合内地市斗 7 784 石。[3] 乾隆二十二年,从东南亚返航厦门各船运回大米共计 52 000 余石。乾隆二十四年运回 21 200 余石。[4] 似此源源不断的大米进口,当然对解决闽省的民食不敷大有裨益,在乾隆三十年以前,从东南亚运来的大米大多由厦门入口,以解决漳泉地区的粮食供应,后来因进口的数量不断增加,遂扩大供应到福州省城一带。据记载,当时福州省城商贾辐辏,户口殷繁,田地无多,岁需米石全借上游延、建、邵各府商贩运济。乾隆三十年春夏之间,因江西米价腾贵,商贩多将米谷贩往别处售卖,以致运到福州的米较前减少,米价因之骤昂。为解决福州省城的粮食供应,清政府遂规定,嗣后从东南亚运来的大米,如有情愿运赴省城粜卖者,准其由闽安镇进口,该地驻有副将大员,即责成该副将率守口文武稽查验照放入,听其运省粜济,仍按照米数一体议叙。[5]

广东也是缺粮的省份之一,它"地处海滨,户口繁庶,兼因山多田少,出产米谷不敷民食"。[6] 自乾隆十六年,总督新柱会同巡抚苏昌、监督唐英援引外洋货船带米准减税银之例,鼓励商船从东南亚运米回还后,进口大米数量即急遽增加,乾隆十七年本港洋船进口的米数已远远超过外国商船的进口数,其中仅洋商林权一船就从暹罗载回大米 5 100 余石。[7] 乾隆二十三年,南海县商民从柬埔寨、暹罗、噶喇吧等国运回大米计 24 776 余石。[8] 乾隆三十二年,番禺县和澄海县商民从安南等国运回大米共计 21 278 石。[9]

---

〔1〕《乾隆朝外洋通商案——潘思榘折》,《史料旬刊》第二十四期,第 878 页。

〔2〕《清高宗实录》卷三九六,乾隆十六年八月癸卯。

〔3〕《乾隆朝外洋通商案——钟音折》,《史料旬刊》第十二期,第 427 页。

〔4〕"中研院"史语所:《明清史料》庚编第六本,第 526、528 页。

〔5〕同上书,第 533 页。

〔6〕同上书,第 526 页。

〔7〕阿里衮:《奏请准本港洋船带米回粤者减免船货税折》,《宫中档乾隆朝奏折》第三辑,第 772 页。

〔8〕"中研院"史语所:《明清史料》庚编第六本,第 527 页。

〔9〕"中研院"史语所:《明清史料》庚编第八本,第 737 页

广东为鼓励大米进口而采取的免税措施,到嘉庆年间仍在继续实行,且大米进口国家已从东南亚各国扩展到孟加拉,如嘉庆十一年(1806 年)中国粮食歉收,消息传到孟加拉后,英国东印度公司即派出 33 艘船载运 235 000 袋大米从孟加拉出航到广州,然而,当这些大米到达中国时,正值粮食丰收,粮价大跌,载运者不得不亏本出售。[1] 三年以后,中国又发生严重粮荒,东印度公司驻广州商务员为此特致函孟加拉政府,信中写道:"由于广东省目前米价高涨,渴望能从他们可能获得大米的每一个地区得到供应,并通过行商要求我们致函爵爷,下令进口大米仅能停泊在黄埔,免除通常征收的丈量税。"[2]这些进口大米对解决广东的粮荒,降低粮价,同样起到重要的作用,据记载,嘉庆十一年,因米船云集,广东的米价平减者三年。[3] 这些米船虽说可受免税待遇,但它们均是粗旧不堪载运细货的报废船,是以从广州入口的外国货船并不因米船的增多而减少,粤海关的关税收入亦不因此而受影响,基本可做到两不相误。[4]

综上所述,清代初期,在中国东南沿海一带,由于人口增长过快、稻米耕种面积相对减少而造成的大米短缺、民不敷食等状况,不能不引起清政府的重视。他们采取免税、发放船照、赏给职衔顶带等措施,以鼓励国内外商船从东南亚各国运载回大米。这些措施在当时收到了一定的积极效果,它促使国内商民踊跃从事贩运,把东南亚大米源源不断地载运回国,遂使闽粤两省的粮食短缺问题基本得到解决,同时亦使中国与东南亚的贸易往来得到进一步发展。

第三节　清代澳门的管理制度

1644 年,明王朝覆亡,清代明而兴。葡萄牙人面对现实,力求与清朝建立关系,并对其采取谨慎的态度。清朝自建立之始,即重视与葡萄牙的关系。但在顺治朝,由于残明势力的反抗,南方不靖,清朝致力于镇压国内的反清势力,不得不暂时维持澳门的成局。但自康熙朝起,随着反清势力活动的沉寂,清王朝逐渐加强了对澳门葡萄牙人的管理。

---

〔1〕　J. Kumar, Indo-Chinese Trade 1793–1833, 1974, Bombay, p.54.

〔2〕　Ibid.

〔3〕　阮元:道光《广东通志》卷一八〇,道光二年刻本。

〔4〕　同上。

一、清初的中葡关系

顺治四年,清军首次攻占广东,首任两广总督兼广东巡抚佟养甲主张照明朝旧例,仍准葡人居住澳门,但未得朝廷允准。清廷还沿袭明朝的做法,在前山寨设兵防御。

顺治七年,清兵再度入粤,南明军节节败退。眼看清朝的统治日趋稳固,葡萄牙人开始改变援明抗清的立场,逐渐疏远南明,以免激怒清廷而受到驱逐。同年,当清兵围攻广州时,南明瞿安德赶到澳门,请求葡萄牙人出兵援助,据说清廷知道此事后,派人与葡人联系,免除其地租,[1] 葡萄牙人遂拒绝了南明的请求。然而,清朝官员仍对澳门的葡萄牙人心存疑虑,在攻占广州之后,继续加强在澳门周围的军力。顺治八年,清朝平定广东全省后,澳门的葡萄牙人认识到清朝取代明朝已是大势所趋,在清朝保证他们的安全之后,遂决心归顺清王朝。据说这年的 1 月 3 日:"清军占领广州后,新总督来函,保证澳门及其市民安全,并送来总督的正式公文(官牌)以及他的一件官服和帽子,以示亲临。这些象征性的物品受到了施放礼炮的隆重欢迎,议事会指定狄奥戈·瓦斯·巴巴罗(Diogo Vaz Barbaro)、曼努埃尔·佩雷拉(Manuel Pereira)神父和彼德罗·罗德里格斯·特依谢拉(Pedro Rodrigues Teixeira)带着贡品前去向新总督谢恩。"[2]

清朝初年清廷对澳门葡萄牙人的政策基本上维持了明朝时的成议,暂未做太大的更张。原因是当时广东地区先有明朝后裔朱聿鐭称号"绍武",继又有已降清明故将李成栋的反叛,后又有靖南王耿仲明、平南王尚可喜的盘踞。清朝需要着力应付这些关系存亡的大问题,加以兵力不敷,饷源不继,暂时维持成局,有其必要。

清初,为了切断郑成功等海外势力与内地的联系,清王朝曾五次颁行"禁海令",又多次下谕令实行"迁海",规定凡商民船只私自出海,或与海外擅自贸易者,俱行奏闻处斩,并将沿海居民尽迁内地。[3] 然而,清王朝对澳门却实行特殊政策,免于迁海。康熙帝继续允准葡萄牙人租居澳门,让他们继续享有某种程度的自治,并在贸易上给予一些优惠,如康熙三十七年准许在澳门登记的船舶较其他外国船减低三分之一的港口税;卸贮在澳门的货物,可以估价后再报验纳

〔1〕　Montalto de Jesus, Historic Macao, Hong Kong Oxford University Press,1984, p.34.

〔2〕　施白蒂:《澳门编年史》,澳门基金会,1995 年,第 53 页。

〔3〕　《钦定大清会典事例》,《续修四库全书》本。

税,允许澳门本地的商船自由运载客货来往于欧洲和南洋各地。与此同时,清王朝掌握着澳门的行政、司法、财政、贸易、防务等各方面的控制监管大权,并划定澳葡当局的管理范围和制定澳门葡人必须恪守的禁约。因此,从康熙时期开始,清王朝就切实加强了对澳门葡萄牙人的管制和监督,以保证对澳门拥有的领土主权。与此同时,又考虑到澳门的特殊情况,继续保留澳门的特殊地位,对其进行必要妥善的利用,发挥其特殊的作用,因而制定并执行了一套行之有效的政策和制度。

二、清初对澳门管理体制的形成

清朝对澳门的管理体制在顺治、康熙年间逐步形成。这一管理体制在军事、贸易、行政和司法各个方面都保证了清王朝对澳门的有效管理和监管。

在军事方面,沿袭明朝的做法,在前山寨设兵防御,兵员数量从最初的 500 人一直增加到 2 000 人,军事长官也从千总升格到参将、副将,都说明清朝加强了对澳门葡萄牙人的防范和监控。康熙七年,由于局势渐趋稳定,清朝将前山寨副将移到香山城,前山寨只留都司和千总,把官兵分出一部分戍守关闸,加强在关闸的驻兵,即在减少前山寨的驻兵的同时,仍加强了对进出澳门的控制。据史料载:"前山寨城,北距县一百二十里而遥,南至澳门十五里而近……。起炮台兵房于西南二门上,台各置炮四位,又分置城上者六。二门外复建台列炮各十。"[1]在距澳门葡人居住处仅十五里的地方建立强固的军事要塞,即为了确保对澳门的军事控制和威慑。

在贸易方面,最初清廷沿用明朝的政策,允许葡萄牙人继续在澳贸易。但此后清朝推行严厉的禁海、迁海政策,澳门贸易遂告中断,而船税也停止了征收。为了求得生存,康熙十七年,葡萄牙国王特派使节出使清廷,请求开放贸易。经过一番考虑,康熙帝决定对澳门葡人网开一面。康熙十八年,康熙特许开放澳门与广州之间的陆路运输贸易。

清初不设市舶提举,对海外贸易的管理和征税"兼领于盐课提举司"。[2]不久后,清朝即决定开海,设立粤海关,并在澳门设关部行台,以加强对澳门中外贸易的管理。澳门在粤海关中地位极为重要,仅次于虎门。粤海关在澳门每年的征税数额颇大。据《粤海关志》,自乾隆十五年始,澳门总口每年约征银 29 600 两,为粤海关五大总口税收之冠。而且当时的澳门葡萄牙船享有与中国商船同

---

〔1〕 祝淮:道光《香山县志》卷二,道光八年刻本。
〔2〕 杜臻:《闽粤巡视纪略》卷二,《文渊阁四库全书》本。

等待遇,向海关所纳"舶税"较之其他国家商船要轻。"凡澳门夷船系本省发往外洋者,照本省洋船例科征;其外洋抵澳门之西洋船,照外洋本条科征"。[1] 乾隆二十二年,清政府下令关闭宁波港,把外商贸易限定于广州和澳门。[2] 至道光二十六年(1846 年)澳门总督亚马留(Amaral)驱逐澳门粤海关官员止,澳门海关存在了一百六十多年。

在行政和司法方面,清朝也沿用明朝旧制,在澳葡人有自己的管理机构,但其头目须对清朝广东官府负责。清初时,澳门的行政和司法权均归属香山县管辖,地租也由香山县征解。

为了加强对澳门的管理和控制,清廷经常派官员到澳门巡视,传达清政府的法令和处理重大问题,而且每次出巡均事先用公函通知澳葡当局。据现存里斯本葡萄牙国立东坡塔档案馆的 86 封清朝出巡公函,在留存年限的 72 年中,清朝官员平均每年有 1.2 次出巡澳门。每逢清朝巡视大员莅临,澳门葡萄牙人当局均以隆重的仪式迎送:"凡天朝官如澳,判事官以降皆迎于三巴门外,三巴炮台燃大炮,蕃兵肃队,一人鸣鼓,一人飐旗,队长为帕首靴袴状,舞枪前导。及送亦如之。入谒则左右列坐。如登炮台,则蕃兵毕陈,吹角演阵,犒之牛酒。其燃炮率以三或五发、七发,致敬也。"[3]

三、清朝对澳门管理体制的强化

到了雍正、乾隆年间,清廷逐渐加强了对澳门的管理,其管理体制也渐趋完备,并制定了各种规章和法令,使对澳门的管理更加规范化。

雍正八年,"因县务纷繁中,离澳寫远,不能兼顾",清廷根据广东总督郝玉麟等的上奏,添设香山县丞,驻扎前山寨,因其专门管理澳门事务,故又称"澳门县丞"、"分防澳门县丞",主要职责是管理澳门的保甲,地方治安,盘查来往船只,并负责与澳门葡萄牙人的交涉事宜。

雍正十年以后,清朝在澳门的娘妈阁增设海关稽查口,于是澳门总口所辖税口增加到四个,即大码头、南湾、关闸、娘妈阁,均在香山县,都系稽查口。[4] 四个税口各设有税馆,分工不同。"澳有关税,一主抽税,小税馆三。主稽查曰南环税馆,专稽察民夷登岸及探望番舶出入;曰娘妈角税馆,专稽查广东、福建二省寄港商渔船只,防透漏,杜奸匪。夷舶入港,必由十字门,折而西经南环,又折而

---

〔1〕　梁廷枏:《粤海关志》卷八,《续修四库全书》本。
〔2〕　《清高宗实录》卷五五○,乾隆二十二年十一月戊戌。
〔3〕　印光任、张汝霖著,赵春晨点校:《澳门记略》,广东高等教育出版社,1988 年,第 46 页。
〔4〕　梁廷枏:《粤海关志》卷五。

西至娘妈角,又折而东,乃入澳"。[1] 税口分工的具体化表明,清朝政府对关税的征收和管理都加强了,并逐步趋于完善。

由于担心随着澳门对外贸易的兴盛,来澳门居住的西洋人增多,清朝政府对澳门葡萄牙人的商船数目进行限制。雍正三年,清廷规定澳门葡船额定为 25 只,在编之列的船只称为"额船",朽坏后才许以他船替补,不仅私造是严厉禁止的,而且就连修葺也不得私自进行,须得到清朝方面的批准。[2] 额船载货入口都要造册具报。[3] 甚至澳门夷船到广州贸易,"洋船到日,止许正商数人与行客交易,其余水手人等俱在船上等候,不得登岸行走",并由清政府"拨兵防卫看守"。[4] 可见,管理十分严格。

自乾隆初年开始,由于英国觊觎澳门,其舰船屡屡闯入澳门,中外交涉事务骤然增多,香山县丞职份卑微,难以应付。经乾隆帝批准,肇庆府同知移驻前山寨,属广州府管辖,颁给"广州府海防同知关防",此即"澳门海防军民同知",从此"专理澳夷事务,兼管督捕海防,宣布朝廷之德意,申明国家之典章。凡驻澳民夷,编查有法,洋船出入,盘验以时。遇有奸匪窜匿,唆诱民夷斗争、盗窃,及贩卖人口、私运禁物等事,悉归查察办理,通报查核,庶防微杜渐"。[5] 与此同时,香山县丞移驻于望厦村,并设有佐堂官署,隶属于海防同知。澳门的一切司法案件均归香山县丞管理,详报澳门海防同知处置。澳门海防同知是正五品官,职权范围十分广泛,诸如对澳门葡萄牙人及华人的编查组织、进出口洋船的检查,治安及犯禁事件的查禁,以及"民夷词讼,亦统其成于海防同知"等,可以说其集澳门行政、司法、军事、海关管理大权于一身。澳门海防同知的设立是清朝强化对澳门管理的重大举措,表明清朝政府对澳门管理专门化的形成,至此清朝对澳门的管理体制已趋于完备。

清朝政府不仅在澳门增设官吏,以加强管理职能,而且还制订了各种管理澳门的规章条例,使管理体制更加完善。

乾隆八年,澳门发生了葡萄牙人杀死华人的事件,翌年,首任澳门海防同知

---

〔1〕 张甄陶:《澳门图说》,《小方壶斋舆地丛钞》第九帙。

〔2〕 《两广总督孔毓珣奏陈粱文科所奏不许夷人久留澳门限定夷船数目等条切中粤东时事折》,《明清时期澳门问题档案文献汇编》第 1 册,人民出版社,2000 年,第 141—142 页;《清世宗实录》卷二九,雍正三年二月己巳;印光任、张汝霖著,赵春晨点校:《澳门记略》,第 24 页;转引自陈文源:《清中期澳门贸易额船问题》,《中国经济史研究》2003 年第 4 期。

〔3〕 转引自陈文源:《清中期澳门贸易额船问题》,《中国经济史研究》2003 年第 4 期。

〔4〕 《两广总督孔毓殉奏覆西洋人居住情形并缴朱谕折》,《清宫粤港澳商贸档案全集》第 1 册,中国书店,2002 年,第 234—235 页。

〔5〕 印光任、张汶霖著,赵春晨点校:《澳门记略》,第 25 页。

印光任认为过去香山县官府对澳门管理不严不善,一上任就制订和颁布了《管理澳夷章程》,作为加强管理的措施。

《管理澳夷章程》是在明代《海道禁约》的基础上进一步完善的结果。它不仅对外国商船出口、进口实行严格管理,而且对内地充当领港员的人,也实行严格的管理,须具保发给腰牌执照,以此杜绝私自交易。内地与澳门进行交易,须在规定的地点,不许民人私入澳内。在澳的中国商贩和工匠,通过编立保甲进行约束,严格管理。更为重要的是,加强了对澳门葡萄牙人的管理,对于澳门葡人头目理事官呈报广东官府的公文,作出明确规定,不许越级上报,必须先呈报给香山县丞,然后申报海防同知衙门。即使是澳门葡人修船,也须详细呈报海防同知,需买的工料,须报告香山县丞,不许欺瞒,违者严加追究。

清政府加强对澳门的管理后,引起某些葡萄牙人的反弹,因而中外冲突时有发生。乾隆十四年,澳门同知张汝霖、香山县令暴煜拟订《澳夷善后事宜条议》,共 12 款,经两广总督策楞的批准,在葡萄牙澳门新总督梅洛(Joao Manuel de Melo)上任后在澳门颁布。《澳门善后事宜条议》用中、葡两种文字刻石为记,葡文石碑置于澳门议事会,中文石碑则置于澳门香山县丞衙门。《澳夷善后事宜条议》的颁行,进一步充实了对澳管理的法规,是对澳门管理制度化、法规化的重要进程。但是,该《条议》对澳门葡萄牙人的权益施加了比以往更多的限制,引起他们的不满,这也是导致后来中葡冲突的一个因素。

此后,清朝政府仍继续强化对澳门的管理,不断地制定对澳法令、条规,重要的有:乾隆十五年香山知县张甄陶制定的《防夷三策》,二十四年两广总督李侍尧制定的《防范外夷规条》,嘉庆十四年两广总督百龄、监督常显制定的《华夷交易章程》,道光十一年两广总督李鸿宾、监督中祥制定的《防范澳夷章程》,十五年两广总督卢坤、监督中祥制定的《防范外夷增易规条》等。

四、葡萄牙的扩张企图与中葡纠纷

自 18 世纪后期,随着葡萄牙中央集权的加强,澳门总督地位的上升,葡萄牙人开始否认中国对澳门的主权,企图进行殖民扩张,由此导致了与清朝政府的冲突。

澳门葡萄牙人自治的最高权力机构起初是议事会,总督虽然地位显赫,但并无实权,只限于"统管炮台和名誉"。总督曾多次企图侵夺议事会的权力,但都未得逞。议事会拥有处理政治和经济事务的权力,而总督则负责军事部门。[1]

---

〔1〕 [瑞典]龙思泰著,吴义雄等译:《早期澳门史》,东方出版社,1997 年,第 69 页。

直至 18 世纪末,由于葡萄牙国内实行中央集权的政策,澳门总督的权力也逐渐上升。1783 年葡萄牙颁布《王室制诰》,提高了澳门总督的地位,授予其更多的权力,对议事会的决议也有了否决权,从此有权管理澳门的其他事务。1823 年,葡萄牙君主专制复辟,为了殖民扩张的需要,于 1835 年解散了澳门议事会,澳门总督遂独揽了大权,加紧推行扩张政策,积极策划侵占澳门。

在这一过程中,葡萄牙利用各种手段试探甚至直接挑战清廷对澳门的统治权,引发了一系列的冲突。如 1784 年,葡萄牙海事与海外部部长卡斯特罗(Martinho de Mello e Castro)在一份备忘录中说:"由于在中国海上受到海盗和叛徒的骚扰,对于贸易和航运造成很大的破坏,当时葡萄牙人经过适当准备之后,攻击劫夺者,旋即清除了海上的灾害,予中国人以巨大的安慰和愉快。葡萄牙人于是向香山前进,那里有几大块地方为一个有力的首领所占领。他在顽强抵抗之后,被葡人战胜了。这个岛(澳门)被葡王的臣民占领了。"[1]由此得出结论:澳门的出现,"不是由于任何一个中国皇帝的恩惠和承认","而是由于勇武的葡萄牙军队的成功",[2]公然否认中国对澳门的主权,命令澳门议事会找出中国皇帝将澳门"割让"给葡萄牙的文件。又如乾隆五十六年,由于海盗骚扰,应香山知县的要求,澳门葡萄牙人武装了 2 艘双桅船,以帮助对付海盗,"条件是将来免征他们的地租和船钞"。然而,葡萄牙人又乘机提出了其他要求。其后,葡萄牙人又多次提出类似的扩张要求,均遭到清政府的拒绝。

到了嘉庆年间,这种冲突更是时有发生。如嘉庆十二年,葡萄牙人借帮助清政府清剿海盗之机,澳葡理事官又提出五项要求,内容涉及放松葡人建房限制;准许在澳门原有的二十五只额船之外,再增加二十五只;实重 3 000 担(180 吨)以下的船只,免除航运税;请移走在澳门口岸的盐船;请令香山知县迁移庇护的茅屋。其无理要求亦被中国官方拒绝。[3] 嘉庆十五年,澳门的葡萄牙理事官唛嚒哆又一次向清政府提出十一项要求,澳门同知王衷一一予以驳斥,并指出其中有五项即为嘉庆十二年所提的要求。[4] 但对葡人的多次请求,清政府后来准许了在地方官员不审理他们的呈禀时,可以直接向广东官府呈递。

在司法管辖权方面,嘉庆八年,葡萄牙摄政王下令不许将在澳门犯杀人罪的外国人送交中国官员审判,而应由葡萄牙法律审判,并由葡萄牙人在澳门行刑。

〔1〕 Montalto de Jesus, Historic Macao, p.24.

〔2〕 [瑞典]龙思泰著,吴义雄等译:《早期澳门史》,第 15 页。

〔3〕 [美]马士著,区京华译:《东印度公司对华贸易编年史》第三卷,中山大学出版社,1991 年,第 61 页。

〔4〕 梁廷枏:《粤海关志》卷二九。

嘉庆十年,澳门葡萄牙当局执行该命令,拒绝将 1 名在葡萄牙鸦片走私船上干活,杀死中国翻译的暹罗水手送交中国官府审判。清朝香山知县彭昭麟为此曾 11 次谕令澳门理事官交出凶犯,均无结果。当时澳门总督佩雷拉(Vactano de Sousa Pereira)储备了 2 年的粮食,准备在清政府采取封澳措施后进行对抗。在澳葡当局将这名水手判处死刑后,佩雷拉还集结军队,命令炮台的大炮瞄准刑场,以防中国人劫夺。凶犯虽被处决,但从此葡萄牙人开了拒不将罪犯送交中国官府审判的恶例。[1]

第四节　广州十三行：清代封建外贸制度的牺牲品

广州十三行是鸦片战争前清代封建外贸制度的忠实执行者,它不仅成为清政府垄断对外贸易的商业资本集团,而且承担了外交职责,变成清政府管理和约束外国商人的中介和工具。然而,在与西方商业资本的实际交往中,十三行一直处于劣势,他们既得不到清政府的支持,又没有法制保障,反而成为清政府勒索、摊派、捐输的对象。因此,在西方商人的钳制和清朝官府的压榨下,大多数洋行出现了资金周转不灵、债台高筑、累遭破产的局面,甚至被抄家、下狱、充军,遂成为清代封建外贸制度的牺牲品。

一、从公行组织到总商制度的设置

据彭泽益先生的考证,广州十三行创立的时间是在康熙二十五年四月,即粤海关开关的第二年。据说当时广东巡抚李士桢会同两广总督吴兴祚、粤海关监督宜尔格图,于康熙二十五年四月发布了《分别住行货税》文告,规定国内贸易作为"住"税,赴税课司纳税;对外贸易作为"行"税,赴海关纳税,同时设立"金丝行"和"洋货行",分别办理国内贸易和对外贸易业务。这一文告的颁布,标志着洋货行(即广州十三行)的成立。[2] 由于粤海关初建不久,到广州贸易的船只不多,关税亦少,行商仅有数家而已,故不分国内或国外贸易船,均听其自行选择行商。到后来因贸易船的数量不断增多,资本较为雄厚的行商则专门承办国外

〔1〕 费成康:《澳门四百年》,上海人民出版社,1988 年,第 209—210 页。
〔2〕 彭泽益:《清代广东洋行制度的起源》,《历史研究》1957 年第 1 期。

商船的货税。[1] 乾隆十年,两广总督策楞兼管关务时,因有些资本微薄的行商未能按时缴纳关税,故于各行商中选择殷实之人作为保商,以专门负责缴纳关税。但是,每当外船进口时,货物系由各行商分领售卖,而至纳税时却互相观望拖延,以至保商不得不代为垫付,暂时挪用外商货银,久而无力偿还,造成破产。是以保商数量越来越少,至乾隆二十四年,行商共有 20 余家,而保商仅有 5 家而已。[2]

乾隆二十二年,广州成为惟一对外通商的口岸。为应付越来越多的外国商船,洋商潘振成等 9 家于乾隆二十五年呈请设立公行组织,专办外国商船来华贸易事宜。自此之后,广州经营海外贸易的行商分为三种:一是外洋行,专办外洋各国商人载货来粤发卖输课诸务;二是本港行,专管暹罗贡使及外商贸易纳饷之事;三是福潮行,系报输本省潮州及福建民人往来买卖诸税。而在乾隆十六年时,广州行商并无如此分工,不管是外洋或本港的一切纳饷诸务,均由外洋行办理。在 20 家洋行中,没有什么本港或福潮行名,仅有省城的 8 家海南行。[3] 可见公行组织建立后,即明确地将同西方国家的贸易和同南洋国家以及国内的贸易划分开来,可以说是外贸管理上的一种进步。但是,这种公行并不是新兴商人阶级争取商业特权的产物,而是清政府为控制广州外贸所设立的一种松散的垄断组织。他们各自为政,单独与外商做生意,自负盈亏,只有在控制外商和实施贸易规章时才共同行动。[4] 因此,洋商潘振成等于乾隆三十五年又禀告:"公办夷船,众志纷歧,渐至推诿,于公无补。"经总督李侍尧会同监督德魁批示:"裁撤公行名目,众商皆分行各办。"至此,创立仅十年的公行组织则宣告撤销,而专营暹罗贸易的本港行亦因拖欠暹罗商人赈款被革除,至嘉庆五年仍归外洋行兼办。[5]

嘉庆十八年粤海关监督德庆上奏说,洋商承揽外商货物动辄数十万两,承保税饷自数万两至十余万两不等,责任重大,如果不是真正殷实诚信之人,不可胜任。而向来开设洋行,仅凭一二位洋商作保即可,并未专案报部,显得不够慎重,如有个别洋商亏饷,势必拖累全部。另者,有些疲商在外船进口时,私自同他们议定货物,情愿贵买贱卖,只图目前多揽,不顾日后亏折,一到开征时,则入不敷出等等。这种种弊端的出现,皆因无总商统一管理,于是众商争先私揽,相率效

〔1〕 阮元:道光《广东通志》卷一八〇。
〔2〕 《乾隆二十四年英吉利通商案·新柱等奏审明李永标各款折》,《史料旬刊》第四期,第122页。
〔3〕 梁廷枏:《粤海关志》卷二五。
〔4〕 赖德烈:《早期中美关系史》,商务印书馆,1936年,第16页。
〔5〕 梁廷枏:《粤海关志》卷二五。

尤,遂成积习。故德庆奏准于各洋商中选派一二位身家殷实,居心诚笃者为总商,责令他们"总理洋行事务,率领各商与夷人交易货物,务照时价一律公平办理,不得任意高下,私相争揽,倘有阳奉阴违,总商据实禀究"。[1] 这样一来,总商即成为法定的洋商首领,洋商必须在他们的控制下,按照规定的价格同外商进行交易,不得有任何内部的竞争。

总商还有为新洋商联名保结的权力,这使他们排斥其他散商成为合法化。每当有散商申请充任洋商时,他们往往故意推诿,使新洋商碍于成例,不便着充,以至于至道光九年,各洋行陆续闭歇,仅存怡和等七行,已不足应付对外贸易的需要。因此,粤海关监督延隆以"数年以来,夷船日多,行户日少,照料难周,易滋弊窦"为由,上奏要求"嗣后如有身家殷实呈请充商者,该监督察访得实,准其暂行试办一二年,果能贸易公平,夷商信服,交纳饷项不致亏短,即照旧例一二商取保着充"。于是,由总商联名保结的制度宣告停止。[2] 时隔八年之后,总督邓廷桢等人又奏请废弃这种试办制,而恢复联保旧例。规定"嗣后十三行洋商遇有歇业或缘事黜退者,方准随时招补,此外不得无故添设一商,亦不必限年试办,徒致有名无实。其承商之时,仍请复归联保旧例,责令通关总散各商,公同慎选殷实公正之人,联名保结,专案咨部着充,毋许略存推诿之私,以绝其垄断之念"。[3] 由此可见,从公行组织的建立到总商制度的设置,广州的对外贸易已渐渐把持在极少数巨商大贾之手,他们依附于封建政权,在封建特权的庇护下形成了稳定的垄断集团,反过来又沦为清政府控制洋商,垄断对外贸易的御用工具。

二、十三行在清政府外贸中享有的特权

十三行既为清政府一手扶植起来的官商,他们在对外贸易中就拥有一定的特权,例如对进出口商品的垄断。据威廉·亨特所说:"行商是得到官府正式承认的惟一机构。从行外的中国人买进的货物,如不通过某些行商就无法运出。因之通过行商可采办的货物,必须由行商抽收一笔手续费,然后用行商的名义报关。"[4] 这种做法,使进出口货物的购销权完全控制在行商手里。为了不让其他散商有染指对外贸易的机会,清政府于乾隆二十年规定,主要出口商品——茶叶和生丝,一概由行商购销,其他散商不能插手,他们只能经营诸如瓷器、纺绸和

---

〔1〕 梁廷枏:《粤海关志》卷二五。
〔2〕 《清宣宗实录》卷一五五,道光九年四月戊辰。
〔3〕 中国第一历史档案馆:《清代广州"十三行"档案选编》,《历史档案》2002年第2期。
〔4〕 威廉·C·亨特著,冯树铁译:《广州"番鬼"录》,广东人民出版社,1993年,第26页。

一般的零售商品。[1] 1828 年 7 月 19 日两广总督又规定:可以出口的土产有
24 种,其中包括茶、生丝、大黄、南京布等;可以进口的外国商品有 53 种,其中包
括毛织品 8 种、金属 6 种、洋参、皮毛和檀香木等。这些进出口商品仅能由行商
购销,散商不能插手,散商只能购销规定外的其他商品,且必须列在保商的名下
经营。[2] 因此,行商就顺理成章地垄断了所有的茶、丝出口贸易。据不完全统
计,自 1757 年广州一口通商后,各省出产的茶叶均需贩运到广州,然后经十三行
总商转卖给外商,每年出口的茶叶价值达 5 000 多万两白银。[3] 每年由江浙等
省商民贩运到广州,卖与十三行行商转售外商的湖丝和绸缎等,自 20 多万斤至
33 万斤不等,价值 70 万—80 万两或 100 多万两白银,最少之年也有 30 多万两
白银。[4]

此外,行商还负有代外商缴纳进出口关税的责任。按惯例,凡外国商船到达
广州,必须先找一家行商认保,把载运来的货物卸下贮于洋行内,然后由行商代
替他们购置返航时装载的货物。所有进出口货物的关税,均由行商报验,核明税
额,填单登簿,待外国商船出口后才代为缴纳。[5] 这种代缴关税的做法,虽然
有利于行商对进出口商品的购销进行垄断,但他们实际上无法控制外商的关税
缴纳,因此出现了不少行商因拖欠税饷而受罚的现象。例如福隆行商关成发,于
嘉庆十六年接替因亏饷而逃匿的行商邓兆祥,在与外商的交易中,同样是外船载
货到广州,将货物议定价值,存于行内,投税发卖。但因经营不善,递年亏损,积
至道光八年共欠饷银高达 345 311 两。[6] 西成行商黎光远于嘉庆二十年接替
其兄黎韵裕,亦因替外商购销进出口商品,代外商缴纳关税而欠税饷,积至道光
五年,共欠进口关饷及捐输河工各款银 149 769 两。[7] 丽泉行商潘长耀于道光
三年身故,生前同样因购销外商进出口货物,代缴关税而亏折,共未完饷银
22 528两。[8] 据统计,至道光四年以后,各行商内有相继倒闭的丽泉、西成、同

〔1〕 H. B. Morse, The Chronicles of the East India Company Trading to China 1635 - 1834, Oxford,
Harvard University Press, Clarendon Press, 1926 - 1929, vol.5, pp.30 - 31.
〔2〕 Ibid., vol.4, pp.171 - 172.
〔3〕 刘锦藻:《清朝续文献通考》卷四二,《万有文库》本。
〔4〕 《李侍尧奏请将本年洋商已买丝货准其出口折》,《史料旬刊》第五期,第 158—159 页。
〔5〕 梁廷枏:《粤海关志》卷一五。
〔6〕 《两广总督李鸿宾等奏审办拖欠税饷并积欠夷赈之洋商折》,《清道光外交史料》,北平故宫博
物院,1932—1933 年。
〔7〕 同上。
〔8〕 《阮元等奏查办洋商拖欠夷账折》,《史料旬刊》第四期,第 126 页。

泰、福隆等行,共欠税饷银高达 68 万余两。[1] 为杜绝这种拖欠税饷的现象,两广总督李鸿宾、粤海关监督中祥奏请,自道光十年开始,进口货物在外船清舱之日,责令保商报明,某货已为某行买受,某货尚未卖出,已卖之货由行商完纳,未卖之物由外商交饷,保商代缴。凡有一船返航,即将一船的进口税银缴清,方准请牌出口。其出口稍迟者,以验货后三个月为限,责成保商完纳,不得缓至请牌之时。[2]

　　行商在某种程度上还负有管理外商的职责。因广州一口通商后,为强化对外商的管理,两广总督李侍尧于乾隆二十四年上奏《防范外夷规条》。其中规定:"外商到广州,应寓居于行商处,由行商管束稽查。到广州的外商,寓居于行商馆内,原规定不许任意出入,后因非官定行商招诱投寓,不仅勾引出入无从觉察,而且交易货物大多不经行商、通事之手,容易生出弊端,故今后行商应对歇寓的外商加强管束,房屋如有不敷,行商可自行租赁,拨人照看,不许民人出入,私相交易。"[3]这种规定,不仅赋予行商管理外商的权利,而且使行商对外贸的垄断绝对化。与此同时,清政府还规定:"洋人具禀事件,一律由洋商转禀,以肃事体。"[4]因此,行商很自然就成为清政府与外商之间的中介。其实,在当时的外交条件下,出现这种现象是不足为奇的。因为在欧洲人与清政府之间没有任何外交联系,其贸易关系,很大部分是通过私商来经营的。如在英国方面,是由东印度公司的代理商充当商务员;而在中国方面,则是通过由朝廷指定的行商。清朝与西方国家之间不存在任何正式的外交关系,而商务员又不准与清朝官员有任何直接的接触,于是西方人就只能通过行商与清朝的总督、巡抚和海关监督发生关系。[5] 但事实上,行商根本不可能负起管理外商的外交职责,相反只能带来灭顶之灾。如马士在《东印度公司对华贸易编年史》中说道,外国兵舰有驶入黄埔者,将行商严行拟罪;外船有伤人掳掠者,限令行商定期交出凶手;丽泉行商潘长耀作保的英船私运羽纱,粤海关监督责罚潘长耀照走私的羽纱应征税饷数目,加 100 倍付出充公,其数额高达 5 万两白银,经此次罚款后,

〔1〕 梁廷枬:《粤海关志》卷一五。
〔2〕 刘锦藻:《清朝续文献通考》卷二九。
〔3〕 《清高宗实录》卷六〇二,乾隆二十四年十二月戊子。
〔4〕 《清宣宗实录》卷二六四,道光十五年三月癸酉。
〔5〕 Diau Murray, Commerce, Crisis, Coercion: The Role of Piracy in Late Eighteenth and Early Nineteenth Century Sino-Western Relations, The American Neptune — A quarterly journal of Maritime History, Vol.48, No.4, 1988, p.238.

丽泉行遂陷入困境。[1] 另如兴泰行商在 1830 年因英国大班将其妻子接到商馆里,被责以管理不严,关进牢狱一个多月,花去十万元钱;1835 年又因其担保的律劳卑乘兵船"威廉炮台号"进入省河,而被囚禁牢狱几个月,不仅生意没做成,反而花销不下十万元,以至于商行在 1836 年倒歇。[2]

三、十三行成为清朝封建外贸制度的牺牲品

从上面的论述中可以看出,十三行在清政府的授权下,在外贸上拥有各种特权,即一切买卖必须通过行商进行,外商的行动也受到行商的约束和管理,外商乃至外国官方代表与清朝官员的联系必须通过行商等。然而,在清朝封建外贸制度的压制下,行商在实际操作过程中,既没有得到国家的支持,又没有法制上的保障,因此,他们的命运是很脆弱的,免不了成为清朝封建外贸制度的牺牲品。

在行商之中,就有不少因拖欠外商债务而破产。行商普遍存在的弱点是资金不足,如兴泰行在 1837 年 4 月 19 日写信给他的主要债权人查顿说:"1830 年,我以有限的资本开始营业;在开销了挂出招牌开张营业的费用和买进栈房和家具之后,我身上一文钱都没有了。"[3] 因此,他们不得不向外商借债,这些债款的年利率一般高达 18%—20%。当时在广州放高利贷的外商,多数是来自印度的英国散商,他们"把钱从低利息的印度放到高利息的中国行商手里"。1779年,英国债权者曾说道,行商欠了他们 3 808 076 元的债款,但实际上行商从他们手中得到的钱和货物不超过 1 078 976 元,其他 2 729 100 元全是由复利滚上去的债款。[4] 当时破产的几位行商,几乎都欠外商的债款,如福隆行商关成发,陆续积欠英国等各国外商债款 1 099 321 元;西成行商黎光远,陆续积欠港脚商及美国等各国外商债款 477 216 两银;丽泉行商潘长耀,拖欠各国外商债款172 207 元。道光四年以后,相继破产的丽泉、西成、同泰、福隆等行商,共欠外商债银 145 万余两。[5] 有人曾做过大概的估计,在实行公行制度的 82 年间,无力偿还的债款总数约在 1 650 万元以上。[6]

另一种欠债是因赊欠外商货物受勒索所致。凡到广州贸易的外商,每当返

---

〔1〕 H. B. Morse, The Chronicles of the East India Company Tradiny to China 1635—1834, vol. 2, pp. 283, 356.

〔2〕 [英] 格林堡著,康成译:《鸦片战争前中英通商史》,商务印书馆,1961 年,第 60—61 页。

〔3〕 同上。

〔4〕 H. B. Morse, The Chronicles of the East India Company Tradiny to China 1635—1834, vol. 2, p. 44.

〔5〕 梁廷枏:《粤海关志》卷一五。

〔6〕 [英] 格林堡著,康成译:《鸦片战争前中英通商史》,第 57 页。

航归国时,总是把未售尽的货物议定价格后,留给行商代为销售,所得银两,约定某年某月按几分计算利息。行商因贪图货物不需用现银购买,可以赊欠,故欣然应允。而外商回国时通常说定一年后返回广州,但到时却托故不来,一直拖至两三年后才来,于是售卖的本银按年计算利息,利息又再作本生利,以致本利辗转积算,愈积愈多,行商因此负债累累,无力偿还。[1]　再一种情况是,行商代外商销售货物,事先把价格讲好,待销售后陆续交还。未售出货物,等下次到广州时,一面归还旧欠,一面又交新货。因此不能年年结算,旧欠、新货混在一起,久而久之,便造成拖欠过多,还之不尽。[2]　当时因此而欠债的有丰泰行商吴昭平,他于乾隆五十四年代外商销售货物,积欠至白银289 100余两;[3]另两位行商,蔡昭复拖欠外商货银166 000余两;石中和所欠货银,除变卖家产抵还外,尚欠598 000余两。[4]　清政府发现此情况后,曾于乾隆六十年规定:"嗣后洋商拖欠夷人货价,每年结算不得过十余万两,如有拖欠过多者,随时勒令清还。"[5]但是,有的行商因缺乏资金周转,不得不继续向外商赊欠货物,而外商借此则可不断勒索行商钱财,故双方均采取以多报少,匿报欠款数额的办法搪塞之,结果行商每年拖欠外商的货价仍远远超过10余万两。如自嘉庆十七年至十九年,行商节年拖欠外商的货银,除了还过的130万两外,尚欠106万两。[6]

面对行商因受外商勒索而欠债累累的状况,清政府并没有采取维护本国商人利益的措施,反而是课以重罚,以此来显示"天朝"的德威。据统计,在鸦片战争前的39家行商中,因负债无力偿还而破产、下狱、充军、抄家,以致最后丢掉性命的共达22家。[7]　清政府这种迂腐的做法,源自封建王朝重本抑末、闭关锁国的基本国策,与资本主义的重商主义无法同日而语。[8]

清政府在关税征收中,向来有加征"陋规"的恶习,他们对行商的勒索特别沉重。莫理逊在其《商业指南》中的一张统计表上,列出的行商"规礼"等每年高达42.5万元。[9]　这些沉重的饷欠也成为行商倒闭的另一重要原因。按

〔1〕　梁廷枏:《粤海关志》卷二五。
〔2〕　《清高宗实录》卷一四八三,乾隆六十年七月丁卯。
〔3〕　《清高宗实录》卷一三七七,乾隆五十六年四月癸酉。
〔4〕　梁廷枏:《粤海关志》卷二五。
〔5〕　《清高宗实录》卷一四八三,乾隆六十年七月丁卯。
〔6〕　刘锦藻:《清朝续文献通考》卷五七。
〔7〕　汪敬虞:《十九世纪西方资本主义对中国的经济侵略》,人民出版社,1983年,第32页。
〔8〕　吴建雍:《1757年以后的广东十三行》,《清史研究(第三辑)》,四川人民出版社,1984年,第110页。
〔9〕　[英]格林堡著,康成译:《鸦片战争前中英通商史》,第58页。

道光十四年广东官员奏报,自道光四年以后,因欠饷而倒闭的洋行有丽泉、东生等 5 家,共欠 260 多万两。另据粤海关监督彭年奏,欠饷最多的行商梁承禧、李应桂已被革去职衔,而其余欠饷各商均限 3 个月完缴,已缴过的饷银达112 800 两,未缴部分尚在严追。[1] 除陋规之外,清政府对行商敲诈的项目还有很多,自捐输、赈恤、贮粮、备贡、犒赏,至征战、平叛、治河等,无所不包。其中如乾隆三十八年,四川省办理军务,行商潘振成等捐银 20 万两,稍佐军需;[2] 乾隆五十一年,江浙一带出现荒歉,行商潘文岩等捐银 30 万两,以资公用;[3] 乾隆五十四年,因翌年是乾隆皇帝八十寿辰,行商蔡世文等捐银 30 万两,为祝寿之用。[4] 据估计,至道光十九年,十三行各商共欠摊捐银项955 774两,其中天宝行梁承禧欠银282 109两;怡和行伍绍荣等,欠备贡参银226 398 两。此外,十三行还欠捐修虎门炮台未完银 39 000 余两、回疆军需银60 万两等。[5] 即使在鸦片战争发生后的 1841 年,清政府仍要求行商捐出200 万元作为广州城的"赎金",其中潘启官捐 26 万、浩官捐 110 万、其他行商共捐 64 万。[6] 如此无休止的敲诈,常常超出行商所能承受的范围,致使不少行商陷于绝境。

综上所述,广州十三行是清代封建外贸制度下形成的商业资本集团,他们先后利用设立"保商"、"公行"、"总商"等制度,对外贸实行垄断,并排斥其他散商,使广州的对外贸易渐渐把持在极少数巨商大贾手里。与此同时,他们亦沦为清政府控制洋商,垄断对外贸易的御用工具。由于十三行是清政府一手扶植起来的官商,故他们在对外贸易中拥有一定的特权,如对进出口商品的垄断、代外商缴纳进出口关税,以至于负有管理外商的职责等。然而,在与外商的实际交易中,十三行的这些特权给他们带来的不是好处,反而是祸害,加上他们自身所存在的资金不足等弱点,造成了不少行商因负债累累而破产。每当出现这种情况时,清政府总是对之课以重罚,而没有予以法律上的保护。在清政府的眼里,行商只是他们敲诈勒索的对象,在这种内外交困的状况下,广州十三行只能成为清政府封建外贸制度的牺牲品。他们衰亡的过程,正是中国封建官商制度覆灭的缩影。

---

〔1〕《清宣宗实录》卷二六一,道光四年十二月庚戌。
〔2〕《清高宗实录》卷九四九,乾隆三十八年十二月丁未。
〔3〕《清高宗实录》卷一二五二,乾隆五十一年四月癸未。
〔4〕《清高宗实录》卷一三四〇,乾隆五十四年十月乙丑。
〔5〕《清宣宗实录》卷三二一,道光十九年四月癸未条。
〔6〕 威廉·C.亨特著,冯树铁译:《广州"番鬼"录》,第 34 页。

第五节　鸦片战争前英商在
广州的贸易

鸦片战争前英商在广州的贸易基本由英国东印度公司垄断,其贸易额远远超过其他来广州贸易的它国商人。据说在道光九年左右,每年仅英国商船在粤海关缴纳的税银就达 60 万—70 万两之多。[1] 他们从中国买入的货物绝大多数是茶叶。据不完全统计,在 1719—1833 年间,茶叶约占广州出口货物的 70%—90%。在 18 世纪末英国每人每年平均消费茶叶已超过 2 磅,在 1828 年英国国内消费的 7 000 万磅茶叶几乎全由广州进口。[2] 18 世纪中叶,一位活跃在广州的法国商人罗伯特·康斯坦特(Robert Constant)曾这样说道:"是茶叶把欧洲的船只带到了中国,在运往欧洲的船货中,其他货物仅是点缀而已。"[3] 为了偿付购买茶叶所需要的大量白银,东印度公司采取了鼓励港脚商人贩运印度物产——棉花和鸦片到广州贸易的办法,利用港脚商人的赢利来偿付茶叶款,从而改变了对华贸易长期入超的被动局面。鉴于上述情况,本文拟从东印度公司贸易、茶叶贸易和港脚贸易三个方面分别进行论述。

一、东印度公司贸易

伦敦东印度公司成立于 1600 年 12 月 31 日,它同厦门的贸易开始于 1684 年,当时的贸易规模相当小,且经常受到荷兰的阻挠。1698 年 9 月,另一个英国东印度公司成立,这个公司致力于在广州和舟山打开对华贸易。[4] 他们如同伦敦公司在苏门答腊的明古邻(Benkulen)建立运往中国的胡椒供应基地那样,也建立了两个远东补给站为其派往中国的船只服务。这两个补给站一个是建立在马辰的胡椒基地,专门为公司船只提供中国人大量需要的胡椒;另一个是建立在昆仑岛的停靠港,使公司船只可在那里等待命令、交换商业情报。[5] 他们于 1699 年首次派出"麦克莱斯菲尔德"号(Macclesfield)到广州贸易,这艘船在广州

---

〔1〕《清宣宗实录》卷一六三,道光九年十二月乙丑。

〔2〕 C. F. Remer, The Foreign Trade Of China, 1926, Shanghai, p.18.

〔3〕 Robert Gardella, The Antebellum Canton Tea Trade: Recent Perspective, in The American Neptune, vol. XL VIII, No.4, p.261.

〔4〕 G. A. Godden, Oriental Export Market Porcelain and lts lnfluence on European Wares, 1979, New York, pp.19,28.

〔5〕 H. B. Morce, The Chronicles of the East lndia Company Trading to China（以下简称 The Chronicles）, 1926, Oxford, vol.1, p.127.

受到了中国官员的欢迎,船上的大班们虽然遇到诸多麻烦和无限期地被拖延,但毕竟购买到必需的货物,打开了对广州贸易的大门,此后每年均派出一些船只到广州贸易。[1] 1709 年 3 月,伦敦公司与英国公司正式合并,合并后的新英国东印度公司更加注意发展对华贸易,在 1747—1751 年间,每年平均派出不少于 8 艘船只到广州贸易,这些船只一般从伦敦航行到圣戴维堡(Fort St.David),在那里集中后一起航行到广州。[2]

然而,18 世纪的中英贸易几乎是一边倒的贸易,即英国方面大量购买中国的货物,而中国方面却对英国的商品不大感兴趣。就以 1699 年首次到达广州的"麦克莱斯菲尔德"号来说,它装载有 26 611 镑的白银和 5 475 镑货物,这些货物主要是毛织品,其中有 1/4 没有卖出去。另在 1751 年有 4 艘船从英国航行到广州,其载运的白银价值 119 000 镑,而货物仅值 10 842 镑。[3] 为了扭转贸易一边倒的局面,英国国会曾规定,每艘英国船载运的货物中,"英国出产、生产或制造"的货物必须占 1/10 以上。可是直至 18 世纪中叶,尚无任何一艘航行到广州的英国船可售卖到如此比例的英国货。[4] 当时的英国货主要是由毛织品和铅组成,它们仅占公司船只从伦敦载运出来的货物的一小部分,从来没有超过载货额的 5%,通常只有 2% 左右。[5] 尽管英商在广州购买茶叶时,要求中国行商必须先购买一定数量的毛织品,但这些数量毕竟非常有限,如 1775 年,总商潘振成仅购买价值 116 015 两的毛织品,占总价值 348 241 两的 1/3;而 1776 年签订的购买合同亦仅占载运的毛织品的 1/4。[6] 至于铅的数量更少,每船通常只载运 40—60 吨。偶尔也有一两次,从英国来的船只在途中经过苏门答腊的明古邻或婆罗洲的马辰时,又顺便载运 50—100 吨胡椒到广州售卖,除此之外,中国再也不需要英国的什么东西,因此,当时每一艘英国船的货物中有 90% 是从英国载运出来的白银。[7] 面对这种情况,东印度公司不得不于 1730 年放弃执行这项规定,[8] 此后东印度公司在对华贸易中的逆差越来越严重。据不完全统计,自 1792—1807 年,公司从广州运到英国的货物值 27 157 006 镑,而从英国输往广州的却只有 16 602 388 镑;在 1765—1766 年,公司的输出大于商品输入 202%,在

〔1〕 William Foster, England's Quest of Eastern Trade, 1933, London, p.332.

〔2〕 The Chronicles, vol.I, p.285.

〔3〕 Michael Greenberg, British Trade and the Opening Of China, 1951, Cambridge, p.6.

〔4〕 The Chronicles, vol.I, p.67.

〔5〕 Ibid., vol.II, pp.5 - 6.

〔6〕 Ibid., vol.II, p.10.

〔7〕 Ibid., vol.I, p.68.

〔8〕 C. F. Remer, The Foreign Trade of China, pp.21 - 22.

1785—1786 年大于 328%。[1]

不过,东印度公司很快就找到了减少白银外流的办法,那就是在广州发放汇票。他们一方面准许私人贸易商利用公司的船只从印度载运货物到中国,同意在广州以白银偿付;另一方面准许公司雇员利用公司的船只从英国或印度载运货物到广州,返航时把汇票带回英国,在伦敦用英币偿付。这些汇票虽说在东印度公司伦敦办事处可以兑换为现款,但是私人贸易商或公司雇员载运印度或英国货物到广州贩卖所得的白银,实际已成为公司代理商用来购买茶叶的资金,这样,东印度公司就不必像以前那样直接从英国载运白银来购买中国货物,据说在1790 年,他们在广州收到这种汇票的数量约为 300 000 西班牙银元。[2]　另外,公司也把汇票发放给从事所谓“港脚”贸易的英印商人和其他国家的商人,例如在1779 年,公司在广州的代理商就发放了伦敦 365 天的汇票1 145 379西班牙银元、730 天的汇票 990 171 元(365 天的汇票兑换率是每“新铸墨西哥银元”值 5先令 2 便士)。[3]　这些汇票不仅成为东印度公司的重要白银来源,而且解决了中英贸易长期存在的逆差问题。有人曾列举过这样的例子,在 1827 年,公司载运了价值 350 000 镑的英国毛织品和价值 470 000 镑的原棉到广州,而在那里购买了价值 1 700 000 镑的茶叶,这之间的贸易逆差大约 800 000 镑;与此同时,私人贸易商亦载运了价值 700 000 镑的原棉和价值 2 200 000 镑的鸦片到广州,他们在那里仅购买了价值 230 000 镑的生丝,赢得了 1 200 000 镑的白银,这些白银用来购买孟加拉汇票或伦敦汇票,就完全足够偿付公司 800 000 镑的贸易逆差。[4]

东印度公司发放汇票本身亦迎合了港脚贸易商人的需要,因港脚船载运到广州的货物多数是来自印度的棉花和鸦片,而返航时,按规定他们不准载运茶叶,仅能载运生丝、糖、锌以及少量的工艺品等,因此从印度进口到广州的货物价值远远超过从广州出口到印度的价值,根据密尔本(W. Milburn)在《东方商业》(Oriental Commerce)一书中的计算,在 19 世纪初期,印度对广州的出口货超过来自中国的进口货平均每年在 100 万镑左右。为此,港脚商人必须把这些贸易超出的款项运回英国或印度,而公司发放的汇票很自然地成为他们运送这些款项的工具,故港脚船在无法从中国找到有利可图的回程货时,往往仅携带在加尔

---

〔1〕　British Trade and the Opening of China, pp.8 – 9.

〔2〕　C. F. Remer, The Foreign Trade of China, pp.22 – 23.

〔3〕　Ibid., pp.23 – 24.

〔4〕　C. G. F. Simkim, The Traditional Trade of Asia, 1968, London, p.270.

各答容易销售的公司汇票,随同压舱的砂石从广州驶返印度。[1] 这样一来,中英之间的贸易迅速发生逆转,自 1804 年以后,东印度公司几乎没有再运送什么白银到中国,相反,中国白银却迅速地流向印度,在 1806—1809 年的 3 年里,大约有 700 万银元和银锭从中国载运到印度,以弥补收支平衡;从 1818—1833 年,中国的出口总额中有 1/5 是金银。在 1817 年运到广州的非欧洲货物总数超过了 1 000 万元,而英国货仅有 350 万元;在 1825 年的数字分别是 1 750 万元和 350 万元,在 1833 年是 2 000 万元和 350 万元。由此可见,从英国载运到广州的货物基本保持不变,而使广州的贸易平衡发生彻底改变的是中印之间的贸易。[2]

除了发放汇票外,东印度公司还无视清政府的禁令,把鸦片走私到广州销售,以此来弥补贸易的逆差。东印度公司的鸦片有 90% 是从印度的比哈尔省(Bihar)得到的,另 10% 是从贝拿勒斯(Benares)得到的,公司早在 1761 年就对比哈尔的鸦片生产拥有实际的垄断权。由于在中国鸦片销售为清政府敕令所禁止,属于非法贸易,故东印度公司表面上装成避免直接参与鸦片贸易,但实际却经常走私鸦片到广州贩卖。据记载,从 1773 年至 1783 年,公司均有使用自己的船只载运鸦片到广州。[3] 这一点从《东印度公司对华贸易编年史》一书中的记载也可得到证实:1773 年 5 月 25 日"康普顿"号(Compton)从马德拉斯出航到广州,在到达马六甲之前,收到了公司政务会发布的一项非常重要的通报:"鉴于前次从圣·乔治港(Fort St.George)出航的'温德尔沙姆'号(Windlsham)和'康普顿'号的指挥官和职员为利所诱,购买鸦片到广州出售,没有考虑到如此做法所产生的危险后果,我们将此通报给莱尔船长(Capt.Lyell)和霍姆斯船长(Capt.Holmes)以及其他船员。"[4] 由此可见,在此通报发布之前,从圣·乔治港出航的公司船只多数载运过鸦片到广州出售,而出售所得则被公司用来购买中国货物,据说当时英国每年购买的中国茶叶和丝绸近 800 万镑,其中大约有 600 万镑是取之于中国购买鸦片偿付的银锭。[5] 此外,东印度公司还采取两种间接贩运鸦片的办法,他们或者将鸦片转售给领有许可证的散商,让他们利用公司的船只载运到广州;或者把在比哈尔和贝拿勒斯生产的鸦片运到加尔各答,在那里定期拍卖给私商,让他们载运到广州销售。这种做法,公司虽然没有直接运载

〔1〕 British Trade and the Opening of China, pp.11 - 12.
〔2〕 Ibid., p.10.
〔3〕 J. Kumar, Indo-Chinese Trade, 1974, Bombay, pp.6 - 7.
〔4〕 The Chronicles, vol.I, p.215.
〔5〕 J. Kumar, Indo-Chinese Trade, pp.161 - 162.

鸦片到广州,但他已公开分享了鸦片贸易的利润。[1] 马士和宓亨利在《远东国际关系史》中亦谈到这一点:"1773 年是英国商人把鸦片从加尔各答输入广州最早的一年,鸦片的贩运听由私商经营了几年,但在 1780 年英国东印度公司实行鸦片专卖;把这种贸易全部抓到自己手里,到 1793 年,广州的进口已达1 070 箱。"[2]

道光十四年,东印度公司对华贸易期满,英国政府取消了他们在华的贸易专利。此后,到广州贸易的英国商人基本是自由商人,他们各自行事,互不相辖,亦无大班约束,仅是由英国政府派出官员到广州,管理贸易事务。[3] 东印度公司垄断对华贸易的历史至此则宣告结束。

二、茶叶贸易

英国首次购买中国茶叶是在 1664 年,当时由东印度公司董事花了 4 镑 5 先令购买到 2 磅 2 盎司的茶叶;在 1666 年又花了 5 镑 17 先令购买到 22 磅 12 盎司茶叶。这些茶叶有可能是从荷兰运来的,也有可能是从公司船只上的官员那里买来的,自此之后,英国年年都有茶叶进口,或者从万丹、苏拉特,或者从甘贾姆、马德拉斯。从万丹进口的茶叶,有部分是"来自台湾的礼物",但一般是公司代理商从到达万丹贸易的中国船那里购买的;而在苏拉特,则是向从澳门到果亚或达曼贸易的葡萄牙船购买。[4] 如此做法,虽然比直接到中国购买近得多,但是购买的茶叶数量有限,质量也不好,远远满足不了英国国内的需要。据说在 17世纪中叶,茶叶已在英国各饭店和咖啡店等公共场所大量销售,并已成为国家税收的对象。[5] 一位名叫佩皮斯(Pepys)的人在 1660 年 9 月 25 日的日记中写道:"我在咖啡馆请人送来了一杯茶,一种中国的饮料,以前我从未喝过它。"[6]这种情况促使东印度公司考虑直接从中国进口茶叶,以追逐更加丰厚的利润,他们于 1698 年首次从厦门进口茶叶。[7] 1710 年,伦敦公司董事会在给开往广州的 250 吨的"诺森伯兰"号(Northumberland)的指示中强调:"茶叶已在所有人们中享有很高的声誉";翌年,他们在给开往广州的"弗利特"号(Fleet)的指示中,

〔1〕 J. Kumar, Indo-Chinese Trade, pp.6 – 7.

〔2〕 [美]马士、宓亨利著,姚曾廙译:《远东国际关系史》上册,商务印书馆,1975 年,第 92 页。

〔3〕 《道光朝外洋通商案》,《史料旬刊》第二十一期。

〔4〕 The Chronicles, vol.I, p.9.

〔5〕 [英]斯当东著,叶笃义译:《英使谒见乾隆纪实》,商务印书馆,1963 年,第 27 页。

〔6〕 T. Volker, Porcelain and the Dutch East India Company, 1954, Leiden, p.49.

〔7〕 The Chronicles, vol.I, p.9.

特别命令茶叶的载运量"继续维持在去年载回英国的数量"。[1]

当时中国茶叶出口到欧洲,主要通过两条渠道,一条是由中国海外贸易船载运到巴达维亚,经那里再转运到欧洲,如1730年英国东印度公司职员詹姆斯·奈什(James Naish)在巴达维亚看到,这一年有20艘中国船分别从舟山、厦门和广州载运茶叶到那里,另有6艘来自澳门,这些船共载运茶叶25 000担,在当地市场销售了5 500担,剩余部分再出口到欧洲。[2] 另外一条渠道则是由欧洲船只直接从广州载运到欧洲。这些欧洲船只所载运的茶叶,除了英国是用来满足自己国内的消费外,其他欧洲国家则大多是将茶叶走私进入英国,故在1784年之前,欧洲四个大陆公司所载运的茶叶数量远远超过英国公司所载运的数量,如在1769—1772年四年里,每年平均从广州出口的茶叶数量是:由英国船载运10 619 900磅,由法国、荷兰、丹麦和瑞典船载运12 379 000磅,由法国和荷兰船载运7 523 000磅,[3] 四个大陆公司载运的数量几乎是英国公司载运的两倍。由于大量的走私茶叶进入英国,使英国东印度公司的茶叶库存不断出现过剩,在1773年曾极度过剩,且濒临破产边缘,因此公司不得不采取果断措施,减少从广州进口的茶叶数量,在1773—1775年,每年平均由英国船载运的茶叶仅3 149 300磅,而由法国、荷兰、丹麦和瑞典船载运的数量却高达14 110 800磅,由法国和荷兰船载运的达8 418 000磅,四个大陆公司载运的数量达到英国公司载运的7倍多。[4] 造成走私如此严重的原因,虽然与英国国内茶叶的消费量逐渐增加有关,但是更主要是由于英国政府对茶叶征收的进口税过高,如1担茶叶在广州购买的平均价格是20两白银,在伦敦售卖时是装船价的2倍,平均每磅值2先令3.5便士,而税收却高达2先令5.14便士,相当于106%。[5] 过于高昂的税收,促使英国国内的茶叶价格遽增,走私者从中可牟取暴利,走私活动则越来越猖獗,据统计,英国每年消费的茶叶约有1 300万磅,但其中仅有约550万磅缴过关税,余者750万磅则从其他欧洲大陆国家走私进来。[6]

为了抑制茶叶走私活动,英国政府于1785年颁布了"交换法"(The Commutation Act),把茶叶税的税率从100%以上减到12.5%。这样,英国国内的茶叶价格随即降了下来,走私者无利可图,走私活动亦渐渐平息下去。此后东印

---

〔1〕 The Chronicles., vol.I, p.125.
〔2〕 Ibid., vol.I, p.197.
〔3〕 Ibid., vol.I, pp.295 – 296.
〔4〕 Ibid., vol.I, p.296.
〔5〕 Ibid., vol.II, p.116.
〔6〕 〔英〕格林堡著,康成译:《鸦片战争前中英通商史》,第58页。

度公司在伦敦的茶叶销售量急遽增多,在 1783 年尚少于 5 858 000 磅,而在 1785 年却超过了 15 000 090 磅。[1] 为适应国内茶叶消费的需要,东印度公司亦迅速增加在广州的茶叶进口。据记载,在 1792 年后的 7 年里,就有 4 300 万镑的白银从英国载运到广州,以偿付逐渐增多的茶叶进口。[2] 这时英国东印度公司在广州购买茶叶的数量已远远超过其他欧洲大陆公司的总和,有一位证人在众议院选委会面前作证时说:"我可以说,公司对每一片红茶都享有购买特权,我的意思是,每一包任何价格的红茶首先都是提供给公司,并呈送给他们检查。"当然,也有来自其他外国买主的竞争,但是其他欧洲买主的投资还不到公司利息的 1/7。[3] 然而,交换法实行的时间并不长,大约在 20 年以后,茶叶进口税又从 12.5% 提高到 100%,而且一直保持到 1833 年。[4]

英国东印度公司从广州进口茶叶所攫取的利润异常优厚,由 1830 年公司提交众议院审查委员会的各种证据表明,每年仅茶叶一项的总收益就有 100 万至 150 万镑不等,相当于东印度公司的全部利润所得。[5] 正因为利数所在,故东印度公司在最后几年,几乎没有再输出其他货物,而是仅致力于茶叶贸易,茶叶已经成为公司商业存在的理由。[6] 在利润之外,茶叶还给英国国库带来了平均每年 3 300 000 镑的税入,相当于英国国库总收入的 1/10 左右。[7] 在东印度公司存在的 200 多年里,茶叶无疑是其贸易中最大和最有价值的组成部分,它被认为是近代中国在世界商品市场上最有意义的商品之一,在全球商业史的交汇点上,起到了一种类似于 19 世纪末的橡胶和棕榈油等战略商品的作用。[8]

三、港脚贸易

港脚贸易指的是 17 世纪末叶至 19 世纪中叶在印度、东印度群岛和中国之间的三角贸易。从事这种贸易的商人叫作"港脚商人",他们由英国东印度公司发给营业许可证,在广州为公司购买茶叶提供必要的资金,他们在整个对华贸易

〔1〕 J. Kumar, Indo-Chinese Trade, p.13.

〔2〕 Ibid., p.5.

〔3〕 K. M. Panikkar, Asia and Western Dominance: A Survey Of the Vasco Da Gama Epoch Of Asian History 1498 - 1945, 1955, London, p.81.

〔4〕 〔英〕格林堡著,康成译:《鸦片战争前中英通商史》,第 58 页。

〔5〕 British Trade and the Opening Of China, pp.3 - 4.

〔6〕 Ibid., p.4

〔7〕 Ibid., p.4.

〔8〕 H. Furber, Rival Empires Of Trade in the Orient 1600 - 1800, Minneapolis, 1976, p.44.

中所扮演的重要角色,已使公司"在垄断的墙壁上出现了两道裂缝"。[1] 港脚商人使用的船只称为"港脚船",这种船大多在印度建造,载重500—700吨,有的达到1 000吨,船上的管理人员是欧洲人,而操作人员却是亚洲人,他们在从孟加拉航行至广州之前,必须签订合同,同意服从在广州的公司大班的约束。[2]

港脚船载运到广州的货物比较复杂,从孟加拉载运来的是棉花、谷物、粗黄麻布、黄麻袋、鸦片、布匹、硝石和其他物品,返航载运回去的是药物、金属、糖、冰糖、茶叶、朱砂和布匹。[3] 孟买的港脚船到广州进行贸易,一般是在每年的五月初从孟买出航,九月底到达广州,载运的货物有原棉、宝石、象牙、胡椒、檀香木和鱼翅,途中经过马六甲海峡时,以布匹交换胡椒、锡和木材,一起载运到广州,返航时载运茶叶、丝绸、瓷器、樟脑、冰糖、水银和柚木。[4]

港脚船从印度载运到广州的货物虽然名目繁多,但主要还是以棉花和鸦片两种为最大宗。据说在1784年之前,由私人从印度出口棉花到广州是微乎其微的,但从第二年起,私人载运棉花到广州的数量则明显增加,在1785—1798年,由港脚船每年出口到广州的棉花已远远超过公司船载运的数量;在1799—1800年,出口量扩大到60 000包,价值720 000镑;在1805—1806年,出口量又增加到140 000包。在此之后的30年里,从未再达到这个数字,当时印度棉花在广州的销售价是每担10—15两白银。[5] 在1801年以前,从印度出口到广州的棉花几乎全部来自孟买,而古吉拉特的北部港口、库奇和辛德亦运送大量棉花到孟买,以出口到广州。根据1801年9月21日孟买和苏拉特的外贸报告说,孟买对华出口贸易在之前的15年急遽增长,主要是出口原棉到广州,每年由私商载运出口的数量通常是60 000—70 000包。[6] 由于孟买棉在中国市场的销路较好,故港脚船每年载运出口的数量越来越大,据不完全统计,在1816年有8艘孟买船和8艘印度船载运53 700包棉花从孟买出口到广州,在1817年出口数量增加到80 000包,1818年又增加到82 500包。[7] 从孟加拉出口棉花到广州,自1802年开始具有较大规模,这年从孟加拉出口了大约9 000包棉花到广州,翌年增加到约27 000包。[8] 在1802—1806年,孟加拉同广州每年平均贸易额将近

〔1〕　British Trade and the Opening Of China, p.11.
〔2〕　J. Kumar, Indo-Chinese Trade, p.181.
〔3〕　Ibid., p.4.
〔4〕　C. G. F. Simkim, The Traditional Trade Of Asia, p.246.
〔5〕　J. Kumar, Indo-Chinese Trade, p.38.
〔6〕　Ibid., pp.38 - 39.
〔7〕　Ibid., p.88.
〔8〕　Ibid., p.39.

940 万卢比;在 1809—1810 年,因棉花载运数量减少以及载运上的困难,平均贸易额下降到 660 万卢比,第二年又出现上长趋势,至 1813—1814 年已增加到 1 000 万卢比。[1]

至于由港脚船载运到广州的鸦片数量,仅 1789 年从卡尔卡特来的港脚船就载运了价值 500 000 镑的鸦片,其中约 3/5 运至广州,其余运至印度尼西亚和马来亚。[2] 据估计,在 19 世纪初,英国每年在广州购买茶叶和丝绸的价值约为 800 万镑,其中有 600 万镑取之于港脚商人销售鸦片所得的白银。[3] 在 1823 年以后,港脚船出口到广州的鸦片价值已远远超过棉花,且棉花是在以物易物的条件下分别卖给广州行商,而鸦片却是现款交易,故鸦片已成为东印度公司攫取现银以购买茶叶的主要印度产品。在 1801 年 3 月,公司董事会就直截了当地建议孟加拉总督增加鸦片生产,借以避免向中国运送白银。[4]

港脚贸易在中英广州贸易中所起的作用是不可忽视的。首先,港脚贸易改变了中英贸易中进出口货物的比例,据统计,在 1818—1831 年,由港脚船出口到广州的鸦片价值已占英国出口总额的一半以上,来自印度的原棉占 1/4;英国产品,主要是毛织品,约占总额的 1/8,鸦片和棉花以外的印度产品和南洋群岛的产品,约占 1/10。而从广州进口的货物,茶叶占 3/5,丝占 1/5。若只凭英国出口到广州的货物,显然远远不足以偿付从广州进口的货物,而造成进出口货物比例逆转的正是港脚贸易。[5] 下面列举的是 1817—1833 年英国东印度公司和港脚商人在广州的进出口货物价值表(单位:千元):

表五 广州进出口货物价值表

年 度	出 口 到 广 州		从 广 州 进 口	
	东印度公司	港 脚 商	东印度公司	港 脚 商
1817	5 045	8 650	6 127	3 642
1818	4 334	8 714	5 946	4 126
1819	4 212	4 408	8 036	3 671
1820	4 856	10 128	8 335	5 081
1821	4 877	9 123	7 998	5 689

[1] J. Kumar, Indo-Chinese Trade, p.59.
[2] Ibid., p.247.
[3] Ibid., p.161.
[4] [英]格林堡著,康成译:《鸦片战争前中英通商史》,第 96—97 页
[5] [美]马士著,张汇文等译:《中华帝国对外关系史》第一卷,商务印书馆,1963 年,第 94 页。

年 度	出 口 到 广 州		从 广 州 进 口	
	东印度公司	港 脚 商	东印度公司	港 脚 商
1822	3 663	13 268	8 548	4 163
1823	5 180	10 954	8 674	4 047
1824	5 158	10 896	7 986	4 056
1825	5 157	15 701	8 213	5 264
1826	5 871	15 710	9 370	4 293
1827	4 519	15 846	8 479	3 562
1828	4 960	15 373	7 676	6 255
1829	4 484	18 412	7 531	6 265
1830	4 154	17 393	7 757	5 293
1831	3 688	16 832	7 763	5 176
1832	4 039	18 258	8 018	4 646
1833	4 358	19 099	7 668	5 778

资料来源：［英］格林堡著，康成译：《鸦片战争前中英通商史》，第197—198页。

从上表可以看出，港脚商出口到广州的货物价值远远高过公司的出口额，相反，公司从广州进口的货物价值却大大超过港脚商的进口额，于是，港脚商在对华贸易中的顺差正弥补公司对华贸易的逆差，使东印度公司不必再往广州输送白银。港脚贸易在改变中英贸易比例中所起的作用，正如格林堡（M.Greenberg）所说："在于它作为供应广州茶叶投资的不可缺少的手段和为从印度向英汇款提供途径方面所起的重要作用。"[1]

其次，港脚贸易为东印度公司提供了优厚的利润与税收。港脚船必须取得东印度公司的许可证，由欧洲人统率，它们实际就是东印度公司的船只。[2] 港脚商人在广州的贸易所得，大多换成了公司发放的伦敦汇票或孟加拉汇票，因此，港脚商人所赢取的利润就有部分转到东印度公司手里，例如在19世纪初期，港脚商人的棉花贸易为东印度公司提供了优厚利润，据1815年6月7日孟加拉

---

〔1〕 ［英］格林堡著，康成译：《鸦片战争前中英通商史》，第14页。
〔2〕 C. R. Boxer, Fidalsos in the Far East, 1948, The Hague, p.277.

的商务会计报告说,在 1809—1812 年,公司从售卖棉花到广州的港脚贸易中攫取了近 50 万卢比的纯利润,这使英国商务部深受鼓舞。[1] 与此同时,港脚贸易也为公司增加了大量税收,如在 1813 年之前的 5 年里,公司从港脚商的鸦片贸易中所征收的税收,平均每年约 767 000 镑。[2]

第三,港脚贸易打破了东印度公司对华贸易的垄断。港脚商人虽然只是东印度公司的特许商人,但是公司必须依靠他们,依靠他们的贸易来弥补广州贸易的逆差,依靠他们换取汇票把自己的资金带回英国。因此,公司对港脚贸易一贯采取鼓励和支持的态度。他们定期把鸦片售卖给港脚商人,让港脚商人将之走私到广州。[3] 甚至公司的驻华大班都不从事公司船只所载运的货物贸易,而是充当港脚商人的代理人。[4] 因此,港脚贸易的规模不断扩大,港脚商人的势力逐渐发展,他们不仅摆脱了东印度公司的支配和羁绊,使公司在经济上依赖他们,而且联络了印度的殖民资本和英国的产业资本,在政治上推翻了公司的垄断,抢走公司对华贸易的地盘。另外,他们还利用自己的力量影响英国政府改变对华贸易的政策,一方面在广州利用中国行商资金不足的弱点,把他们变成自己的买办,利用清朝官员的腐败无能,肆无忌惮地进行鸦片走私,破坏中国的对外贸易制度;另一方面积极鼓动英国政府实行炮舰政策,用武力打开中国的门户,强迫清政府接受不平等条约,修改广州通商制度,开放沿海各大口岸,让予贸易特权等等。[5]

综上所述,鸦片战争前英商在广州的贸易,事实就是东印度公司与港脚商人之间的角逐。起初,东印度公司为了垄断广州的茶叶贸易,为了扭转对华贸易的逆差,积极支持和鼓励港脚商人到广州进行贸易。而后,随着港脚贸易的扩大和港脚商人势力的发展,他们对东印度公司对广州贸易的垄断越来越不满,终于迫使英国国会于1834 年 4 月 22 日终止东印度公司对华贸易的垄断权。此后,英国自由商人大量涌入广州,对华贸易额急遽增长,而当中国政府严厉禁止鸦片进口时,这些自由商人为了维护鸦片贸易,继续从中攫取暴利,即极力煽动英国政府发动侵华战争。

---

〔1〕　J. Kumar, Indo-Chinese Trade, p.42.
〔2〕　Journal of the Statistical Society of London, 1856, Vol.19, p.283.
〔3〕　C. G. F. Simkim, The Traditional Trade of Asia, p.248.
〔4〕　[英] 格林堡著,康成译:《鸦片战争前中英通商史》,第17页。
〔5〕　同上书,第2页。

第六节　中英通商冲突与鸦片战争

英国政府为了改善对华贸易的条件,曾分别于乾隆五十七年和嘉庆二十一年两次派遣使节到中国。这两次使节任务的失败以及后来发生的英国商务监督律劳卑被驱逐事件,使英国政府认识到,企图通过平等方式与中国进行外交来改善对华贸易条件已是不可能,惟一的办法是诉诸武力,也就是用武力打开中国的大门,迫使清政府取消对外贸易的限制,这就使中英两国的冲突成为必然。而这种必然却通过清政府禁止鸦片贸易这个偶然事件爆发出来。英国政府为了维持鸦片贸易,不惜调动大批军舰,对中国发动侵略战争,迫使清政府签订《南京条约》,使中国从此沦入半封建半殖民地的深渊。

一、马戛尔尼与阿美士德使华

清政府一向把对外贸易看作是对外国的一种"体恤"和"怀柔",来华贸易的外商不仅被限制在广州一口,只能同指定的行商进行贸易,而且规定每年春夏须寓居于澳门,至秋冬进入广州时亦只能住在商馆内,不准携带家属,不准坐轿进馆,不准外出,每月只能在初八、十八、二十八这三天,编成 10 人一组,由翻译带领外出。[1] 这些严苛的规定使外商感到一种压迫,一种人身侮辱,但他们无法直接同清朝官员进行交涉,亦不能通过外交途径提出申诉,他们总认为这是广州地方当局所为,可能皇帝并不知道。因此,在华贸易的一些英国东印度公司代理人就建议英国政府,派遣一个使节到北京面见中国皇帝,请求他下令解除这些规定。当时在北京供职的一些外国人也认为,这个拟议的使团,如果很好地筹备一下,可以起到一些好的作用。[2] 于是,正式访华的英国使团就在这种提议下应运而生。

这次使团由马戛尔尼勋爵(George Macartney)率领,他是一位著名的外交家,1764 年曾任英国驻俄公使,1780 年任英属印度马德拉斯总督。他对此次使华寄有一定希望,认为中国政府将会认识到与英国进行外交会谈的双边利益,因为它可以导致两国间贸易的增加。[3] 然而,乾隆皇帝的看法并非如此,他把英使访华看作是"藩属朝贡",他考虑的并不是什么两国之间的贸易,而是如何"整

---

〔1〕 《澳门月报》1834 年 12 月。

〔2〕 [英]斯当东著,叶笃义译:《英使谒见乾隆纪实》,第 24—25 页。

〔3〕 马戛尔尼致月·达斯的信(1792 年 1 月 4 日),转引自张顺洪:《马戛尔尼和阿美士德对华评价与态度的比较》,《近代史研究》1992 年第 3 期。

肃威严,使外夷知所敬畏",如何迫使他们"行三跪九叩首之礼",如何防止"奸民勾引"等等。他在写给英王复信中的"名言":"天朝物产丰盈,无所不有,原不借外夷货物以通有无。特因天朝所产茶叶、磁器、丝觔,为西洋各国及尔国必需之物,是以加恩体恤,在澳门开设洋行,俾得日用有资,并沾余润。"[1]至今仍被引用作为中国自给自足封建自然经济的最好写照。这两种截然不同的看法,注定了此次访华的必然失败。

马戛尔尼一行于1792年9月26日由朴次茅斯(Portsmouth)出发,1793年8月5日抵达天津大沽,8月21日到北京,随后赴热河觐见乾隆皇帝。他们所提出的几点要求,即在北京设立领事,到浙江宁波、舟山及天津、广东等地自由贸易,在舟山附近岛屿设立定居点,减轻广州的贸易限制和苛征,等等,均遭到断然拒绝。正如马士所言:"英使此行,除了可以说'他是优蒙礼遇,备承款待,严受监护,和礼让遣去'而外,实在没有得到一点真正的好处。"[2]

20余年后,英国政府又派出第二次访华使团,其目的是"设法消除种种显著的不满,并将东印度公司的贸易建立在一个安全的基础上,能托庇于皇帝的保护,不受地方当局的侵害"[3]。此次使团由阿美士德勋爵(William Pitt Amherst)率领,他们于1816年2月8日从朴次茅斯出发,8月28日到达北京。由于拒绝行三跪九叩礼,正使在临觐见嘉庆皇帝时,"忽称急病,不能动履";副使二人亦"同称患病",于是触怒了嘉庆皇帝,即日就被遣令归国,[4]什么任务也没有完成就返回广州。

这两次英使团访华虽然没有达到什么预期的目的,但是他们由此加深了对清政府的了解与认识,直接影响了英国政府对华政策的改变。马戛尔尼通过与中国官员的接触,发现中国政府并不像他估计的那样热衷于外贸,它更关心的是社会的稳定,这种稳定在中国政府看来可能会被同外部世界频繁的交往所削弱。他指责中国政府在对外政策与态度上,有一种"做作的"自我优越感,它不愿与外国进行任何基于互惠原则之上的官方事务往来,同他国的官方交涉只是基于对外国人的恩赐。他认为中国当时的军事力量非常薄弱,难以抵抗训练有素的欧洲军队的进攻,如中英发生冲突,英国很容易摧毁中国的海防。[5]阿美士德在利用外交手段改善对华贸易条件的尝试失败后,则认为英国政府只有三条路

〔1〕《清高宗实录》卷一四三五,乾隆五十八年八月己卯。
〔2〕[美]马士著,张汇文等译:《中华帝国对外关系史》第一卷,第61页。
〔3〕[美]马士、宓亨利著,姚曾廙译:《远东国际关系史》上册,第47页。
〔4〕《清仁宗实录》卷三二○,嘉庆二十一年七月乙卯。
〔5〕张顺洪:《马戛尔尼和阿美士德对华评价与态度的比较》,《近代史研究》1992年第3期。

可走:一条是诉诸武力,另一条是维持现状,再一条是放弃贸易。而维持原状与放弃贸易不能接受,惟一的出路就是动用武力,强迫中国按照合理的条件管理贸易。[1] 两位英使的看法,直接影响了以后中英关系的发展,亦与鸦片战争的爆发有着密切的联系。

二、律劳卑事件

随着英国资本主义的发展和英国工商业资本家势力的日益强大,由东印度公司垄断对华贸易已经引起越来越多的不满,在以曼彻斯特资本家为代表的自由贸易派的极力攻击下,英国国会不得不于 1834 年 4 月 22 日终止东印度公司对华贸易的垄断权。此后,到中国贸易的英国自由商人数量遽增,他们之间互不相辖,其管理问题遂成为中英双方关注的焦点。

就中国方面来说,以前整个英国对华贸易,包括英国和印度两方面的贸易在内,一向都是在东印度公司的管辖之下,由公司派出大班来广州总理贸易事务,约束英商,如果发生什么问题,清政府可对大班施加压力,甚至以停止贸易要挟。可是现在公司已散局,来广州贸易的是一些不受任何上司管辖的自由商人,如果发生违法事件,无从责成哪一个人负责,因此,两广总督李鸿宾曾于 1831 年 1 月经行商传谕大班寄信回国,要求"若果公司散局,仍酌派晓事大班来粤,总理贸易"。[2]

就英国方面来说,东印度公司对华贸易专利被取消后,由于自由商人大量涌入广州,两国之间的贸易额迅速增加,但是清政府仍然只准许他们同指定的行商进行贸易,于是行商乘机抬高价格,据说丝价大约涨了 25%,茶叶涨了 55%,进口鸦片减价 15%,棉花减价 9% 以上。[3] 对于行商的垄断,自由商人束手无策,他们寄希望于英国政府能派人到广州进行调停。而在伦敦方面,处理对华贸易问题的权力已从东印度公司董事会转到英国外交部,英国政府亦认为有必要在中国成立一个机构,以代替以前东印度公司的大班。[4]

鉴于两国之间的共同要求,英国政府于 1833 年 12 月 10 日任命律劳卑男爵(W. J. Napier)为驻华商务总监督,部楼东(W. H. C. Plowden)为第二监督,德庇时(J. F. Davis)为第三监督。后因部楼东在任命到达之前已离开中国,故改以德庇时为第二监督,另任罗宾生(G. B. Robinson)为第三监督。他们的职责是"掌

---

〔1〕 [美]马士著,张汇文等译:《中华帝国对外关系史》第一卷,第 64 页。
〔2〕 《道光朝外交通商案》,《史料旬刊》第二十一期,第 767 页。
〔3〕 [美]马士著,张汇文等译:《中华帝国对外关系史》第一卷,第 192—193 页。
〔4〕 丁名楠等:《帝国主义侵华史》第一卷,人民出版社,1973 年,第 24 页。

管虎门口内一切有关英国船只与水手之事务"。在律劳卑动身来广州之时,英
国外交大臣巴麦尊(H. J. J. Polmerston)曾给予训令,指示他到中国后,第一要设
法扩张英国商业势力到广州以外;第二要在中国沿海夺取一个港口作为英国海
军据点;第三不要干扰鸦片走私贸易。[1]

　　1834 年 7 月 15 日律劳卑到达澳门后,即乘军舰"安涛马奇"号(Andromache)
前往穿鼻岛,从那里乘一艘单桅帆船驶入黄埔,随即改乘一只小艇于 25 日晨抵
达广州。翌日,他直接投书总督署,通知总督他已莅临,并说明他携有英王的委
任状,为英国驻华商务总监督,协同德庇时、罗宾生二人办理此事;函中还声称他
有保护与促进英国贸易之权,并得依情形之需要,行使政治与司法权;最后他请
求与总督面晤。[2] 当时的两广总督卢坤以其不领红照,擅自来省,率递书函,
违反旧例,派人面加查询,反复晓谕。但律劳卑拒不说明原委,也不将兵船撤走。
于是卢坤于 9 月 2 日下令封舱,停其贸易。[3] 律劳卑相应于 9 月 5 日命令军舰
"依莫禁"号(Imogene)和"安涛马奇"号强行驶进珠江,闯抵黄埔,进行恫吓。而
卢坤则下令整顿珠江防务,修理炮台,调兵守备。律劳卑终因实力单薄,不敢进
一步侵犯,加之封舱以后,英商无法贸易,不得不于 10 月 11 日退出广州,26 日
到达澳门,因久患疟疾,于 11 月 11 日病故。[4]

　　律劳卑死后,德庇时继任总监督,他曾在中国为东印度公司服务多年,在律
劳卑到来之前,任东印度公司驻广州监理委员会主任。他决定采取沉默政策,在
给巴麦尊的报告中说:"在中国方面毫无改进的情况下,我将维持绝对沉默状
态,以待本国进一步的训令,这似乎是最适当的办法。"但是,这种沉默政策并不
受广州英商的欢迎,他们正急于乘东印度公司取消垄断权之机大发其财。他们
于 12 月 9 日致函英国政府,指出"含垢忍辱以及对侮辱和怠慢逆来顺受"是极端
失策,认为"这样做会有损国家尊严,而且会引起对我国威力的怀疑"。他们建
议授权一位全权公使,偕同一支适当而有充分规模的武装力量,径往北方去同中
央政府交涉。他们声称,这样显示武力,"不但不至于惹起比较严重的战事,反
而会是避免这样一种冲突的最可靠途径"。[5]

　　对于律劳卑事件的发生,律劳卑本人应该负一定的责任。他从来就轻视中
国政府,不赞成通过外交手段来解决两国间的争端,早在 8 月 14 日就提出,"中

　　〔1〕　姚薇元:《鸦片战争史实考》,人民出版社,1984 年,第 29 页。
　　〔2〕　[美]马士著,张汇文等译:《中华帝国对外关系史》第一卷,第 139—140 页。
　　〔3〕　《清宣宗实录》卷二五五,道光十四年八月甲午。
　　〔4〕　姚薇元:《鸦片战争史实考》,第 30 页。
　　〔5〕　[美]马士、宓亨利著,姚曾廙译:《远东国际关系史》上册,第 86 页。

国政府是外强中干,假若用一支适当的兵力施以压力,一定会比外交更能收效"。8月21日他又写道:"我感到满意的是,阁下将看到同这样一个政府交涉,采取胁迫手段,实有迫切需要,否则谈判徒费时日。"〔1〕英国政府委派他到广州任驻华商务监督,仅赋予他相当于原先东印度公司驻广州监理委员会所掌有的权力,他所奉到的特别训令,其实与东印度公司董事会历年给该会驻广州代理人的训令一样。但是,律劳卑是位贵族,他自以为只能被选任为英王的特使,因此就以特使的身份自居,宣称他的最大目的是:"打开和维持与总督直接的个人通信,以便我能在与行商有关的商务上受到不当对待时,或在与广州府职责有关的对犯人的处置或审判等方面,让他给予纠正,而不是把我自己交给那些行商摆布。"〔2〕但两广总督卢坤却认为:"律劳卑有无官职,无从查其底里,即使实系该国官员,亦不能与天朝疆吏书信平行。"他以律劳卑"不请牌照,擅进省河,妄投书信,屡次晓谕,顽梗不遵"为由,将其驱逐出境。〔3〕

卢坤的这种做法在外交上说来是合理的,正如威灵顿公爵在1835年3月24日的备忘录中指出:"中国人提出为警惕律劳卑以其职权为借口而把他的衔头故作夸大,实质就是由于他过于自负地要求自己强驻在广州,在没有经过交涉和预先得到允许的情况下,就要直接和总督打交道,不管我们在自己的语言中,用什么官衔来称呼我们的官员,在中国人看来都是没有意义的。总之,在未获得中国当局允许前,我们的官员不能去广州,他们也不能背离以往的惯例来进行交涉。"〔4〕然而,尽管如此,英国政府还是无视这些事实,在广州英商的煽动下,于6年之后悍然发动侵华的鸦片战争,对此有的学者认为:"律劳卑事件是鸦片战争的前哨战,英国是通过鸦片战争来报律劳卑之仇。"〔5〕

三、鸦片战争的起因与实质

英国商人把鸦片大量输入中国,不仅改变了对华贸易的逆差,而且造成中国的白银迅速外流。为了制止鸦片的大量输入,清政府于道光十八年十一月特派湖广总督林则徐驰赴粤省,竭力查办鸦片,以清弊源。〔6〕 林则徐到达广州后,一面责令英国鸦片走私商把停泊在伶仃洋的22艘趸船上贮存的鸦片限三日内一律呈缴,

〔1〕 [美]马士、宓亨利著,姚曾廙译:《远东国际关系史》上册,第85页。
〔2〕 广东文史研究馆:《鸦片战争与林则徐史料选译》,广东人民出版社,1986年,第280页。
〔3〕 广东文史研究馆:《鸦片战争史料选译》,中华书局,1983年,第6、18页。
〔4〕 同上书,第241页。
〔5〕 陈舜臣:《鸦片战争实录》,友谊出版公司,1985年,第50页。
〔6〕 《清宣宗实录》卷三一六,道光十八年十一丙辰。

否则就封舱封港,断绝交通;同时还下令逮捕最大的鸦片走私商颠地(Lancelot Dent)。另一方面要求外商具结,不准他们再载运鸦片到中国,违者处死。

当时英国驻广州商务监督义律(Charles Elliot)为了阻止英国商船具结入口,于1839年10月28日率兵船"窝拉疑"号(Volage)和"海阿新"号(Hyaointh)从澳门抵达穿鼻。11月3日为阻止正在具结入口的英船"罗亚尔·撒克逊"号(Royal Saxon),同清军水师提督关天培发生冲突,英船"窝拉疑"号首先开炮,衅端遂开。人们将此穿鼻之役看成是鸦片战争的第一役,认为鸦片战争实开始于此。[1] 其实,就在此之前不久,英国国会内阁成员在鸦片头子查顿(Jardine)的大肆煽动下,已通过了发动侵华战争的决议,由巴麦尊密令义律,准备在1840年5月间,春季商务结束后,开始进攻中国。他们任命海军少将懿律(George Elliot)为侵华军总司令兼全权代表,义律为第二全权代表,布尔利(Colonel Burrell)为"东方远征军"陆军司令,伯麦(James John Gordon Bremer)为海军司令,召集了16艘战船和4000名士兵从印度出发,封锁了长江口,在广州谈判不能如愿时,又派了10000名增援士兵,攻占了从厦门到上海的沿海要地,并成功地进攻南京,[2]迫使清政府签订了城下之盟——《中英南京条约》。

有关鸦片战争的起因与实质,一直是学者们重点探讨的问题之一。有的学者认为,鸦片战争是英国人"为从中国方面争取平等承认的战争"。[3] 这种看法最早出现在英国外相巴麦尊致大清皇帝钦命宰相的照会中,他要求英国政府派到中国的商务官员等,应该由中国政府及其官员"按照文明国家的惯例,并按照对英国国王应有的尊重加以招待,相与往来";要求中国政府把沿海的一处或数处岛屿,永久割让给英国政府,作为英国臣民居住贸易的地方,以免他们遭受中国各口岸地方官的侵害。为了达到此目的,英国政府决定:"立即调派海陆军队前往中国沿海,作为这些要求的后盾。"[4]从照会的内容可以看出,一个国家向另一个国家提出无理的领土要求,这显然是一种侵略行为,怎么能说是"争取平等承认"呢?

另外有的学者认为:"鸦片只是偶然的,真正的原因是中国人对外国贸易难以忍受的限制。"[5]毋庸置疑,清政府在广州实行的对外贸易制度的确有存在

---

[1]　姚薇元:《鸦片战争史实考》,第44—45页。
[2]　C. G. P. Simkin, The Traditional Trade Of Asia, London, Oxford University Press, 1968, p.273.
[3]　西·甫·里默著,卿汝楫译:《中国对外贸易》,生活·读书·新知三联书店,1958年,第6页。
[4]　[美]马士著,张汇文等译:《中华帝国对外关系史》第一卷,第697—709页。
[5]　赖德烈:《中国现代史》,转引自顾卫民:《广州通商制度与鸦片战争》,《历史研究》1989年第1期。

许多不合理的地方,而这些不合理地方往往引起外商的不满,成为中外冲突的必然因素。但是,我们不禁要问:这种必然因素为什么会正好在林则徐禁鸦片的特定时间,通过这个偶然事件爆发呢?

众所周知,清政府在广州实行的对外贸易制度由来已久,其中以行商垄断和无休止的关税勒索最引起外商的强烈不满,他们曾以各种方式表示过抗议,甚至把商船停泊在澳门外洋,拒不进港贸易。如道光九年七月至十月初六共有 22 艘英国商船到达澳门,其中除了一艘因遭风折桅,驶入黄埔修理外,余者全泊在澳门外洋,延不进口。该大班部楼东等人提出不用保商,不用买办,减少船只进出口规银等各项要求,均遭到清政府拒绝,他们无计可施,只好屈服。[1] 英国政府为改善广州的对外贸易制度亦曾作过不少尝试,可是在两次大使访华失败以及律劳卑事件发生后,在广州英商强烈要求"在刺刀尖下同中国订立条约,在大炮瞄准下使条约生效"[2]的情况下,他们并没有发动战争,没有使两国冲突的必然化为现实。究其原因,主要有如下两个方面:

一是制定对外贸易制度,这纯属一个国家的内政,其他国家无权以武力进行干预。如果说到行商垄断问题,在 1834 年之前,英国政府不是也实行过由东印度公司垄断对华贸易吗? 至于进出口关税征收过高,英国政府在 1785 年颁布"交换法"(The Commutation Act)之前,其国内征收的茶叶进口税不是也高达100%以上吗? 因此,单纯为改变一个国家的对外贸易制度而发动战争,英国政府尚感到不是时候。

二是英商在广州贸易虽然受到关税勒索,但是他们从贩卖鸦片所攫取的暴利已远远高过这些勒索。据当时英国国会报告中提供的数字,在 1793 年英商贩卖鸦片所得的利润是 25 万英镑,在 1808—1809 年增加到 594 978 英镑,在1813—1814 年高达 90 万英镑。[3] 如此巨额的鸦片暴利已足以维持英商的心理平衡,使之暂且忍受这种"不平等的限制",而英国政府更不会无知到因小失大,为区区关税勒索去发动一场战争。

林则徐曾向道光皇帝表示过决心:"若鸦片一日不绝,本大臣一日不回,誓与此事相始终。"[4]这就意味着他非断掉英商这些巨额暴利的来源不可。殊不知鸦片贸易对于英国国内的社会稳定,以及维护对其殖民地印度的统治至关重

〔1〕《两广总督李鸿宾等密奏英船以干请未遂延不进口并明白晓谕饬属严防各缘由片》,《清道光朝外交史料》。

〔2〕《澳门月报》1836 年 2 月。

〔3〕 J. Kumar, Indo-Chinese Trade, Bombay, 1974, pp.53 - 54.

〔4〕《清宣宗实录》卷三二〇,道光十九年三月乙卯。

要,1840年埃伦巴勒勋爵在英国国会的发言中就强调指出:"从鸦片这个来源得来的岁收达一百五十万镑以上,在实效上等于对外国人的一种人头税。如果这项岁收丧失了,就要对我国自己的臣民另抽一种税才能弥补这个损失。"〔1〕英国在印度实行鸦片垄断的收入几达印度全部财政收入的1/7,被称为"财政史上最突出的事实之一";由于鸦片生产的增加,使印度的土地价值提高了4倍,它不仅使印度地主大发其财,而且维持了数千人的生活,使加尔各答的商业和航运沾利不少。〔2〕《鸦片问题》一书的作者,英国伦敦内殿法学会会员、律师塞缪尔·华伦(Samuel Warren)曾嘲讽过鸦片贸易的巨大作用:"用鸦片换来的白银,则使英属大片土地喜气洋洋,人丁兴旺;也使英国的工业品对印度斯坦输出大为扩张,更使得这方面的海上航行与一般商务大为兴盛,并且还给英属印度国库带来一笔收入,其数超过整个孟买的田赋总额。"〔3〕

既然鸦片贸易的作用如此重大,那么,英国政府绝对不会坐视林则徐禁烟而不管。1839年9月下旬,鸦片头子查顿就以"伦敦印度公司中国协会"核心领导的身份,逃回伦敦大肆煽动侵华战争;10月1日,英国内阁会议通过了发动侵华战争的决议;1840年1月16日,英国女王维多利亚(Victoria)在国会发表演说:"在中国发生的事件已经引起我国臣民与该国通商关系中断,我已极严重注意,并将继续注意这一影响我国臣民利益和王室尊严的事件。"〔4〕这些事实说明,英国政府为了维护鸦片贸易,为了继续从鸦片贸易中攫取巨额暴利,必然要以武力来制止中国的禁鸦片运动,这就是为什么鸦片战争会爆发在林则徐禁鸦片的特定时间,为什么两国之间长期存在的通商冲突会爆发在查禁鸦片这个偶然事件的根本原因。斯坦厄普勋爵在向女王递交的一份奏章中就明确地指出这一点:"中英的友好关系所以遭到破坏是由于英国臣民违背中国政府的禁令,坚持把鸦片运进中国去所引起的。"〔5〕

尽管在1842年8月29日签署的《中英南京条约》中,只字不提鸦片问题,但这并不能说明英国政府"不是为维持鸦片贸易而战",〔6〕相反却说明英国政府害怕提及"鸦片"这两个罪恶的字眼,从中要弄了"此地无银三百两"的伎俩。其实,在《南京条约》签订的前一年,巴麦尊就致函英方全权代表亨利·璞鼎查

〔1〕 广东文史研究馆:《鸦片战争史料选译》,第235页。
〔2〕 [英]格林堡著,康成译:《鸦片战争前中英通商史》,第96页。
〔3〕 广东文史研究馆:《鸦片战争史料选译》,第196页。
〔4〕 同上书,第51页。
〔5〕 同上书,第231页。
〔6〕 [美]马士、宓亨利著,姚曾廙译:《远东国际关系史》上册,第111页。

（Henry Pottinger），要求他提醒中方代表："为了维持两国间持久的真诚谅解起见，中国政府把鸦片贸易置于一个正常合法的地位，是极关重要的。"同时他还威胁说："鸦片贸易既被法律禁止，它就势必要用欺蒙和暴力的手段来进行，因此在中国查缉人员和从事鸦片贸易的当事人间，必然会发生经常的冲突和斗争。这些当事人一般都是英国臣民，所以也就不能想象英国鸦片走私者和中国当局间长此进行着私下的战争而不会发生危及中、英两国政府间真诚谅解的事端。"他希望璞鼎查能尽量说服中方全权大臣，使他们改变查禁鸦片的法律，"以一种正常关税把他们所不能禁止的一项贸易予以合法化"。[1] 在《南京条约》签订后，继任的英国外相阿伯丁得知中方钦差已对璞鼎查作出如下保证"中国官员必将奉谕把他们在那方面的管辖权局限于本国兵民，不许他们随便利用。不论各国商船携带鸦片与否，中国无须过问，也毋庸对它们采取任何措置"后，便兴高采地说："如果这项保证中所蕴含的原则能由中国政府切实遵照办理，似乎就再没有理由担心为鸦片会同他们发生冲突了。"然而，阿伯丁毕竟知道鸦片贸易是不光彩的，于是他一再告诫璞鼎查："不论你劝促中国政府将鸦片销售合法化的努力结果如何，女王陛下的驻华官员都应该对于这样不名誉的一种贸易的一切干系，置身事外。"[2]由此可见，英国政府真正需要的是鸦片贸易的合法化，他们不惜以欺骗与威胁手段，迫使中国政府取消鸦片禁令，而为了逃脱罪责，掩盖这种不名誉的行为，他们又巧妙地为之披上"争取商务上平等承认"的外衣。

综上所述，中英两国之间的贸易，由于清政府制定的对外贸易制度存在一些不合理的地方，英商对此极为不满，经常煽动英国政府以武力迫使清政府改变贸易制度。但是英国政府之所以迟迟没有动手，主要是因为英商从鸦片走私贸易中可攫取巨额暴利，这些暴利不仅远远高过被中国官员勒索的各项关税，而且已成为英国国家和英属印度殖民地财政收入的重要组成部分，因此双方的利益平衡还暂时可以维持。而到1839年林则徐实行禁烟后，这种平衡就被打破了，林则徐的坚决态度意味着英商攫取巨额暴利的途径将被切断，于是，为了维护鸦片贸易，为了继续从中攫取暴利，英国政府终于发动了侵华战争。这场战争的实质，显然是英国政府为保护鸦片贸易，用武力迫使清政府取消鸦片禁令，默许鸦片贸易继续进行的一场世界史上罕见的非正义战争。

〔1〕 ［美］马士著，张汇文等译：《中华帝国对外关系史》第一卷，第750—751页。
〔2〕 同上书，第761—763页。

第七节　英占香港与香港贸易
转口港的形成

香港地处中国南疆,位于珠江口外,濒临南海。早在五六千年前已经有中国先民在这里居住,他们掌握了一定的水上交通技术,通过江河和海洋与邻近部落进行交流。[1] 香港在秦、汉、三国及东晋初年属番禺县。东晋咸和六年(331年)至唐至德元年(756年)属宝安县,至德二年(757年)至明隆庆六年(1572年)属东莞县。[2]

一、鸦片战争之前的香港

(一)明代之前香港的海外交通与海防

香港拥有众多的优良港口,其中屯门是广州的重要外港和扼南海交通贸易的冲要之地。

随着广州对外贸易的发展,屯门由于地理位置优越,成为中外商人进出广州的中继港。唐贞元年间,宰相贾耽记述从广州至阿拉伯的航线:"广州东南海行,二百里至屯门山,乃帆风西行,二日至九州石……至乌剌国。"[3]从贾耽的记述来看,当时由南海来广州的商舶,多数先集中在屯门,然后再北上抵达广州,反之亦然。由此可见,屯门在中外海上交通中的枢纽地位。

屯门为广州港的门户,为了保护往来商舶和维护境内安全,唐开元二十四年(736年)正月,"置屯门镇,领兵二千人,以防海口",[4]此为屯门之得名,时镇兵谓之"经略军"。[5] 及至五代十国时期,屯门一带为南汉政权的领土,改屯门军镇为"靖海都巡",并增建军寨,对过往各国商船抽收关税。因此,大宝十二年(969年),南汉主刘𬬮敕封屯门山为瑞应山,所刻碑铭至宋朝仍然存在,[6]表明南汉政权对屯门之重视。宋代重视海外贸易更甚,宋朝于该地设"屯门砦",仍设置营垒派兵驻守。据《新安县志》记载,佛堂门有宋度宗咸淳二年(1266

〔1〕 邓聪:《从东亚考古学角度谈香港史前史重建》,《中国文物报》1996年1月21日。
〔2〕 萧国健:《香港前代社会》,(香港)中华书局,1990年,第13页。
〔3〕 欧阳修等:《新唐书》,中华书局,1975年,第1153页。
〔4〕 王溥:《唐会要》,世界书局,1982年,第1321页。
〔5〕 欧阳修等:《新唐书》,第1095页。
〔6〕 蒋之奇:《杯渡山纪略》,《新安县志》,成文书版社,1974年,第575页。

年)石刻,碑文曰:"碇齿湾古有税关,今废,基址尤存。"[1]香港佛头洲亦曾发现一块石碑,刻有"德怀交趾国贡赋遥道"和"税厂值理重修"等字,[2]说明佛堂门曾与越南有着密切的海上交往,也是商旅往来之地。元朝在屯门设置"巡检司",衙署建于屯门寨,委派巡检一员,统辖寨兵150人。屯门巡检司后来改称官富巡检司,负责相当于今日香港全境的行政和军事管治。[3]

(二) 明代香港的海外交通与海防

明初,政府实行严厉的海禁,规定"片板不许下海",[4]禁止私人出海贸易,只允许在"朝贡"的名义下与外国发生交往。明政府为了加强对外国朝贡的管理,规定了各国入贡的贡道,真腊、占城、暹罗、满剌加等国由广东入贡,[5]并要求贡船必须停泊在指定的港口,即"凡番船停泊,必以海滨之湾环者为澳",屯门即为其中之一澳。[6]

为了实施海禁,加强海防,明太祖于洪武二十七年(1394年)设立广东海道,由副使一员、都指挥一员、卫指挥一员负责守护广东海岸,以防倭寇侵犯。[7]其中,南头及其东南之屯门为海防之要害,"海之关隘,实在屯门澳口,而南头则切近之"。[8] 同年,明朝在东莞县特别设立了守御千户所,当时东莞守御千户所设在南头城,并于东莞县城东南约三百五十里处设置了大鹏守御千户所。[9]

明朝中叶,广东沿海设有三路巡海备倭官军。其中的中路"至东莞县南头城,出佛堂门、十字门、冷水角诸海澳"。[10] 佛堂门在香港地区,该地区显然属于中路的防御范围。东莞、大鹏两个千户所的驻军经常在陆上和这些水域内进行巡视。[11]

嘉靖四十二年(1563年),福建巡抚谭纶、总兵戚继光联名上奏,向明廷建议设水师守卫海岸线。随后,广东全省水师分别组成六寨,负责守卫沿海州府的海

〔1〕 王崇熙:《新安县志》,第152页。
〔2〕 元邦建:《香港史略》,中流出版社有限公司,1988年,第35页。
〔3〕 李治安:《元代政治制度研究》,人民出版社,2003年,第221—222页。
〔4〕 张廷玉等:《明史》,中华书局,1974年,第5403页。
〔5〕 李东阳等:《明会典》卷一〇五、卷一〇六,《万有文库》本。
〔6〕 屈大均:《广东新语》,中华书局,1985年,第36页。
〔7〕 顾炎武:《天下郡国利病书》卷一〇一,光绪二十七年二林斋藏本。
〔8〕 陈文辅:《都宪汪公遗爱祠记》,《新安县志》,第580页。
〔9〕 顾祖禹:《读史方舆纪要》卷一〇一,《万有文库》本。
〔10〕 严从简著,余思黎点校:《殊域周咨录》,中华书局,2000年,第101页。
〔11〕 茅元仪:《武备志》,《中国兵书集成》,解放军出版社、辽沈书社,1989年,第9254—9255页。

域。[1]　南头寨下的佛堂门和大澳两汛地属香港地区。据明人应槚所述,南头寨的兵船驻泊在屯门,有两队官哨巡海。其中一队出佛堂门,东至大鹏,并在大星与碣石停泊;另一队则出浪白、横琴、三竈,西至大金,与北津兵船会哨。[2]

明政府在九龙亦建有军事设施。万历九年(1581年)应槚编的《苍梧总督军门志》对九龙已有记载。万历年间完成的郭棐著《粤大记》在广东沿海图内记有九龙山一地。清康熙朝编的《新安县志》引用明朝旧志所载香港及邻近地区的海防设施,也提及九龙是重要汛站之一。[3]

总之,从1394年设立广东海道以后,香港地区的屯门、鸡西等澳不仅成为外国贡船停泊的港口,并且已经成为广东沿海防倭守御系统中的前哨基地,特设千户所。到16世纪50年代,在广东海上巡逻划分为三路之后,明代海防文献时常提到屯门、佛堂门、大屿山的大澳、东涌等地名。这些地点在海防系统中地位重要,明朝政府在这些地区设立了巡防前哨,加强了对香港地区的控制和南海航路的管理。

(三) 清代前期香港的海外交通与海防

清初,为了切断郑成功与内地的联系,扼杀郑氏的贸易活动,以削弱郑氏的力量,清政府多次发布禁海令,并强令迁界,香港因属迁界范围,所受打击极大,"经济受到毁灭性的打击,也使数以万计的香港居民饱尝颠沛流离之苦"[4]。

康熙七年恢复旧界。由于西方殖民者东来,不断侵扰我国东南沿海,为加强香港的防御,清政府在新安县沿边设墩台21座以巩固海防,其中包括九龙墩台,并派30名士兵防守。[5]　其他的佛堂门墩台、屯门墩台、大埔头墩台和麻雀岭墩台也在香港境内。其后虽有裁减,但始终派有驻军。由此可见,清政府对香港在海防上的重要地位已有清楚的认识。

清代中期,清廷实施一口通商。与此同时,强化了在香港地区的军事部署,并将香港本岛纳入海防体系。大概从嘉庆时期开始,清政府已在香港岛设有红香炉和赤柱两汛,驻兵防守。同治朝编的《广东图说》在谈及香港岛的驻军时有以下记载:"旧有居民数十户,东有红香炉汛,东南有赤柱汛"。[6]　自此,岛上官

---

[1]　周广:《广东考古辑要》卷三〇,光绪十九年刻本。
[2]　应槚:《苍梧总督军门志》卷五,全国图书馆文献缩微复制中心,1991年,第96页。
[3]　靳文谟:《新安县志》,1962年油印本,第8页上。
[4]　卢受采、卢冬青:《香港经济史》,人民出版社,2004年,第35页。
[5]　靳文谟:《新安县志》,第3页下、第4页上。
[6]　桂文灿:《广东图说》卷一三,《中国方志丛书》本。

兵有增无减。[1]

二、英国侵占香港

为了打开对华贸易的大门,英国人很早就看中了香港地区,企图占领香港,将其作为对华扩张的基地。1842 年,第一次鸦片战争后,清廷战败,英国迫使清朝签订《南京条约》,将香港岛割让给英国。

(一) 战前英国在香港的鸦片走私贸易

随着中英贸易的发展,英国的工业品不能打开中国市场,对华贸易出现了巨额逆差,每年要用大量银元弥补贸易逆差。为了扭转对华贸易逆差,英国开始向中国走私鸦片,获取暴利。虽然清政府三令五申禁止鸦片进口,但英国商人通过走私,把大量鸦片运进中国。其中,香港是英国商人走私鸦片的重要集散地。

随着鸦片走私贸易的发展,英国商人迫切要求在中国东南沿海占领一个岛屿,作为鸦片贸易的基地。无论是英国商人,还是来华的商务监督,他们都看中了地理位置优越的香港岛。到 1837 年时,英商已经大量集中在香港、九龙、尖沙咀一带,并私自建立居留地。

1939 年 10 月,86 艘英国商船代表 21 家商行停泊在海面上,还上岸搭寮居住,并派人找当地村民购买粮食和汲取用水。一位鸦片贩子在写给英国首相巴麦尊的信中说:"如果我们认为我们必须占有一个岛屿,或者占有一个邻近广州的海港,可以占领香港。香港拥有非常安全广阔的停泊港,给水充足,并且易于防守。"[2]可见英国占领香港是蓄谋已久的。

(二) 英国占领香港岛

面对鸦片走私规模不断扩大的严峻形势,清政府决心根绝烟毒,于 1838 年末派林则徐为钦差大臣,前往广东"查办海口事件"。1839 年 3 月 10 日林则徐到达广州,立即雷厉风行地把禁烟运动推向高潮。林则徐的禁烟运动直接损害了英国商人的利益,英国政府很快决定对中国发动蓄谋已久的侵略战争,"虎门销烟"也成为了英国发动鸦片战争的导火索。关于鸦片战争的过程,表述很多,这里不再详述。鸦片战争中的中英交涉,英方均将割让海岛放在重要位置,不仅

---

〔1〕 王赓武:《香港史新编》上册,(香港)三联书店有限公司,1997 年,第 46 页。
〔2〕 转引自元邦建:《香港史略》,第 54 页。

事实上侵占了香港岛,并希望以条约的形式固定下来。

1842 年 8 月 29 日,伊里布来到英国军舰"皋华丽"号(Cornwallis),签订了中国近代史上第一个不平等条约——《南京条约》。在这个条约中,中国"准将香港一岛给予大英国君主暨嗣后世袭主位者,常远据守主掌,任便立法治理"。[1] 面积 75.6 平方公里的中国领土香港岛从此被英国夺走。

(三)英国割占九龙和租借新界

九龙半岛包括目前香港地区的九龙(九龙半岛界限街以南地区)和新九龙(又称北九龙)。九龙半岛与香港岛之间是世界少有的深水良港。英国殖民者早就看上了九龙半岛。1847 年 8 月 14 日,英国远东舰队司令西马糜各厘(M. Seymour)在致皇家工兵司令的信函中写道:"我认为迫切需要占有九龙半岛和昂船洲,这不仅是为了防止其落入诋毁英国殖民地的任何外国之手,而且是为了给日益发展的香港社会提供安全保障和必需的供应。占有九龙半岛的另一个理由是,在台风季节它是保障我们船舶安全惟一的、必不可少的避风地。我们决不应该忽视这种极其重要的占领。"[2]实际上,早在鸦片战争中英国人就开始了占领九龙的行动。[3]

1856 年 10 月,英国借口"亚罗号"事件,联合法国发动第二次鸦片战争。一些英国军官再次提出割占九龙的建议。这些建议得到了英国政府的赞同。1860 年 3 月英军强行侵占了九龙半岛尖沙咀一带。此后到达的大批英军大部分都驻扎在九龙半岛,只有很少一部分驻扎在香港岛南部的深水湾和赤柱。1860 年 10 月,英法联军攻占了北京,清政府被迫接受了英法的全部要求,于 24 日签订了《北京条约》,在条约中规定将九龙一区租借给英国。

割占九龙后不久,英国又企图进一步扩大所占领土。这种扩张企图,受其他列强侵华的刺激而不断膨胀,最终 1898 年 6 月 9 日,英国强迫清政府订立《展拓香港界址专条》强租了深圳河以南、界限街以北的九龙半岛广大地区以及 200 多个岛屿,总面积 975.1 平方公里。之后,英国还废止了《专条》中妨碍其扩张势力的条款。

三、香港贸易转口港的形成

(一)香港贸易转口港的形成

1841 年 2 月 1 日,义律与伯麦在英军占领香港岛后发布的第一个布告,就

---

〔1〕　王铁崖:《中外旧约章汇编》第 1 册,生活·读书·新知三联书店,1957 年,第 31 页。
〔2〕　转引自刘蜀永:《简明香港史》,(香港)三联书店有限公司,2009 年,第 28 页。
〔3〕　丁又:《香港初期史话》,生活·读书·新知三联书店,1983 年,第 64 页。

提出："凡属华商与中国船舶来港贸易，一律特许免纳任何费用赋税。"〔1〕在进出口贸易中免纳赋税，这是自由港政策的一项重要内容，应视为香港实施自由港政策的开始。同年 6 月 7 日，义律正式宣布香港为自由港。自由港的政策促进了香港航运业和对外贸易的迅速发展，使香港成为华南进出口货物的集散中心，至 20 世纪初，香港成为远东最重要的贸易转口港。

在香港贸易转口港形成的过程中，轮船业的发展是其重要推动力。从一开始的省港澳航线、鸦片走私贸易航线，再到因苦力贸易而发展的远洋航线，一大批外国的轮船航运公司和中国的轮船招商局等国内航运公司，参与了香港港口贸易的发展。到 19 世纪末，香港成为中国内河、沿海航运中心和远洋航运中心，四通八达的交通枢纽，世界的重要港口。香港轮船，以英国轮船为主，可以到达世界的任何角落。轮船业和随之发达的修船、造船业，成了香港"生命的血液"，而这恰是香港确立中转贸易港地位的重要前提之一。〔2〕

香港转口贸易发展的原因有两个方面，一是香港本身地域狭小、资源有限，缺乏消化大量产品和提供外需品的空间，二是香港在英国治下，可以利用自由港的优势和特殊的地理位置优势从事商品的进出口转运。因而在轮船航运业繁荣等的助推下，香港的进出口贸易得到迅猛发展。

（二）香港转口贸易的发展

据统计，到 1843 年时已有 22 家英国商行、6 家印度商行和一批来自新南威尔士的商人在香港从事转口贸易，有 497 艘外贸船只进入香港口岸，总吨位180 572吨。虽然之后由于其他通商口岸的开放，广州作为外贸中心的地位下降，加上西方工业品在中国销路不畅，香港的转口贸易一度萎缩，但在 1848 年后形势有所好转。

当时香港进口的商品有鸦片、百货、棉纱、茶叶、丝绸、大米、盐、糖、煤炭、木材等。其中百货、煤、米、木材、杂货等主要供本港需要，一部分转运澳门及中国沿海的其他港口。棉花来自印度的马德拉斯、孟买、加尔各答，及新加坡、威尔士等处，主要运销黄埔，部分在港澳销纳。鸦片系由印度运载来港，除了就地销售一部分外，主要转销黄埔及东部各口岸。黄埔运出的茶叶除在香港销售小部分外，大部分销往孟买、伦敦、马尼拉、加利福尼亚等处。银锭来自南澳、厦门，转运澳门等地，香港留下一部分。大宗商品交易掌握在洋行，特别是怡和、颠地和美

---

〔1〕 卢受采、卢冬青：《香港经济史》，第 66 页。
〔2〕 余绳武、刘存宽：《19 世纪的香港》，中国社会科学出版社，2007 年，第 203 页。

国旗昌等大洋行手中。

19 世纪 50 年代,内地大批居民特别是珠江三角洲和潮州一带的行商、买办、地主和其他殷实之家,因躲避战乱纷纷来港创业,给香港经济以"决定性的推动"。同时鸦片走私和苦力贸易也带动了航运、造船、货栈、客店、饮食和金融业的发展。同时,转口贸易迅速发展。1855 年进出香港的外贸船有 1 736 艘,总吨位 604 580 吨,1860 年达 2 888 艘、1 555 645 吨,5 年间分别增长 66% 和 157%。中国内地进口货值的 1/4 与出口货值的 1/3 由香港周围集中,并通过香港进行分配。[1] 50 年代末,香港已成为中国南方进出口货物的集散中心,初步奠定了转口贸易港的基础。

19 世纪 60 年代初,香港"拓界"带来的正面效应凸显,进出口贸易额继续增加。美国南北战争期间,美棉出口中断,印度和中国的棉花成为国际市场上的抢手货。香港作为中、印棉花转口港,贸易量更加扩大。一些印度商人纷纷来港开业,银根松动,市场活跃,香港经济进入了繁荣期。

在香港成为亚洲重要转口港的过程中,香港华资发挥了重要作用。19 世纪 60 年代以后,华资的南北行、南洋庄、金山庄相继崛起,由经营中国江南和华北两线的贸易扩大到经营南北两半球的进出口贸易,在香港的国际贸易领域占有越来越多的份额。1858 年华资南北行、南洋庄、金山庄等只有 35 家,1861 年增加到 75 家,1870 年增加到 113 家,1881 年又增加到 393 家,不仅本身获得了丰厚收益,而且带动了本地华资批发、零售商业的发展。

19 世纪 60 年代后期,由于科学技术的进步,贸易周期缩短,资金周转加快,香港进出口贸易发展迅速。1867 年,香港进口货物占全国进口货的 20%,其中英国占 15%,新、澳、印占 4%,其他占 1%。经香港出口的货物占全国出口货的 14%,其中输往英国的占 9%,输往美国的占 2%,输往新加坡的占 2%,往其他各国的占 1%。[2] 1880 年,中国出口货值的 21%、进口货值的 37% 均经过香港。[3] 到 19 世纪末叶,香港在全国对外贸易中所占的比重已经处于绝对多数的地位。根据中国海关统计,19 世纪八九十年代国家通过香港进行的转港贸易,已占对外贸易的一半左右,而且这个比重还没有包括走私的数量在内。这就说明,19 世纪末的香港已成为中国的进出口贸易中心。

进出口贸易的商品品种,在这一时期也在不断扩大。出口方面,除了初期的

---

〔1〕 H. B. Morse, The Trade and Administration of China, London: Londmans & Green, 1813, p.268.
〔2〕 [美] 马士著,张汇文等译:《中华帝国对外关系史》第二卷,第 398、402—403 页。
〔3〕 G. B. Endacott, A History of Hong Kong, Second ed., Hong Kong: Oxford University Press, 1973, p.194.

丝、茶和供应海外华侨的各种中国产品之外,又增加了大豆、皮革、羊毛、植物油、大麻、烟草等。进入20世纪以后,更有少量港产工业品如纸张、蔗糖、水泥、缆绳等出口。而在进口方面,除了初期的鸦片和棉花之外又增加了煤油、食油、食米、纺织品、火柴、染料和金属等。

进入20世纪后,香港的转口贸易进入了其发展的黄金期,并呈逐年递增的趋势。从这一时期进出香港的船只和吨位数上,我们可以看出这一发展趋势,见下表。

表六 香港出入港船只和吨位数(1901—1910)

年代	船只数	吨位数	年代	船只数	吨位数
1901	90 520	19 325 384	1906	429 726	32 747 268
1902	103 089	21 528 780	1907	507 634	36 028 310
1903	108 000	24 039 862	1908	532 112	34 615 241
1904	116 192	24 754 042	1909	527 280	34 830 845
1905	452 758	34 185 091	1910	547 164	36 534 361

资料来源:《香港政府年报》,1901—1910年。

至此香港已发展成为远东地区重要的转口贸易中心。

(三)香港的鸦片贸易

早在英国占领之前,香港就已经是鸦片走私的一个中心。英国占领香港之后,鸦片走私贸易急剧发展。1844年,德庇时就任港督时发现"几乎握有资金又非政府雇员的个人(英国人)无不从事鸦片贸易",鸦片"在整个沿海都有交易"。[1] 19世纪40至50年代,总部设在香港,从事鸦片贸易的洋行,主要有怡和、颠地、太平、林赛等10余家,其中以怡和、颠地两家规模最大。它们在产销两地设有机构,并拥有由趸船、飞剪船组成的武装船队,可以说早期的香港是靠鸦片走私才发展起来的。1845年,香港政府年度工作报告甚至承认鸦片是它出口的主要货物。

1850—1860年间,英国还采取在中国近海设置鸦片趸船,在陆上设置据点,通过香港政府给鸦片走私船发放航行执照,准其悬挂英国国旗,直至武装贩运等手段,不遗余力地掩护和鼓励鸦片走私。鸦片走私贸易给香港的英国商人带来

---

[1] G. B. Endacott, A History of Hong Kong, Hong Kong: Oxford University Press, 1973, p.73.

了丰厚利润。据估计,1847 年怡和洋行的股东在以往的 20 多年中,分得了 300
万英镑的利润,其中大部分是在 1837 至 1847 年的 10 年间积累的。在 50、60 年
代,怡和洋行投资的鸦片贸易年平均利润率为 15%,代理业务的利润率
为 4%。[1]

　　1858 年,第二次鸦片战争中清政府在英国武力的压迫下,同英国签订了《通
商章程善后条约:海关税则》,鸦片贸易自此正式合法化。鸦片贸易合法化以
后,走私活动不仅没有杜绝,反而更加猖獗了。港英当局在鸦片进口合法化的
1858 年即通过法例,准许将香港熬制、原限在本埠销售的鸦片烟膏运往他埠发
售。不论生、熟鸦片,大部分均以走私方式进入中国。19 世纪 60 年代中期,广
东省鸦片年消费量约为 1.8 万箱,其中报关入口的不足 1/5。[2] 香港殖民政
府通过这种不光彩的行径给中国的财政收入造成巨大损失,给自己谋取了可观
的收益。

　　(四) 香港的苦力贸易

　　鸦片战争前,列强就已在中国沿海秘密掠卖华工出口,运往东南亚、美洲等
地卖为奴隶。英国占领香港后,使香港成为苦力贸易的中心。[3] 1847 年加利
福尼亚发现金矿和 1851 年澳大利亚发现金矿后,掀起了广泛的淘金热,极大地
刺激了香港苦力贸易的兴起。

　　在香港从事苦力贸易的有三种人:一是船舶的船长;二是西方殖民政府派
来的“移民”代办;三是在华经商多年的英美等国的商人以及与他们勾结的当地
掴客(称“客头”),他们是苦力贸易的骨干。最初经营加利福尼亚苦力客运的两
家行号是和行(Wo Hang) 及兴和行(Hing Wo) ,[4]后来又增加怡和、颠地等
洋行。

　　经营方式一般是由经纪人遣送客头深入中国沿海省份,用拐骗、赌博、径行

　　〔1〕 Edward Le Fevour, Western Enterprise in Late Ching China: A Selective Survey of Jardine,
Matheson and Company's Operations, 1842 - 1895, East Asian Research Center, Harvard University, 1970,
p.29.
　　〔2〕 Great Britain. Parliament. House of Commons, Papers relating to the Opium Trade in China,1842 -
1856: Continuation of Papers on the Same Subject Contained in "Correspondence Relating to China,"Presented to
Parliament, 1840, Harrison and Son, 1857, p.46.
　　〔3〕 Samuel Wells Williams, The Chinese Commercial Guide, Hongkong, A shortred & Co. 1863,
Samuel Wells Williams, The Chinese Commercial Guide, Hongkong: A shortred & Co. 1863, p.220.
　　〔4〕 Wang, Sing-wu. The Organization of Chinese Emigration, 1848 - 1888, San Francisco: Chinese
Material Center, 1978, pp.53、56、96.

绑架等卑劣手段,将农民、手工业者等运到香港,再由经纪人以各种契约的方式转卖到海外。贩往美国的苦力称为"除单工",贩往拉丁美洲的称"契约苦力"。当时英国驻广州领事阿礼国承认,这种苦力贸易"是以最坏形式出现的奴隶贸易"。[1]

早期从香港贩运出洋的华工,以赴北美加利福尼亚充当淘金苦力者为多,其次是去往澳大利亚。此外,也有从香港运往西印度群岛、南美和东南亚等地的种植场作苦力的,但数量较前者为少,因为这些地区所需的华工主要从澳门贩运。

自香港运送苦力出洋的工具有中式帆船及西方各式快船,后期则有轮船。去美、澳两洲的是乘西方船。到中国口岸掠运苦力的外国船只,一般都是先到香港改装夹层舱,以便超员多装,并在香港备齐远航所需的食物、淡水、燃料及一切船用器物。[2] 据统计,在 1851—1872 年间,从香港运往美洲、大洋洲和东南亚的苦力华工总计为 320 349 人。[3]

苦力贸易的兴隆大大促进了香港的商业、旅馆业和航运业,也使香港靠苦力贸易及其有关贸易的人大获其利。据估计,1851—1875 年的 25 年中,贩卖华工至美洲各地的私人商行所获暴利竟达 8 400 万元,年均近 340 万元。西方的船东也从苦力贸易中获得很大的直接利益。如此巨利刺激船东们添制新船,大大带动了香港航运业的发展。1854—1859 年,香港的远洋航运平均每年增加船只487 艘,增加吨位 251 350 吨。[4]

出洋的中国苦力需要将血汗钱汇回家乡。当时只有香港的新式银行能经办此项汇兑业务,因此,有大利可图。在美华工每月工钱为 30—35 美元,付伙食费15—18 美元后所剩无几。但勤劳俭朴的华工力求节省每一分钱以供家用,他们仍有钱给家里汇款,估计每人年均可汇回 30 美元。此项汇款,后来逐年增加,成为香港银行业发达的重要因素。1865 年成立的香港首屈一指的"香港上海银行"中文取名"汇丰银行",似非偶然。[5] 19 世纪 50—70 年代,苦力贸易达到了高潮。以后在中国各界的强烈反对和各种国际压力(如 1882 年美国实行排华法案禁止华工入境)的影响下,苦力贸易在 19 世纪 90 年代、鸦片贸易在 19 世纪

---

〔1〕 陈翰笙:《华工出国史料(第 2 辑)》,中华书局,1980 年,第 174 页。

〔2〕 G. B. Endacott, A History of Hong Kong, Hong Kong: Oxford University Press, 1973, p.130.

〔3〕 严中平:《中国近代经济史:1840—1894》下册,人民出版社,1989 年,第 1602 页。

〔4〕 余绳武、刘存宽:《19 世纪的香港》,第 198 页。

〔5〕 同上。

末逐渐停止。[1]

第八节 清代海南对外交流

明末清初,海南成为南明残余势力抵抗清军的据点,社会动荡。清朝平定"三藩之乱"后,清除了海南的反清势力,加强了对海南的控制。随着政治局势的稳定,清政府采取有利于经济发展的政策,海南的社会经济得到全面发展,不仅人口大量增加,土地大面积开垦,而且工商业也出现了空前繁荣。在这一背景下,海南与海外的经济文化交流迅速发展起来。然而,1840年鸦片战争以后,西方列强侵入海南,海南开始了半殖民地化的进程,对外经济文化交流也发生了深刻变化。

一、鸦片战争前海南的对外贸易

清初,为了切断郑成功父子与大陆的联系,扼杀郑氏的贸易活动,以削弱郑氏的力量,清政府实行禁海,之后又实行严酷的迁海政策,将沿海居民"尽令迁移内地",[2]企图使郑氏势力"无所掠食,势将自困"。[3] 当时琼州府所属虽未迁界,但在沿海的琼山、文昌、会同、乐会、万州、陵水、崖州、感恩、昌化、儋州、临高、澄迈等三州九县,周环立界,禁民外出,于是"商贾绝迹","片板不敢下海",[4]对外贸易几陷于中断。直到康熙二十三年(1684年),清政府在统一台湾,郑氏政权覆灭,海禁的主要意义消失后,才解除禁海令,海南的对外贸易得到恢复和发展。

开海禁后,中国海南与日本的海上贸易一度非常繁盛。尤其是海南的特产沉香、乌木、玳瑁、椰子、波罗蜜、车渠、花梨木等,在日本深受欢迎,销路很好,[5]不仅海南商人把这些特产运销日本,也吸引了很多来自广东、福建、浙江、江苏等沿海地区的商人。

海南与南洋的贸易也很活跃。据潘干《琼山最早出洋帆船的兴衰史》的记载:"从1695年冬开始,两艘200担的帆船队,从琼山演海乡开往泰国,到1735

〔1〕 卢受采、卢冬青:《香港经济史》,第113页。
〔2〕 《清圣祖实录》卷四,顺治十八年闰七月己未,中华书局,1985年,第4册,第84页。
〔3〕 姜宸英:《湛园集》卷四,《文渊阁四库全书》本。
〔4〕 郁永河:《郑氏逸事》,《台湾文献史料丛刊》本。
〔5〕 西川如见:《增补华夷通商考》卷二,日本宝永五年(1708年)刊本,第14—15页。

年,这支船队发展到 73 艘,常年川走于东南亚各国之间,这便是琼山县最早的帆船队。"〔1〕

海南处在福建、广东、浙江与东南亚通商的航线上,地理位置十分重要,因而成为南洋各国通商的重要中转地。清初广东商船多到南洋贸易,据粤海关的统计,每年从广州开往越南、暹罗、苏门答腊、新加坡、吕宋等南洋各国的商船有 30 余艘,1758 年到 1838 年来广州贸易的外国商船共 5 107 艘。这些往来于南洋与广州之间的商船都在海南沿海港口停泊补给,带动了海南转口贸易的兴旺。

因为粮食短缺,清初时大米是中国海南和越南边贸的重要商品,越南作为惟一被允许贸易的国家被保留下来,并且开通了两地间的航线。乾隆三十五年(1770 年)原籍澄海的华裔郑昭在暹罗建立新王朝后,中国海南与暹罗、安南的贸易尤为频繁。1825 年《新加坡年鉴》写道:"海南的港口同澳门、东京、交趾支那、暹罗,以及在冬季同新加坡都有相当多的贸易。同东京和交趾支那北部的港口的贸易全年都在进行,在与海南以南的国家的贸易仅在季风有利时进行。每年从海南到暹罗的帆船一般不下 40 艘,开往交趾支那南部的帆船有 25 艘,开往东京和交趾支那北部的通常有 50 艘。这种帆船的载重量每艘是从 100 吨到 159 吨,在中国从事对外贸易的帆船中是最小、最简陋的,但却是数量最多。"〔2〕

为了加强对外贸易的管理,康熙二十四年,粤海关在海口设立总口,下设九个子口:文昌县的铺前口和清澜口,会同县的沙荖口,乐会县的乐会口,万州的万州口,儋州的儋州口,感恩县的北黎口,陵水县的陵水口,崖州的崖州口。〔3〕其中海口总口设有委员(琼州府同知兼任)、书吏、口书各 1 名,巡役 2 名,水手 10 名,火夫 4 名;其他各口则设口书、巡役、水手、火夫若干名不等,以掌理征收关税事务。〔4〕

海关征收的关税分货税、船钞两项。货税,又称正饷,即货物进出口税。税额一般按货物的数量来计算。〔5〕 船钞,又称正钞,即船舶税,又称梁头税或丈量税,按商船的梁头宽度征收。货税、船钞系"正税",正税之外,另行加征的各种杂费,如火耗、火足、加平银、分头银、缴送、匹头银、担头银、规礼、验舱、开舱、

〔1〕 李彩霞:《清代海南对外贸易的兴衰转变》,《兰台世界》2014 年 8 月上旬,第 108 页。

〔2〕 The Asiatic Journal and Monthly Register for British India and Its Dependencies, Vol. XXI, London, 1826, pp.15 - 16.

〔3〕 梁廷枏:《粤海关志》卷六。

〔4〕 [日]小叶田淳著,张迅齐译:《海南岛史》,学海出版社,1979 年,第 237 页。

〔5〕 梁廷枏:《粤海关志》卷九。

丈量、放关、换牌、小包,等等,名目繁多。以上是一般的规定,然而事实上,就各口岸而言,课税法都是各不相同的。

随着对外贸易的发展,清政府从海南海关获得了大量税收。据小叶田淳的统计,道光年间(1821—1850 年),全岛各税口每年征银 23 800 两。各口所征银两,除去水手、火夫等的经费以外,余存的每季都要汇解到总口。总口除去水手、火夫的经费以外,其余以纹银、司平银计算,每月解贮给县库。到年度末汇齐各子口的税银,一部分拨作海南近边的军饷,其余全部解到大关,即粤海关。[1]

二、西方列强的入侵

海南岛是连接东亚、东南亚与欧洲、非洲的海上交通要地,经济和战略地位非常重要,因此很早就成为西方列强觊觎之地。第一次鸦片战争后,西方资本主义列强相继侵入中国,也企图染指海南。1856 年 5 月,英、法发动第二次鸦片战争,迫使清政府于 1858 年签订《天津条约》。《天津条约》开放琼州(海口)为通商口岸,为西方列强势力入侵海南打开了大门。

中法战争期间,法国舰队曾停靠在海南岛;甲午中日战争后,日本也曾派舰到海南岛侦查测量。法国乘三国干涉还辽之机,于 1897 年 3 月对清政府提出将与越南相邻的海南岛不割让给他国的要求。对此,清政府答复:"法国因与中国有亲善之关系,急盼中国不将海南岛移让与他国,或为他国停泊军舰贮藏煤炭之处等。因查琼州为中国领土,无论如何决不移让他国,且查现在亦无以前列各项与他国之事。相应函复,希即查照。"[2]变相同意了法国的要求,海南遂沦为法国的势力范围。

海南开港通商后,西方列强凭借不平等条约取得特权,在海南设领事馆,进行各种侵略活动。最早在海南设领事馆的是美国(1872 年),此后有 16 个国家在海南设立了领事馆。

三、鸦片战争后海南的中外贸易

(一)鸦片贸易

从 19 世纪初开始,英国为了扭转对华贸易逆差,开始向中国大量走私鸦片,给

〔1〕　〔日〕小叶田淳著,张迅齐译:《海南岛史》,第 24—241 页。
〔2〕　高海燕:《海南社会发展史研究(近现代卷)》,光明日报出版社,2011 年,第 7 页。

中国人民带来了巨大灾难,海南也深受其害。时任湖北布政使的琼籍人士张岳崧在琼期间向林则徐说:"至洋烟一事,各县乡镇集市,人情顽昧,大费提撕。又绅士无多,而地方辽绝,极难周遍,崖、陵、昌、感,尤似化外。查禁之难如此!"[1]可见查禁鸦片非常困难。

虽经张岳崧严厉查禁,鸦片走私一时有所收敛,但由于各地官吏查办不力,甚至包弊纵容,风头一过,鸦片走私重又抬头。而在《中英通商章程善后条约附海关税则》签订后,鸦片贸易合法化,鸦片贩运活动更加泛滥。据海口海关的统计,1868 年一年,输入的鸦片就达 1916 担,价值白银 149 万多两,占全年进口总值的 64%,成为外国进口货物的最大宗。尽管如此,为逃避重税,鸦片走私活动依然猖獗。以 1893 年为例,一年中从琼州海关走私的鸦片,仅偷漏厘税一项就计 21 万两白银。[2]

法国攫取广州湾的特权后,将其辟为自由港。走私商贩利用这一有利条件,从香港购买鸦片,并用帆船运至广州湾,再通过海安港偷运到海南岛销售。据光绪三十三年至宣统三年(1911 年)的统计,通过广州湾输入的鸦片就达 3 593 箱。

(二)琼海关的设立

海南原有粤海关的总口,在琼州开辟为通商口岸后,又在琼州设立了专门的琼海关。1875 年 12 月 31 日,海关总税务司赫德(R.Hart)发布第 38 号通令,任命英国人博朗(H.O.Brown)出任琼州海关首任税务司。1876 年 4 月 1 日,外籍税务司管理的琼州海关在海口正式成立,所辖区域包括海南全岛海岸,及由涠洲岛至海安止,[3]并脱离广东成为一个单独的关区。

琼州海关简称琼海关,俗称洋关,负责管理进出海南岛的国际轮船贸易。原海口总口及其所属分口、分卡为区别于税务司管理下的琼海关,改称常关,仍归粤海关监督管辖,负责管理民船(中国旧式帆船)所经营的国内埠际贸易。琼海关公署设税务司 1 人,副税务司 2 人,皆由外国人担任;监督 1 人,由中国人担任。公署设三部:税务部、海务部、工务部。税务部,由税务司领导,工作人员分为内班、外班、海事班三种;海务部,由巡工司领导,负责管理船舶进出口及港内外灯塔等助航设备,之后还兼管气象测录、码头仓库和船只检疫等;工务部,负责管理海关的财产及修理等技术性工作。

---

〔1〕 张岳崧:《筠心堂集·外集附补遗,》《与林则徐书(之一)》,海南出版社,2006 年,第 453 页。
〔2〕 黎雄峰等:《海南经济史》,南方出版社、海南出版社,2008 年,第 217 页。
〔3〕 黄序鹓:《海关通志》上册,商务印书馆,1922 年,第 192 页。

1887 年 7 月 1 日,琼海关开始对行驶于香港、澳门与琼州之间的帆船贸易进行监管。1896 年,琼海关在海南岛南端的三亚榆林港设立分卡,规定所有前往南洋各地贸易的帆船、汽船每次起航前须向海关申请出洋牌照,交由榆林港分卡查验,始准起航。1901 年,根据《辛丑和约》的规定,琼海关接管了五十里以内的常关。[1]

光绪二十二年,海关总税务司赫德诱迫清政府准其在全国开办邮政。同年四月,琼海关在海口设立邮政局,并由税务部监管。海口邮政局,亦称琼州邮政局,系清末海南岛邮政最高机关。最初属于不平等邮局,所辖区域为海南全岛及徐闻一县。后因经费问题,改为二等局。宣统三年,海关与邮政分开,海口邮政局与琼海关分离,改隶邮政部。[2]

(三) 对外贸易的发展

海南地处热带,物产丰富,砂糖和油是海南主要的输出品。琼州开放通商并独立设关,虽然为外国资本主义势力侵入海南打开了大门,但也促进了海南对外贸易的发展。外国资本把海南作为倾销商品的重要场所,大量倾销洋货。为了倾销洋货,列强各国相继在海口、加积、那大、三亚和崖城等地开设洋行。输入的洋货,除了鸦片外,以洋纱、洋油为大宗。在洋油的冲击下,海南原来的花生油和海棠油业,几乎全部倒闭。其他如洋火柴、制钉用的铁丝、亚尼林染料等,也大量销到海南。1891 年以后,来自暹罗、越南北部和香港的大米也开始大量输入海南。

列强不仅把海南当作倾销商品的市场,而且还将其作为原料产地,大量掠夺海南的土特产,主要有砂糖、猪、牛、皮革、槟榔、高良姜、花生、红白藤、花生油、药材、鱼类、盐、木材、瓜子、芝麻、土布、兽皮、烟叶等,其中以砂糖最多。海南出口的对象主要是香港,而与东京(越南北部)、安南和海岸殖民地的贸易数量比较少。

据《海南岛地理》一书的统计,海南自咸丰八年(1858 年)开展对外贸易以来,几乎是年年入超。[3] 而自 1876 年琼海关设立之后,对外贸易更是快速增长。清末海南外贸的最大变化是日本加紧在海南经济扩张,进口商品大量增加,日本成为最大的输入国。至 1894 年,日本输入海南的商品价格低廉,品质又好,

〔1〕 连心豪、谢广生:《近代海南设关及其对外贸易》,《民国档案》2003 年第 3 期。
〔2〕 高海燕:《海南社会发展史研究(近现代卷)》,第 25 页。
〔3〕 陈正祥:《海南岛地理》,正中书局,1947 年,第 70 页。

因而日本很快取代欧美,成为输入海南商品的最主要国家。

四、轮船航运业的兴起

清代以前,海南岛上没有一个人工筑造的港口,船舶全停靠在天然港湾内,海上交通主要靠帆船。第二次鸦片战争后,海口被开辟为通商口岸,西方列强的航运业凭借所获取的特权,大举进入海南海域。它们拥有雄厚的资本和巨大的技术优势,尤其是西方轮船,在侵入后很快就压倒传统的帆船航海业,不仅垄断了海南的远洋航运业,而且还控制了沿海航运。

在琼州开埠前,外国商船已经在海南进行走私活动。正式开埠后,英国、法国、德国等多个国家的轮船公司开始经营海南的航运业。19 世纪晚期,民族资本航运业也开始参与海南航运业的竞争。从 1882 年至 1891 年,外国轮船的贸易总额大约是每年 200 万到 300 万吨。自香港开埠之后,肉食、蛋品多从广东沿海输入,一部分满足本港市场需求,另一部分转运外洋获取厚利。于是,广东沿海的货船纷至沓来,竞争香港禽畜蛋类生意。琼州、雷州的禽畜蛋货则先运至海口集中,再以轮船运至香港。

海南历来帆船航运业颇为发达,但自轮船业兴起以及南洋轮船航线开辟后,帆船业便开始衰落。20 世纪初,由于轮船公司的激烈竞争,海南各港口的帆船航运业相继陷入困境。然而,传统的帆船航运业并未消亡,清澜、潭门、长蛇等地的帆船,从新加坡载着鸦片、金属、洋油棉布等运销到海南。在这一航线上,这些帆船往往到安南停泊,又从那里载运盐、猪、陶器等运销到新加坡。此外,在国内贸易方面,汕头、江门、北海等处的帆船也往来于海南,这些帆船还把外国制造的商品运到海南来销售。[1]

---

〔1〕 〔日〕小叶田淳著,张迅齐译:《海南岛史》,第 286—287 页。

第十章　近代中国政府在南海的维权活动

第一节　收回被日商非法占据的东沙岛

光绪三十三年（1907年），日本商人西泽吉次非法占据了东沙岛。两江总督、南洋大臣端方获悉此事后，即告知外务部。外务部遂于是年九月初五日，电告两广总督张人骏，要求其复查。其电文内容如下：

> 访闻港澳附近，与美属小吕宋群岛连界之间，有中国管辖之荒岛一区，正当北纬线十四度四十二分二秒、东经线一百十六度四十二分十四秒……近被台湾基隆日本商西泽吉次纠合百二十人，于六月三十日午后，乘"四国丸"轮船驶向该岛。七月初三日登岸，建筑宿舍，竖立七十尺长竿，高悬日旗，并竖十五尺响标，详记发现该岛之历史，名为"西泽岛"，暗礁名为"西泽礁"，西泽遂据为己有……凡闽粤人之老于航海，及深明舆地学者，皆知该岛为我属地等情。中国沿海岛屿，尊处应有图籍可稽，该岛旧系何名，有无人民居住，日商西泽竖旗建屋，装运货物，是否确有其事。希按照电开纬度，迅饬详晰查明，以凭核办，即电复。[1]

一、两度派大轮往东沙岛实地查勘

光绪三十四年八月，驻广州英国总领事傅夏礼致函广东省洋务委员温宗尧，

---

〔1〕　陈天锡：《东沙岛成案汇编》，商务印书馆，1928年，第4页。

称英政府因在蒲拉他士(Pratas,即东沙岛的英文名称)建造灯塔事,请确查该岛是否中国属岛。温宗尧除答复该岛确系中国所属外,亦经两广总督张人骏致电外务部,并转两江总督端方,要求派员往东沙岛实地查勘,以确定该岛是否在中国海域之内,并落实西泽在岛上究竟建有何种设施。端方即电告提督萨镇冰,于宣统元年(1909年)正月派"飞鹰"号轮船驶抵香港,待天晴后往东沙岛查勘。

"飞鹰"号于正月十一日晚由香港起航,十二日到达东沙岛。据管带黄钟英呈报查勘情况称:

> 查该岛日人改名为"西泽岛",竖有木牌一面,曰明治四十年有八立。岛上并无中国居民,只有日本男女百余人,盖屋居住,并雇有小工五十余名,均系于前年八月到此。初到时有四百余人,陆续回去,现剩前数。在此寻觅沙鱼、龟鱼,并礁上之雀粪,用为田料,质佳价昂,日人视为大宗权利。该处已设有小铁道、德律风,并木码头、小火船、小舢板等件,以便起运各物。中国渔民前建之天后庙,日人来时已被毁去,以图灭迹。间有渔船到此,日均驱逐离岛。所有轮艇船只,均由台湾到此。[1]

由于此次查勘派去的人员多数为广东人,讲的英语带有粤音,岛上日本人不明其意,难以得到详细信息。故张人骏决定再次派船到东沙岛查勘,人员中配有日语翻译。二月十八日,水师提督右营游击林国祥、赤溪协副将吴敬荣、试用通判王仁棠、东文翻译委员廖维勋等人,分乘"飞鹰"号及海关关办巡轮前往东沙岛查勘。他们除了核实日本人在岛上的建筑,以及中国渔民建造的大王庙被毁的情况外,还同日本事务人浅沼彦之丞及两名医生座谈,了解到他们来岛上经营始于日本明治四十年(1907年)八月,受日本商人西泽吉次之委任在此经商。西泽在台湾基隆,日本神户、长崎、东京等地均有商店,在岛上经营的乃是其办事处等情。更重要的是,查勘人员在岛上遇到一艘名为"新泗和"的中国渔船,船主梁带向他们倾诉了在岛上受日人欺凌的事实,以及"新泗和"的东家梁应元呈交的禀词,后来这些都成为与日方交涉的重要证据。

渔商梁应元在禀词上写道:

> 窃商等向在香港机利文街开张兴利煤厂,并悦隆鱼栏,历年均有渔船来往广东惠州属岛之东沙地方,捕鱼为业。于光绪三十三年,忽有日人多数到

---

[1]　陈天锡:《东沙岛成案汇编》,第9页。

岛,将大王庙一间毁拆。查该庙系该处渔户公立之所,坐西北,向东南,庙后有椰树三株,现下日人公然在此开挖一池,专养玳瑁。前时该庙之旁,屯有粮草、伙食等物,以备船只到此之所需,今已荡然无存。又搬去本号'新泗和'带记渔船之附属鱼板六只,计每只长二丈、宽三尺,值价银五十元;洋板二只,每只长一丈八尺,宽五尺,值价二百元。本年正月初十日,'新泗和'带记渔船再到该岛,亦为日人所逼,不得已开往西北湾驻抛捕鱼。不料二月十九日,日人复来干涉,并斥逐我船离岛。商等因念此岛,向隶我国版图,渔民等均历代在此捕鱼为业,安常习故,数百余年。今日人反客为主,商等骤失常业,血本无归,固难隐忍,而海权失落,国体攸关,以故未肯轻易离去。本月二十日,适遇我国'飞鹰'兵轮并海关关办巡轮两只前来查勘该岛,商等即将一切情形缮禀,恳请代为转详各大宪,力求保护,俾万众渔民不至全行失业,不胜感激之至。[1]

二、与日驻粤领事交涉东沙岛归属

经两度派船到东沙岛实地查勘后,两广总督张人骏于宣统元年二月二十六日,向日本驻粤领事濑川浅之进提交照会称:"现查惠州海面,有东沙一岛,向为闽粤各港渔船前往捕鱼时聚泊所在,系隶属广东之地。近有贵国商人在该处雇工采磷,擅自经营,系属不合,应请贵领事官谕令该商,即行撤离。"[2]

日本领事收到照会后,即来到总督府,谓该岛原不属日本,日政府并无占领之意,仅以为是"无主荒地";倘中国认为该岛为其辖境,须有地方志书及该岛应归何官何营管辖的确凿证据,以便将这些证据电告日本外部办理;至于西泽经营该岛,本系商人合例营业,已费甚巨,日政府亦曾有闻,应有保护之责,等等。张人骏随即答道,东沙岛系粤辖境,闽粤渔船前往捕鱼停泊历有年所,岛内建有海神庙一座,为渔户屯粮聚集之所。西泽到后,将庙拆毁,基石虽被挪移,而挪去石块及庙之原址尚可指出。该岛应属粤辖,此为最确凿证据,岂能谓为"无主荒地"。且各国境地,如山场田亩,非必有人居,方有辖权。两人反复辩论无果,日方始终坚持要出示证据。

随后日本领事亦回复张人骏照会称:

〔1〕 陈天锡:《东沙岛成案汇编》,第16—17页。
〔2〕 同上书,第20页。

照得贵历宣统元年二月二十六日来文,内言布拉达斯岛一事,均已闻悉。查此事本领事本月二十一日会晤贵部堂,业经备陈帝国政府之所见。即虽日本政府视布拉达斯为无属之岛屿,未曾认为帝国领土之一部。倘清国有该岛实属清国之确证,则日本政府必当承认其领土权,固无俟论矣。惟于此时,布拉达斯岛为从来放弃无所属之状体,即我国人善意开办之事业,则清国政府亦当妥善保护,为此照会贵部堂。[1]

中方在搜集证据的过程中,发现由广雅书局出版的《中国江海险要图志》,系陈寿彭译自英国官方出版的《中国海指南》(China Sea Directory)。该书中所附的英文海图标有"蒲拉他士"(Pratas)岛,即东沙岛的英文名称,位于北纬20°42′、东经116°43′。书中指明该岛为"粤杂澳十三",显然属粤辖。另据王之春《柔远记》一书,在其第六册《图志》第二十二页将该岛标于甲子、遮浪之间,与英国海图所标的位置相同,实为英文称为"蒲拉他士"的东沙岛无疑。同时,据九龙税司报告,中国渔船"新泗和"号尚停泊在东沙岛。该渔船属于在香港开设兴利字号之华店。他们的渔船往来于东沙岛已近40年之久。

在这些证据面前,日本领事不得不又来到总督府晤谈东沙事。日领事说:"以该岛属中国之证据,虽未齐备,重以粤督之言,似亦未尝不可承认。"但要求对西泽"妥为保护",认为"西泽经营颇费工本,一旦撤退,必多损失,亦属可悯……似应予限数年,或数月,从长计议。撤退后,其所营房屋、机件、铁路等物,必有相当之办法"。张人骏随后责之:"以我国渔业,无端被逐,伤损其巨,应作何办法?"日本领事无言以对。[2] 按照张人骏的说法,日本领事已承认东沙岛属中国管辖,现在要议的是处理办法,"闻该领以纳租于我国,而准令日商在该岛营业,或请将岛上机件、房舍,由我国给值收回两端"。[3] 张人骏认为,西泽擅自经营,毁庙驱船,种种不合,实系日人侵夺,并非华人放弃,似未便予以保护,应令其撤出东沙岛,并要以毁庙、损失渔业,及私运磷肥各项之赔偿。[4]

三、中日双方协商赔偿事宜

有关赔偿事宜,中方提议以和平协商的办法。日本政府来电表示赞同,并提出:"惟有应请留意者,西泽到该岛创始营业,全系善意。此事结局,纵定为中国

---

[1] 陈天锡:《东沙岛成案汇编》,第24页。
[2] 同上书,第28页。
[3] 同上书,第29—30页。
[4] 王彦威:《清季外交史料》第二册,宣统元年闰二月初四日,文海出版社,1985年。

领土,而对于该商平善事业,应加相当之保护。"〔1〕

日驻粤领事亦为赔偿事宜提出"办法条款":

　　西泽因经营该岛事业,投出资本,拟立永久基础,已费计五十一万元。西泽在该岛计划事业,即一采磷矿鸟粪;二采海产;三开牧场。该岛归中国领土,则关税之外,变永久之计划,不可不为限期之事业。其影响即:一、磷矿及肥料需要者不欲为特约;二、中止新规制造事业;三、中止牧场计划。三十年间,欲收回五十一万之额,一年须得二十万之利益。〔2〕

　　两广总督张人骏也提出办法要求,先将东沙岛交还中国,岛上西泽安设各物业,应由两国派员,详细公平估值,由中国收买。岛上庙宇被毁及沿海渔户被驱逐,历年损失利益,亦由两国委员详细公平估值,由西泽赔偿。所采岛产、海产,应纳中国正半各税,应令西泽加一倍补完。而日本领事却向洋务处提交一份回复称:"交还蒲拉地士岛之事,非清国收买该岛物业之价额确定,则不能办理。故先要商定左开各项:一、清国收买西泽物业一事并无异议;二、西泽绝无驱逐渔民之事,而西泽到该岛之时,庙宇无存在;三、该岛实放弃无所属之状体,西泽深信该岛全然无所属之地,投巨资创始永年经营之计,尚未得毫厘之利,而今为撤退,损失更大,实不得纳税,再重损失。"〔3〕

不过,此后日领在给张督的照会中,又传达了日本政府的意见:

　　两国派员到岛,第一、估值西泽事业,以估收买之价;第二、查核庙宇存在之事,渔户被西泽驱逐之事。倘实有其事,则须令之调查西泽赔偿之额。右第一、第二两项协定之后,所余有出口税一事耳。按西泽在委弃之无人岛经营事业,而于帝国政府未认他国之领土权之时,采取之产物,固无纳税之义务明也。惟念贵部堂统御广东民人之深意,由收买价额内割一小额,附之出口税名义支出。即因如此办法,两国互相妥协,以结本案,则实属适合事实等因。〔4〕

赔偿办法确定之后,中方派魏瀚为委员,日方派驻粤领事为委员。双方定于

〔1〕　王彦威:《清季外交史料》第三册,宣统元年闰二月十七日。
〔2〕　陈天锡:《东沙岛成案汇编》,第31—32页。
〔3〕　王彦威:《清季外交史料》第三册,宣统元年三月廿六日。
〔4〕　陈天锡:《东沙岛成案汇编》,第33—34页。

六月初一日启程赴东沙岛勘估。当魏瀚等人到岛上察看时,发现日人仍悬挂其国旗不撤,认为该岛既经日本政府承认为中国领土,他们应立即撤下其国旗,否则不能会同勘估。此时张人骏业已离任,魏瀚即呈报代理总督胡湘林照会日领,要求岛上日人撤下日旗,以免有碍中国领土主权。而日领复照会称:"日前两国军舰到该岛时,悬挂日本国旗,乃系在岛本国人悬其自国之旗,以表敬礼者。至于领土权一事,原以为清国实能保护西泽事业,则日本政府亟拟承认清国领土,然今尚未承认者。"〔1〕胡湘林接此照会后,大为惊讶,即复日领照会责之:"何以又有中国实能保护西泽事业,则日本政府亟拟承认中国领土,然今尚未承认者等语。殊属骇人听闻,大失前此交涉宗旨。该岛地方系粤海杂澳第十三,载在图志,本系中国领土。贵领事官业经阅明证据,并无异言,现时何能忽翻前说。应请贵领事官,仍照本护部堂本月初五日照会,迅令西泽亟去日旗,以便将会勘该岛办法从速议结,否则延误事期,本护堂不能任其责也。"〔2〕迫使日领不得不再次回复照会,承认中国对东沙岛的领土主权。

在两国委员磋商赔偿事宜时,日商西泽原开岛上所置各物价值日金 67 万元,后经魏瀚等人实地勘估,发现日商所开与实际价值相去甚远,经多次磋商后,始答应减至日金 35 万元,并须扣除中国渔船损失、被毁庙宇及漏完税额各款。而新任总督袁树勋抵粤后,认为所减之数仍过于高昂,遂要求魏瀚等人再与之辩论,并以该岛所置物业实仅值十余万元。若日商要索过多,则可派一公证人前往估价。日领心里明白,如经公证人估价,断难浮开至三十余万,是以答应电商其政府,要求日商退让。后经连日磋商,双方达成三条款:一、中国收买在东沙岛西泽物业之价,定为广东毫银十六万元;二、所有西泽交回渔船、庙宇、税项等款,定为广东毫银三万元;三、中国收买物业定价,西泽将该物业及现存挖出鸟粪,照从前勘验清单,逐一点交中国委员之后,于半月内,在广东交付日本领事。以上议立条款,缮汉文、日文各二纸,画押盖印,各存二纸,以昭信守。〔3〕

四、收回东沙岛

当这些条款由两广总督袁树勋与日本驻粤领事签署后,凡西泽在东沙岛上的各项物业,必须全数点交中国。总督府即委派"宝璧"号轮船管带王仁棠、水师总管张斌元偕同日本副领事掘义贵及日商西泽前往点收。而一经接收,必须

---

〔1〕　陈天锡:《东沙岛成案汇编》,第47—48页。
〔2〕　同上书,第48页。
〔3〕　王彦威:《清季外交史料》第三册,宣统元年八月廿六日。

有人驻岛管理,以免造成损失。于是又通知善后局、劝业道,一同遴选干员,酌带勇役,会同王仁棠前往东沙岛,以便接收后驻岛留守。

双方签署仪式原定于宣统元年九月十二日在东沙岛上举行。中方代表蔡康一行于初九日即已赴香港候轮,中因轮船周折,风警滞阻,延至十月初二日始抵达东沙岛。是月初七日,将岛上物产悉数点收清楚。另由西泽派出的代表富成小十交来未经列册的杂件清单,亦经逐一点收,由蔡康亲自签署收据,面交日副领事掘义贵收执。当天中午即鸣炮升旗,行接收礼,并由"广海"号兵舰燃贺炮二十一响,以伸庆贺。另将接收的物件分储于岛中房屋封存,由蔡康选派带往之司事二人、护勇四人驻守。[1]

收回被日商非法占据的东沙岛后,翌年(宣统二年),清政府即组织广东劝业公所及渔业公司派官商赴东沙岛考察,商讨开发东沙岛事宜,并告知沿海渔船,准许他们赴东沙岛捕鱼,"借兴水利,而广皇仁。至渔户旧日被毁之庙,一律准其建复"。[2]

第二节　派员复勘西沙群岛

两广总督张人骏从收回东沙岛的交涉中,感到在南海大洋中的西沙群岛如不加以管理,有可能出现类似东沙岛被占事件。于是,他决定派员前往西沙群岛复勘。并于宣统元年三月间,委命咨议局筹办处总办直隶热河道王秉恩、补用道李哲浚,会同筹办经营西沙岛事宜。

筹办西沙岛事务处(以下简称筹办处)成立后,即开始筹备前往西沙岛应行办理事宜,定有"入手办法大纲十条"。其内容大致如下:

一、测绘各岛。详测各岛经纬线度、地势高低、广袤若干、面积大小等。二、勘定各岛。择其相宜,修造厂屋,并筑马路,安活铁轨,以资利运等。三、采取分化研究。查该处各岛鸟粪,堪以化验磷质肥料等。四、修筑盐场试晒。闻各岛潮汐涨落,每遇风日晴朗,成盐较易等。五、察验土性,以备种植。各岛沙土,性质未知所宜,拟带熟谙农学种植之人,察验某岛土性,宜种某物等等。六、同往查勘员役、工匠各项人等,另列清折。七、筹办目前应用各项器物,另列清册。八、同行人员,连同仆从、工匠等,共约一百余人,在路伙食,即由轮船供给

〔1〕　陈天锡:《东沙岛成案汇编》,第69—72页。
〔2〕　韩振华:《我国南海诸岛史料汇编》,东方出版社,1988年,第170页。

等。九、酌带木泥工匠勘定厂屋地址等。十、现拟请派"伏波"、"琛航"、"广金"兵轮一同前去,并借海关小火轮,悬挂兵轮,以便岛内往来便捷。[1]

　　派往复勘的人员,除水师提督李准、广东补用道李哲浚、署赤溪协副将吴敬荣、水师提标左营游击林国祥等人外,还有随带的测绘学生、化验师、工程师、医生、技术员以及工人计170余人。他们于宣统元年四月初一日,分乘"伏波"、"琛航"、"广金"三艘兵轮由粤省起航,四月二十二日回省。先后查勘了西沙群岛的14个岛礁,并分别以兵轮的名称以及岛上的特征,将这些岛礁命名为"伏波岛"、"琛航岛"、"甘泉岛"、"珊瑚岛"等。查勘人员每到一岛,则在岛上立碑为记,并命木匠以木架建木屋于岛上,以椰席盖之为壁,地皆铺椰席,竖高五丈余之白色桅杆于屋侧,挂清朝之黄龙旗,以示此地为中国领土。并将从大陆带去的山羊、水牛雌雄各数头放于岛上。同时还令海军测绘生绘制地图,以便返回后呈送海陆军部及军机处存案。[2]

　　西沙群岛查勘回来后,筹办处拟定了"办法八条"呈报总督署,并声明于是年八月后,再往西沙开办。"办法八条"大致内容如下:

　　　　一、查西沙各岛,分列十五处,大小远近不一,居琼崖之东南,适当欧洲来华之要冲,为中国南洋第一重门户。如不及时经营,适足启外人之觊觎,损失海权,酿成交涉,东沙之事,前车可鉴。今绘成总分各图,谨呈帅鉴,应请宪台进呈,并将各岛一一命名,书立碑记,以保海权而重领土。将来东沙岛收回,亦请一律办理。

　　　　二、西沙岛产有矿砂,为千百年来动物质所积成……内含各种磷质肥料,外洋销用颇广,日人在东沙岛采取,获利甚丰。拟即招工采取,以收天然之利,一面养畜牧兴树艺,以为久远之谋。

　　　　三、西沙各岛孤悬海外,既无淡水,又无粮食,轮船并无避风之所,必须择一妥近之地,借实接应。窃尝勘查地势,惟榆林、三亚两港,相距仅一百五十余海里,旦暮可达。应即开辟两港,为西沙之接应……是西沙各岛,应以榆林、三亚两港为根据地也。

　　　　四、专派轮船,以资转运。西沙开辟后,工役众多,拟于岛上搭盖篷厂,以便工人住宿,并筑蓄水池,用蒸水机制造淡水。至粮食等项,每月分两次,就近由榆林港用轮船转运……拟请派广海(兵轮)为西沙各岛运船。并请

〔1〕　陈天锡:《西沙岛成案汇编》,商务印书馆,1928年,第4—6页。
〔2〕　《李准巡海记》,(天津)《大公报》1933年8月10日。

添拨兵轮,巡阅各岛。

五、安设无线电以通消息。各岛皆相距甚远,一切公牍风信,非电不能迅传。拟请在西沙岛设无线电一具,榆林港设无线电一具,东沙岛设无线电一具,省城设无线电一具,轮船上设无线电一具,以期呼应灵通。

六、派员分办,以专责成。拟分东沙岛为一股,西沙岛为一股,榆林、三亚等处为一股。每股以事之繁简,定用人之多寡……

七、辨别磷质,必先化验。拟用外洋高等化验师,将所采得肥料矿砂,随时化验,以便评定价值,则本利既可预算,款项不至虚报。

八、酌拨经费,以资开办。现在榆林、三亚两港,购民地,筑盐田,岛上搭盖篷厂,以及员司、工役薪资,在在需款,一时未能预算。拟先由善后局拨款十万两,本署运司拨款十万两,作为开办经费,一俟磷质肥料出售,即行拨还。[1]

与此同时,筹办处还拟定了西沙群岛东西各岛的名称,呈报总督署:

东七岛:树岛、北岛、中岛、南岛、林岛、石岛、东岛。

西八岛:珊瑚岛、甘泉岛、金银岛、南极岛、琛航岛、广金岛、伏波岛、天文岛。[2]

张人骏在收到筹办处"办法八条"后,即将其大概情形入奏朝廷。此后不久,张督即卸任。当时朝廷谕旨,着继任总督袁树勋悉心策划,妥善布置,以辟地利。但袁树勋以人员调动,节省开销为由,于是年八月下令裁撤筹办处,改由广东劝业道会同善后局办理。[3]

李准一行重申中国在西沙群岛的主权,在国际上引起了较大反响。英国海军水道测量部在1938年出版的《中国海指南》中(China Sea Pilot)就写道:"西沙群岛有两个主要群岛,即宣德群岛(the Amphitrite group)和永乐群岛(the Crescent group),还有一些小岛及暗礁。1909年中国政府将其列入版图,并经常有船队前往巡视。"[4]1932年9月29日,中华民国驻法国公使致巴黎外交部的照会中亦写道:"前清政府在一九〇九年确实派出海军到西沙群岛考察,并向世

〔1〕　陈天锡:《西沙岛成案汇编》,第16—18页。
〔2〕　同上书,第20—21页。
〔3〕　同上书,第24页。
〔4〕　Great Britain Hydrographer of the Navy, China Sea Pilot, London, 1938, Vol.1, p.107.

界各国宣告其有效占领,即在永兴岛升起中国国旗,鸣礼炮二十一响。法国政府在当时并没有提出抗议。"[1]根据国际法和习惯法,拥有远离大陆的岛屿的主要条件是最先的有效占领,换言之,是国民最先在那里定居,从而使其国家拥有这些领土。海南渔民自古以来就在西沙群岛定居,并建造房屋和渔船以供其需要,李准此行正是以国家行为向世界重申中国拥有西沙群岛的历史事实。

第三节　中法勘界斗争

北部湾,亦称东京湾,是中越两国陆地与中国海南岛环抱的一个半封闭海湾。湾内平均水深 38 米,最深处不到 90 米,海底地形平坦,海域面积约 44 238 平方公里(相当于 24 000 平方海里)。1885 年 11 月至 1887 年 6 月,当时的中法两国政府曾派使者对中越两国陆上边界以及北部湾沿海岛屿进行过会勘,但由于受当时条件的限制,仍遗留了不少历史问题有待解决。

一、中法勘界斗争的经过

中法勘界源自 1885 年 6 月 9 日签署的《中法越南条约》,其第三款规定:"自此次订约画押之后起,限六个月期内,应由中法两国各派官员,亲赴中国与北圻交界处所,会同勘定界限。倘或于界限难于辨认之处,即于其地设立标记,以明界限之所在。若因立标处所,或因北圻现在之界稍有改正,以期两国公同有益,如彼此意见不合,应各请示于本国。"[2]本节拟着重谈谈勘定中越边界桂越段东段(即自平而关以东至吞仓山止)、粤越段(即今中越边界防城段)的斗争经过。当时法方派出的勘界官员有:总理勘定边界事务大臣、前外务部侍郎浦理燮,勘定边界事务、驻扎广州等口正领事官师克勤,勘定边界事务倪思,勘定边界事务、参将官狄塞尔,勘定边界事务、陆路游击卜义内,协办勘定边界事务巴律。中方派出鸿胪寺卿邓承修为广西勘界事务大臣,会同两广总督张之洞、广东巡抚倪文蔚、护理广西巡抚李秉衡,办理中越勘界事务,并派广东督粮道王之春、直隶候补道李兴锐随同办理。[3]

越南北圻与中国两广、云南三省毗连,其间山林川泽,华越交错,不易分辨,

---

〔1〕　Monique Chemillier-Gendrean, Sovereignty over the Paracel and Spratly Islands, The Hague, Klumer Law International, 2000, pp.185 - 186.

〔2〕　黄月波等:《中外条约汇编》,商务印书馆,1935 年,第 89 页。

〔3〕　郭廷以等:《中法越南交涉档五》,"中研院"近代史研究所,1959 年,第 3187、3192 页。

"有既入越界后行数十里复得华界者,有前后皆华界中间杂入一线名为越界者,有衙署里社尚存华名,档案可据者,有钱粮、赋税输缴、本州列名学册者,有田宅、庐墓全属华人并无越民者"。[1] 这种情况皆因越南原属中国藩属,双方对边界问题不甚考究,以及边地荒远,地方官未能完全顾及所致,因此给勘界工作带来很多困难。加之法国方面屡以中断会勘相要挟,甚至派兵抢占未定地界,炮轰中国村庄,杀害中国百姓,于是在勘界过程中,双方分歧极大,斗争激烈。

综观整个勘界经过,大抵可分为两个阶段:第一阶段自光绪十一年十月(1885年11月)两国使臣在镇南关会晤开始,至光绪十二年二月(1886年3月)因春深瘴起,经法国使臣电请驻京公使,与总理衙门商讨后同意暂行停勘为止。这个阶段主要会勘中越边界桂越段东段,即由镇南关起勘,东至隘店隘,西至平而关,计程300余里。第二阶段自光绪十二年十二月(1886年12月)两国使臣在东兴重新会商开始,至光绪十三年五月(1887年6月)勘界工作结束,《中法续订界务商务条约》签署为止。这个阶段系按图划界,主要会勘中越边界粤越段,即自钦西至桂省全界,以及从竹山至东兴芒街一带。下面分述勘界过程中发生的几次主要斗争:

(一)中越边界瓯脱之争

所谓"瓯脱",指的是在两国交界处,划一中间地带,将双方隔开。这个中间地带就称"瓯脱"。勘界伊始,清廷即给勘界大臣下了一道谕令:"中越勘界,事关紧要,若于两界之间留出隙地,作为瓯脱,最为相宜。"[2] 当时之所以要求留瓯脱之地,一方面是从战略上考虑,因广西与越南交界长达1 800余里,有大小隘口100多处,犬牙交错,如果法国在谅山、高平等越境屯兵,则广西边防随时都有受到威胁的危险。故广西巡抚李秉衡博采众论,提请在谅山、高平一带,"仿古制瓯脱,两国皆不置兵,听越民杂处,使我与法隔,既免时起衅端,遇事较可措手"。[3] 另一方面是从勘界方便上考虑,因法使携带的地图有差异,如以中方的会典、通志为主,便须履勘详酌,颇费辩论,故若于两界之间留出隙地若干里作为瓯脱,则免生争端,最为相宜。[4] 而对于勘界大臣来说,惟有以遵旨力争为天职,他们本着"多争一分即多得一分利益,切勿轻率从事"的宗旨。在打听到法国议院有提出放弃北圻之议时,误认为界务或许尚有转机,于是拟将谅山河北

---

〔1〕 郭廷以等:《中法越南交涉档五》,第3601页。
〔2〕 同上书,第3276页。
〔3〕 同上书,第2842页。
〔4〕 邓承修:《中越勘界往来电稿》卷一,《邓承修勘界资料汇编》,广西人民出版社,1990年,第4页。

驱驴划为我界,即把谅山河以南,东抵船头,西抵郎甲(即谅江府)以北作为瓯脱之地。按两广总督张之洞的看法:"若谅山可得,则谅西之高平,谅东之船头以下沿河北岸抵海口,均图瓯脱为便,皆系顺山河之势,此外洋分界例也。"[1]

然而,邓承修认为,瓯脱中有城郭、居民,虽两边不属,但如属于越南,则与属于法国无异,于是他建议,还是争边界为重。经与其他官员商量后,一致决定以谅山之北,驱驴之南,东到陆平、那阳,西至尤封,以河为界;再由那阳,东至钦州,由尤封,西至保乐,不能以河为界者,改以山为界。假如法方同意作为瓯脱,那瓯脱之地仍须隶属越南旧藩,而新藩不得过问。[2] 在1886年1月12日双方使臣初次会谈时,法使浦理燮认为,《中法越南条约》中"稍有改正"四字,不能说是至谅山地方。而中使邓承修反驳说,就整个北圻而论,中国所分之界不过二十分之一,非稍有而何?彼此意见不合,遂罢议。1月17日再次会议时,浦理燮要求按条约规定,把现有之界先勘明立标。而邓承修不同意,坚持要先改正后立标,认为立标后则无从改正。双方争执不下,浦只好援引条约规定,各向本国请示。邓承修回关后即电奏朝廷:"以先立标后改正,决不可行。"并言浦理燮"欲以咫尺之地饵我,使沿边诸隘形格势禁,此后边事不堪设想。修等惟有始终力争,不敢稍有迁就,致贻后悔"。[3] 但是,在此后的几次会议,法使始终坚持淇江是谅山出高平的必经之路,不同意以淇山为界。眼看争界无望,且有罢议的可能,中方使者遂采取延缓办法,以观其变。

法国驻华公使戈可当在接到浦理燮电报请示后,则于1886年2月7日照会北洋大臣李鸿章,声称邓承修等人"欲将新安、海宁至高平、保乐沿边一带阔大地方划归中国,实与新约稍有改正语意相背",并转述法国外交部的意见,称不要因法国议院前有拟退北圻之议,便以为法国可将北圻境内何处割入中国,应当言明,断不可允。同时还威胁道,浦理燮经停议数日,拟即折回河内,他本人后日亦将起程赴京。这样一来,清廷害怕借端生衅,第二天下令邓承修等人:"即日约会浦使先按原界详悉勘明,以后稍有改正,再行妥商续办","所有现议多划之界,均作罢论"。[4] 至此,清廷拟留瓯脱之争宣告失败。

(二) 改正原界之争

邓承修接到"勘原界,再商改正"的谕旨后,思虑再三,认为如此做法有"三

〔1〕 邓承修:《中越勘界往来电稿》卷一,《邓承修勘界资料汇编》,第10页。
〔2〕 邓承修:《邓承修勘界日记》,《邓承修勘界资料汇编》,第147页。
〔3〕 同上书,第149页。
〔4〕 邓承修:《中越勘界往来电稿》卷一,《邓承修勘界资料汇编》,第27—28页。

难"与"二害"：一难是边界居民不愿改属越南者不下数万人，纷纷呈诉，如先勘原界，他们必引起惊疑而滋事；二难是流民最近攻占保乐、牧马以东，造成道路阻塞，如因勘界而出兵镇压，必生枝节；三难是原界俱在乱山之中，多半已不存在，悬崖峭壁，加之春雨连绵，人马难以行进。一害是既勘原界，法方定不同意另订新界，如此将造成关门失险，战守俱难；二害是谅山以北无寸地属我，法方必要求在关内通商，这等于揖盗入门，已弃越地复失粤地。[1] 因此，在 2 月 13 日的会议，他仍然坚持以河为界，决不稍让。当浦理燮要求他遵旨办理时，他答道："廷旨当遵，约文亦不可背，若如汝所云，朝廷将我治罪，亦不能允。"[2] 双方遂罢议。

16 日再次会议前，邓承修接到北洋大臣电示，谓法国公使戈可当同意把通商地点设在越界。于是和李秉衡商量，非得文渊则关外无通商码头，势在必争。故在与法使狄隆会议时，仍争执前说，迫使狄不得不松口，答应以关外文渊东界之海宁，北界之保乐归我，但以河为界之说仍不肯让步。[3] 18 日会议，狄隆照样坚持不让出新安、牧马，并称"若中国不愿，罢议亦可，打仗亦可"。邓承修看多争无望，只好稍作让步。22 日派王之春、李兴锐前去谈判，临行时再三嘱咐多争牧马以东的肥沃之地，而放弃新安以北的荒山大障。但李兴锐在谈判中却擅自答应在东界展宽 10 里，邓承修得知后十分焦急，认为炮台之炮可击 10 里之外，若法方沿边筑台，则我界在其射程之内。他一夜忧虑不寐，第二天清晨即令翻译赫政以王、李两人的口吻写信给狄隆，询问所说的西界 30 里，东界 15 里是否已经浦理燮批准，以便转达邓大臣。信中故意把东界 10 里写成 15 里，企图以翻译错误为由来挽救前说。[4] 然而，邓承修根本没有想到，狄隆已否认把海宁、文渊、保乐三处划归中国的承诺，使之改正原界的努力化为泡影。

李鸿章获悉狄隆推翻前议后，即于 3 月 2 日电示邓承修，要求其遵旨先勘原界，刻不容缓，立即约同法使迅速会勘。他告诫邓承修："该大臣等办理此事，务存远大之识，切勿见小拘执，致误大局。"3 月 4 日，清廷亦下谕旨："着邓承修等迅遵前旨，催其会勘，不准稍涉延宕。"[5] 而邓承修却以病为由，要求回龙州医治，并私自照会法使，建议缓至秋末再办。朝廷得知后，大为恼怒，于 3 月 8 日电旨邓承修，必须赶在春瘴到来之前，先勘办一二段，余者待秋后再勘。并警告他：

〔1〕 邓承修：《中越勘界往来电稿》卷一，《邓承修勘界资料汇编》，第28—29页。
〔2〕 邓承修：《邓承修勘界日记》，《邓承修勘界资料汇编》，第154页。
〔3〕 同上书，第155页。
〔4〕 邓承修：《中越勘界往来电稿》卷二，《邓承修勘界资料汇编》，第32—33页。
〔5〕 同上书，第36、37页。

"若再托故迟延,始终违误,必当从重治罪。"[1]但邓承修不服,由李秉衡出面电告总理衙门辩解,结果朝廷于 13 日再次下旨,将邓承修、李秉衡交部严加议处,甚至威胁道:"倘有玩延致误大局,着英治罪成案俱在,试问该大臣等,能当此重咎否。"[2]在如此重压之下,邓承修等人被迫服从,抓紧与法使会商,于 1886 年 3 月 20 日至 4 月 13 日将南关一段勘完。

(三)江平、黄竹、白龙尾归属之争

第二阶段勘界未开始时,法方即提出照云南段的做法,按图划界,清廷同意其提议。1887 年 1 月 4 日,中方翻译到法方驻地校译约稿时,发现狄隆等人竟把江平、黄竹列入越境,归来后告诉邓承修。邓即查阅道光十二年和十四年刊行的廉郡、钦州等志图及说明,发现中越界在古森河海口,而海口之东的江平、黄竹、白龙尾一带皆属内地,有图可据。又查越南志,海宁辖下无江平、黄竹等地名,于是邓断定江平、黄竹等必为我界无疑。[3] 7 日芒街会议时,邓承修见法方出示的草图,把白龙尾、江平等处划为伊界,立即以白龙尾、江平等处系我龙门营所辖驳斥之。而狄隆却以中方出示的地图可疑为借口,邓则答以你们仅凭无稽之口,我方有证之图,何为可疑。法方只好答应遣翻译会同狄塞尔等人,将两图细校后再议。[4] 15 日再次会议时,狄隆以我国方志记载有"由安南、江平入海",妄称江平是属安南。邓承修则答道,安南、江平两名并列,说明是分为两界,文法上虽有差异,但地图决不会妄绘,既约定按图划界,就当以图辨析。邓另出赫政收藏的英、法十年前所绘制的中越界图两张,该图印制精细,图中交界线由白龙尾横过东兴,沿海皆为广东界,线外西南芒街、海宁为越界,与我国方志上的地图不谋而合。但狄不谈英国,仅说该图是法国无学问人所画,不足为据。邓反驳说,该图系公开出售,制图人根本不知道今日会有勘界之事,为什么会预先为中国争界呢,再说制图人又无求于华,何故要做出有利于中国的分析?狄又说法国人绘此图未奉国家之命,应以国家所绘为凭。邓答复之,我国家郡志,为什么不足为凭呢?狄虽知理曲,但一昧狡辩,拒不承认江平、黄竹等地归属中国。[5]

其实,法国早在谈判进行之前,就已在江平、黄竹等地开炮示警,甚至把炮弹

---

〔1〕 邓承修:《中越勘界往来电稿》卷二,《邓承修勘界资料汇编》,第 39 页。
〔2〕 同上书,第 42 页。
〔3〕 邓承修:《中越勘界往来电稿》卷三,《邓承修勘界资料汇编》,第 58 页。
〔4〕 同上书,第 59 页。
〔5〕 邵循正等:《中法战争》(七),新知识出版社,1955 年,第 96 页。

打到思勒一带。至此时发现中方证据确凿，又变本加厉，派兵攻破江平，并在勾冬、石角、白龙尾等处驻兵，妄图造成实际占领。在 18 日的会谈中，邓承修为此事正告狄隆，江平不应屯兵。遂引起狄勃然大怒，邓即斥以江平未定之界，法国既可驻兵，中国亦可进兵江平，迫使狄赔礼认错。接着，狄隆出示了一张事先画好的地图，其界线由东兴南小河起，东入海，北入内地，包括长山、江平至白龙尾上的白墓，说是界线左边归华界，右边归越，这已将白墓至龙门一段归中国了。邓告之曰，这只是你一厢情愿，我方图证确凿，你为何如此偏执？狄说这是按他国家的命令办事，不是他个人的意见。邓仍坚持以志图为据，寸步不让。狄遂威胁道："如此相持不了，贵朝廷必归罪邓大人。"邓笑道："我办事只论是非，不计利害，何烦汝代虑。"狄只好恳求另议他界，把江平作为意见不合，各请示朝廷。[1] 而邓承修坚持法方应先从江平撤兵，然后请示未定之界，并与之订约三条，内容大意是，除竹山至白龙尾未定之地外，其他如广东、安南别处意见不合未定之界，在彼此请示未奉到朝旨之前，一律不得派兵及官员前往。目的是防止法方重蹈江平覆辙，又抢先派兵占据其他未定之界。[2]

勘界工作因此迁延不前。1 月 30 日，法方官员帝月波公然宣称，江平、白龙尾一带已办认归越，要求来归华民即速办理执照，方准居住，迟者纵有执照亦不准回来，一经拿获即行枪毙。造成不少华民流离失所，大有一触即反之势。[3] 张之洞借此于 2 月 3 日以"遏游勇窜入，定内地民心"为由，速于思勒要隘处多筑台掘地营，以备扼守；于东兴屯精兵千人，日夕简练作备战之势。表面上是防民变，实际是威慑法兵，使之不敢轻举妄动。[4] 2 月 6 日，张之洞电告邓承修，总理衙门新得法国海部 1881 年所刻越图，标明白龙尾属中国，若再有争论，可凭此图为据。[5] 这个发现更坚定了邓承修争回江平、白龙尾的决心。他认为，江平一带居民万数千人，白龙尾东插入海中，东兴五峒货食皆从钦、廉海运，绕过白龙尾至江平入口。如无龙尾则江平失去屏障，若弃江平则龙尾孤悬，两地势如唇齿相依。府志已绘明，我界自白龙东过竹山包络江平，并无越地交错，兼有英法十年前所绘两图与府图丝毫无异，已足为确据。现又新得法海部越图，白龙尾属华界，则江平显非越界，一定不能迁就，他将奉旨与狄隆相机力辩。[6] 此后，经过

〔1〕 邓承修：《中越勘界往来电稿》卷三，《邓承修勘界资料汇编》，第 61—62 页。
〔2〕 同上书，第 67—68 页。
〔3〕 同上书，第 70 页。
〔4〕 同上书，第 73 页。
〔5〕 邓承修：《中越勘界往来电稿》卷四，《邓承修勘界资料汇编》，第 77 页。
〔6〕 同上书，第 79 页。

连日来的多次力争,终于迫使法国公使恭斯当于 2 月 28 日同意"将白龙尾及江平、黄竹暂从缓议,两国勘界大臣先自钦西至桂省全界彼此不争论之处,一律作速勘画,或有争论不决者,随后由伊与署和平斟酌"。总理衙门亦对恭斯当言明:"白龙尾虽从缓议,而中国认为我界决无游移,至江、黄未定之界,可归入后议不决处所,一并在京内定。"〔1〕这样一来,江平、黄竹、白龙尾等地就有了收回的希望。6 月 16 日,总理衙门以龙州通商为交换条件,收回江平、黄竹、白龙尾等地;8 月 20 日,法兵从白龙尾全部撤出。

历时一年多的中法勘界,基本完成了中越边界桂越段东段和粤越段的会勘工作。在南关一段,分东西两路:东路自南关起经罗隘、那支隘至隘店隘(即洗马关);西路自南关起经巴口、绢村至平而关。〔2〕 两国使臣于 1887 年 3 月 29 日在芒街签署了清约,并校订四张粤桂详图:第一图自竹山至隘店隘,其中嘉隆、八庄、分茅岭、十万大山、三不要地均归中国;第二图自平而关至水口关外;第三图自水口关外至那岭巴赖之西南;第四图自巴赖外至各达村,与云南界相接。〔3〕 总计在广东钦州界,州之西境分茅岭、嘉隆、八庄一带,展界至嘉隆河,南北计 100 余里,东西 300 余里;州西南境江平、黄竹一带,由思勒、高岭以南展界至海,南北计 40 余里,东西 60 余里。在广西全界,中路镇南关左右一段,其东界旧在米强山,现拓至派迁山,计展 50 余里;西界水口关至俸村隘,其地为龙州后脊,计展约 20 里,由此斜线向西北行,与云南界相接。〔4〕 以邓承修为代表的中方勘界大臣,在上述三次主要斗争中,能忠于职守,做到有理有节,不卑不亢,可谓不辱使命。

二、中法勘界未划分北部湾海域

1887 年 3 月 29 日中法双方勘界大臣在芒街签署清约并校订详图后,全粤旧界辨认工作即告完竣。此时法使狄隆出示了一张已绘好的沿海图说,江平等处虽各请示本国定夺,但洋面亦要议及,他已电告恭斯当,海宁、春阑直南所属之海岛洋面皆应归越南,中国无异议。邓承修马上针锋相对地回答道,他亦将电告朝廷,竹山直南之海岛洋面俱应归华,法亦不得有异议。狄隆无言以对。〔5〕 张之洞获悉此事后,认为海宁直南诸岛归越,则九头山亦入越界,而九头山皆华民居

---

〔1〕 邓承修:《中越勘界往来电稿》卷四,《邓承修勘界资料汇编》,第 87 页。
〔2〕 邓承修:《中越勘界往来电稿》卷二,《邓承修勘界资料汇编》,第 44 页。
〔3〕 同上书,第 96—97 页。
〔4〕 郭廷以等:《中法越南交涉档六》,第 3754 页。
〔5〕 邓承修:《中越勘界往来电稿》卷四,《邓承修勘界资料汇编》,第 96 页。

住,历来属中国,有案可据。他于 30 日电告邓承修:"此山必定归我为妥……尊电有订后议语,似可专将此岛此湾议定,其余大岛甚多,可不论也。"邓即复电说,九头山归华为妥甚是,但与狄隆谈判洋面诸岛,均以志图为据,今如加上九头山,狄隆必不承认,反而因此失去此山。于是,张之洞复电建议:"近岸有岛洋面,此内洋也,应议定归华归越。若岛外大洋,以不议为妥,似宜声明,大洋一切照旧,不在此内。缘大海广阔,向非越所能有,若明以属越,无从限制,遇有事时,法以铁舰横海,查禁过船,搜外洋军火,我海面梗矣,此层颇有关系,请裁酌。"[1]邓承修采纳此建议,在以后的几次会议中,均以"海界津约所无"为由推诿之。直至 4 月 17 日界务将竣时,张之洞仍急电"应议者三条",其中一条是:"海界只可指明近岸有岛洋面,与岛外大洋无涉,缘大海广阔,向非越所能有。若明以属越,浑言某处以南或以西,则法将广占洋面,梗多害巨,宜加限制,约明与划分近岸有洲岛处,其大海仍旧,免致影射多占。"[2]由此可见,当时两国划分的仅是北部湾沿海的岛屿,而没有划分到北部湾海域。这一点后来体现在 1887 年 6 月 26 日签署的《中法续议界务专条》中,其第三款写道:"广东界务,现经两国勘界大臣勘定边界之外,芒街以东及东北一带,所有商论未定之处均归中国管辖。至于海中各岛,照两国勘界大臣所划红线,向南接划,此线正过茶古社东边山头,即以该线为界(茶古社汉名万注,在芒街以南竹山西南),该线以东,海中各岛归中国,该线以西,海中九头山(越名格多)及各小岛归越南。"[3]条文中写得很清楚,所谓的"红线"就是芒街附近沿海的岛屿归属线。

有关中法勘界未划分北部湾海域问题,上述已列举了大量中国的历史资料,下面让我们再看看法国方面是如何说的。1933 年 9 月 27 日,法国外交部照会当时的中国驻法公使馆,表示 1887 年的中法界约仅能适用于北越的芒街区,照会写道:"该款意在划清芒街区域之中越界线","东经 105°43′之线,即茶古之线,如不认作局部界线,而可延长直至西沙群岛适用,则不但越南多数岛屿应为贵国领土,即越南本陆之大部亦然,实属不可能事"。[4] 当事国的证词无疑是最有说服力的。在中法勘界第二阶段,粤越段使用的是"按图划界",而在芒街沿海划的"红线",即所谓的"茶古之线",使用的是一种地理速记的简单方法,为的是免于把划分的所有岛屿都列举出来。这种方法当时在国际上曾被广泛地使用过,例如 1867 年美国和俄罗斯的阿拉斯加划界、1879 年英国准许昆士兰兼并托

〔1〕　邓承修:《中越勘界往来电稿》卷四,《邓承修勘界资料汇编》,第 97—98 页。
〔2〕　邵循正等:《中法战争》(七),第 112 页。
〔3〕　王铁崖:《中外旧约章汇编》第一册,生活·读书·新知三联书店,1982 年,第 513 页。
〔4〕　陈鸿瑜:《南海诸岛主权与国际冲突》,幼狮文化事业公司,1987 年,第 71 页。

里斯海峡群岛、1898 年西班牙和美国划定菲律宾群岛界限、1899 年英国和德国瓜分所罗门群岛、1930 年英国和美国划分苏禄群岛的势力范围等。[1] 这种做法划分的是岛屿,而不是海域。

总之,中法勘界的目的,依据的是 1885 年 6 月 9 日签订的《中法越南条约》,该条约仅规定在中国与北圻交界处会同勘定界限,而无只字提到北部湾的海域划界,故两国勘界大臣在划界过程中根本不会有什么海域划界的企图,更不用说制定什么海域划界方案。即使勘界后形成的 1887 年《中法界务专条》或 1894 年《中法粤越界约附图》,亦仅是提到通过茶古的"红线",说明线以东海中各岛归中国,以西海中九头山及各小岛归越南,根本没有提到北部湾海域的划界。因此可以说,1887 年 6 月 26 日中法条约中的红线,只是芒街附近沿海岛屿的归属线,而不是北部湾的边界线。在北部湾海域,中越两国从未划过边界线。

第四节 抗日战争前后中国政府维护西沙、南沙群岛主权的斗争

中国南海疆域内的西沙、南沙群岛,地处太平洋和印度洋的咽喉,扼守两洋的交通要冲,具有重要的战略地位。20 世纪初期,日本、法国为了掠夺群岛资源,攫取南中国海的制海权,曾先后多次侵占中国的西沙、南沙群岛。为了捍卫祖国的领土不受侵犯,为了维护西沙、南沙群岛的主权,当时的中国政府和中国人民曾进行过一系列不屈不挠的斗争。

一、抗日战争前日本、法国对西沙、南沙群岛的侵占

1907 年,日本竭力鼓吹"水产南进",歌山县人宫崎等乘机南下,窜到中国南沙群岛一带活动,返国后大肆宣传,称南沙群岛是极有希望的渔场。自此之后,日本渔船大量南下,皆在中国南沙群岛周围进行活动。1917 年,日商平田末治、池田金造、小松重利等人又先后组织调查队,到中国西沙、南沙群岛进行非法活动。翌年,日本拉沙磷矿株式会社派遣已退伍的海军中佐小仓卯之助组织所谓的"探险队",乘帆船"报效丸"号到南沙群岛。其"探险"目的是"把无人之岛变为大日本帝国的新领土",他们到达了南沙群岛中的五个岛,即北子岛、南子岛、西月岛、中业岛和太平岛,并在西月岛树立起所谓的"占有标志",充分暴露了其

---

[1] J. R. V. Prescott, The Maritime Political Boundaries of the World, London, Methuen, 1985, p.225.

侵略野心。

1920年，经小仓卯之助的推荐，日本海军中佐副岛村八率领15名队员，乘帆船"第二和气丸"号到南沙群岛进行第二次的所谓"探险"，他们多走了四个岛，即南钥岛、鸿麻岛、南威岛和安波沙洲。就在这一年，拉沙磷矿株式会社社长恒藤规隆擅自将中国南沙群岛改名为"新南群岛"。1921年，该会社开始在太平岛建筑宿舍、火药库、仓库、气象台、铁路、码头、医院和神社等，移居日人100多人，开始盗采磷矿，运回日本销售。1923年，又将盗采范围扩展至南子岛。直至1929年，因太平岛上蕴藏的磷矿已开采殆尽，加之受世界经济危机的影响，该公司才宣告停办，人员全部返国。据统计在此八年内，日本在南沙群岛掠夺的磷矿多达26 000余吨。[1]

除了南沙群岛外，日本亦觊觎西沙群岛上的磷矿资源。1920年9月20日，日本南兴实业公司向西贡海军司令函询西沙群岛是否为法国属地，西贡海军司令答复说："在海军档案中，并无关于西沙群岛之材料，惟就个人所知，虽无案卷可稽，可敢负责担保，西沙群岛并不属于法国。"日本方面得此答复，极为满意，随即准备在西沙群岛的永兴岛开采磷矿。[2] 1921年，日本"台湾专卖局长"池田氏等利用粤商何瑞年，以西沙群岛实业公司名义，瞒骗广东地方政府，承办西沙群岛垦殖、采矿、渔业各项，饬由崖县发给承垦证书，同时还申请开办昌江港外浮水洲的渔垦。其实际经营者是日本的南兴实业公司，他们在永兴岛上铺设铁道，兴建仓库、货栈、桥梁、办公室、储藏室、宿舍、食堂，添置木船、轮船，以及运输用的台车、藤箩，采掘用的锄畚、钢筛等，还建有蓄水池、蒸馏机、井泉以供给饮水；有食物贮藏室、猪舍、鸡舍、捞鱼船、蔬菜园以供食物；有小卖店以供给日常用品，有医务室以治疗疾病。他们把盗采的磷肥运往日本大阪，经加工精制后出售。[3] 日本人在西沙群岛横行霸道，在附近捕鱼的中国渔民，或遭枪杀，或被没收所获的水产品，各种暴行，令人发指。于是，海南岛人民奋起反抗，并经中国政府向日方进行交涉，迫使日本人于1928年春撤出西沙群岛，但被盗采的磷矿已逾数十万吨之多。[4]

日本人撤出西沙群岛后，法国人意识到西沙群岛位于海南岛与安南的会安港之间，为东京湾的门户，具有重要的战略地位。他们纷纷在西贡《舆论报》上

〔1〕 李长傅：《帝国主义侵略我国南海诸岛简史》，《光明日报》1954年9月16日。
〔2〕 石克斯著，胡焕庸译：《法人谋夺西沙群岛》，《中国今日之边疆问题》，学生书局，1975年，第198页。
〔3〕 韩振华：《我国南海诸岛史料汇编》，第200—201页。
〔4〕 许崇灏：《海南岛志》，学生书局，1975年，第19—20页。

发表文章,叫嚷重视对西沙群岛的控制,原安南高级留驻官福尔(De Fol)称:"在现今情况之下,西沙群岛地位之重要,实无法可以否认,一旦有警,如该地竟为他国所占,则对于越南之完整与防卫,将有绝大之威胁。群岛之情势,不啻为海南岛之延长,四面环海,不乏良港,敌人如在此间设立强固之海军根据地,将无法可破灭。潜艇一队,留驻于此,不特可以封锁越南最重要之会安海港,而东京海上之交通,将完全为之断绝。"原海事委员会副委员长、上议院议员裴雄(Bergeon)两次在《舆论报》发表署名文章,要求占领西沙群岛,"归并于越南联邦"。[1] 因此,法国政府开始为侵占西沙群岛寻找各种借口,他们搜遍了安南王朝的种种记录,编造了所谓"19世纪初期,安南嘉隆王与明命王时,均曾出征西沙,现安南既归法国所有,则西沙群岛亦当归法国所有"[2]的谎言,并于1933年照会中国驻法使馆,声称西沙群岛系属安南,其理由是:一、安南王公曾在此岛建塔立碑,安南历史上有此事实;二、查中国历史上,有两英舰曾因与中国渔船冲撞,沉没在该岛之旁,当时英国曾向中国抗议,清政府复文中有七洲岛非中国领土之语,故不负责。当时中国政府即照会巴黎公使馆,抗议说:一、该岛经纬度属中国领海,地理形势固甚显明;二、以历史上言,清末曾派李准至该岛,并鸣炮升旗,重申此为中国领土;三、前年香港曾有远东气象会议之召开,当时法国安南气象台长及上海徐家汇天文台主任咸在会议席上,向中国政府请求在西沙群岛设气象台。此后法国政府可能自感理屈,其事遂寝。[3]

法国在阴谋侵占西沙群岛的同时,亦将其魔爪伸到了南沙群岛。1930年,法国炮舰"麦里休士"(Maliciense)号擅自到南威岛进行"测量",他们无视岛上已有中国渔民居住,秘密插上法国国旗而去。1933年4月,又有炮舰"阿美罗德"(Alerte)号和测量舰"阿斯德罗拉勃"(Astrolabe)号由西贡海洋研究所所长薛弗氏(Chevey)率领,窜入南沙群岛,详加"考察",以示"占领"。随后,法国通讯社于1933年7月13日宣布:"法国政府于1930年4月13日,依照国际公法所规定之条件,由炮舰'麦里休士'号占领九小岛中最大之史柏拉德电岛,当时因有时令风,未能将附属各小岛同时占领,直至1933年4月7日至12日,始由通报舰'阿斯德罗拉勃'及'阿美罗德'号,将其余各岛完全占领。"[4]这就是所谓的"法国占领九小岛事件"。当时中国政府获悉此事后,即由外交部于8月4日照会法国使馆,要求将各岛的名称及经纬度查明见复。法国使馆于10日照复

〔1〕 凌纯声:《中国今日之边疆问题》,第201、194页。
〔2〕 同上书,第171页。
〔3〕 郑资约:《南海诸岛地理志略》,商务印书馆,1947年,第77—78页。
〔4〕 徐公肃:《法国占领九小岛事件》,《中国今日之边疆问题》,第149—150页。

中国外交部,把各岛的名称及经纬度抄述如下:

斯巴拉脱来	北纬 8°39′	东经 111°55′
开唐巴亚	北纬 7°52′	东经 112°55′
伊脱巴亚	北纬 10°22′	东经 114°21′
双岛	北纬 11°29′	东经 114°21′
洛爱太	北纬 10°42′	东经 114°25′
西德欧	北纬 11°07′	东经 114°10′[1]

以上列出仅 6 岛而已。1935 年中华书局出版的《中国地理新志》详列了"九小岛"的情况:

1. "斯巴拉脱来岛"或称"风雨岛"(Spratly Is. Or Strom Is.),即南威岛,面积 147 840 平方米。

2. "伊脱亚巴"(Ituaba),即太平岛,面积 354 750 平方米。

3. "开唐巴亚"或称"安得拿岛"(Amboyna Cay),即安波沙洲,面积 15 840 平方米。

4. "北危岛东北礁"(North Danger North-east Cay),即北子岛,面积 133 320 平方米。

5. "北危岛西南礁"(North Danger South-west Cay),即南子岛,面积 125 400 平方米。

6. "洛爱太岛"或称"南岛"(Loaita Is. Or South Is.),即南钥岛,面积 62 700 平方米。

7. "西德欧岛"或称"三角岛"(Thitu Is.),即中业岛,面积 326 280 平方米。

8. "纳伊脱岛"(Nam Yet Is.),即鸿庥岛,面积 75 200 平方米。

9. "西约克岛"(West York Is.),即西月岛,面积 147 840 平方米。[2]

在南沙群岛的这些小岛上,向来有中国渔民居住,长期以来他们就在这些岛上生活和劳作。当 1933 年 4 月法国人非法窜入岛上时也不得不承认:"九岛之中,惟有华人居住,华人以外别无其他国人。"法国政府无视这些事实,强行侵占中国领土,引起当时中国政府和中国人民的强烈抗议。1933 年 7 月 26 日,中国外交部发言人强调:"菲律宾与安南间珊瑚岛,仅有我渔人居留岛上,在国际间确认为中国领土。"对于法国的占领,"外部除电驻法使馆探询真情外,现由外

---

[1]《法占九岛名称及经纬度》,《申报》1933 年 8 月 19 日。

[2] 杨文洵等:《中国地理新志》,中华书局,1935 年,第 44—45 页。

交、海军两部积极筹谋应付办法,对法政府此种举动将提严重抗议"。[1] 西南政府与广东省政府亦分别向法当局及驻粤法国领事提出抗议。[2] 全国各地民众团体纷纷致函政府,要求对法当局提出严重抗议,如上海总工会函呈南京国民政府外交部,要求"迅向法政府严重交涉,以杜觊觎而保领土";浙江省宁海县农会致函南京政府,表示"谨率全县 20 万农民誓为后盾,敬祈从速力争,保卫领土而固国防";绍兴县商会请政府"严重交涉,誓必保此领土,以巩海疆";上海第三、四、六区缫丝产业工会要求"立即向法政府严重交涉,同时并令伤粤省府就近派舰驶往九岛,武装维护,以保领土,而杜危机"。[3]

法国政府迫于舆论压力,不得不通过当时中国驻法大使顾维钧电称:"法占九岛事据法外交部称,该九岛在安南、菲律宾间,均系岩石,当航路之要道,以其险峻,法船常于此遇险,故占领之,以便建设防险设备,并出图说明,实与西沙群岛毫不相关。"[4]但是,日本方面却确认法国之占领九岛,实有设立海军根据地之作用。他们于 8 月 21 日由日本驻法代办泽田致函法国外交部,对于法国占领九岛表示"抗议",并声称:"日本之采磷拉沙公司于 1918 年即位此诸岛开采天然富源,其因建筑铁路、房屋及码头等项之用费,已达日金 100 万元。该项工作至 1919 年乃停止,所有人员亦因世界贸易状况之不景气均被召返国,但一切机器仍留置原地,且冠以该公司之字样,表示仍将复来之意,故日本政府认为诸岛应属日本。"与此同时,东京电通社又广造舆论,称法国"已在西贡与广州湾获有足容一万吨级巡洋舰之处,则依此项之占领,自可筑造飞机根据地,停泊潜水艇,而完全获得南中国海之制海权。此举足使现成为英国向东亚发展为坚垒之新加坡与香港间之海上交通横被隔断,而引起英法势力之冲突"。[5] 这样一来,法占九小岛事件更趋复杂化,从原来的中法两国主权之争,发展成法日及法日英美海上势力之争,于是外交交涉被暂时搁置下来。

二、抗日战争胜利后中国政府收复西沙、南沙群岛

抗日战争爆发后,日本加紧对中国西沙、南沙群岛的侵占。1939 年 2 月 28 日日本占领海南岛后,3 月 1 日即占领西沙群岛,3 月 30 日占领南沙群岛。4 月 9 日日本以所谓的"台湾总督府"发表第 122 号文告,宣布占领"新南群岛"(即

---

〔1〕《法占粤海九小岛,外部抗议》,《申报》1933 年 7 月 27 日。
〔2〕《申报》1933 年 7 月 29 日、8 月 2 日。
〔3〕 韩振华:《我国南海诸岛史料汇编》,第 263—264 页。
〔4〕 陆东亚:《对于西沙群岛应有之认识》,《中国今日之边疆问题》,第 189 页。
〔5〕 凌纯声:《中国今日之边疆问题》,第 158、160 页。

南沙群岛),连同东沙群岛、西沙群岛一并划归"台湾总督"管辖,隶属高雄县治,以之作为榆林港与台厦的前进军事基地,并在国内大肆宣传,鼓励百姓前往投资。

当时日本把南沙群岛的主岛太平岛作为中心,设有开洋兴发会社、南洋兴发会社,以掠夺群岛的磷矿和水产资源。他们在太平岛上建立气象站,在南威岛上建立军事基地,以作更大规模的侵略。他们妄图把南沙群岛建成"南进"的前哨基地和渔业港,并制订了一系列的修建计划:(1)在太平岛南面海边建造围堤620米;(2)围堤内建筑水深2.5米,能连接外面的水路;(3)泊船处所建长175米的码头和仓库;(4)购置疏浚船,建筑水族馆和租用联络船。这些计划从1941年开始,预定三年完工,全部经费98万日元。然而,开工之后极不顺利,一阵台风把太平岛上耗费24 400日元筑成的公共房舍全部破坏;战争失利又使筑港工程停顿,仅有仓库全部完成,围堤完成大部,港口航道仅能容渔船出入。但建筑费已用去90万日元,若要全部完工,尚需投入50万日元,此时日本在战争失利的情况下根本不敢再耗费如此多的投资。1943年,日本在太平洋战争节节败退后,太平岛上的建筑物大部分遭美机空袭摧毁,所建的宿舍、仓库、晒鱼场、冷藏库、重油库、医疗室、瞭望台、气象台、机关枪掩体和炮台等均被炸毁。"二战"快结束时,美军在太平岛登陆。日军战败投降后,英国太平洋舰队司令福来塞在南威岛接受南洋日军投降,日本侵占中国西沙、南沙群岛的美梦被彻底打破。[1]

抗日战争胜利后,当时的中国政府根据1943年12月1日中、美、英三国签署的《开罗宣言》的规定:"三国之宗旨……在使日本所窃取于中国之领土,例如满洲、台湾、澎湖群岛等,归还中华民国。"[2]以及1945年7月26日中、美、英三国促令日本投降的《波茨坦公告》:"开罗宣言之条件必将实施,而日本之主权必将限于本州、北海道、九州、四国及吾人所决定其他小岛之内。"[3]于1945年10月25日收复台湾,随后即正式收复西沙和南沙群岛。

1946年秋,当时的中国政府决定由海军总司令部派兵舰进驻西沙、南沙群岛,同时让国防部、内政部、空军总司令部、后勤部等派代表前往视察,广东省政府也派员前往接受。海军总司令部决定以林遵为进驻西沙、南沙群岛舰队指挥官,并负责接收南沙的工作;姚汝钰为副指挥官,负责接收西沙的工作。接受人员分乘"太平"、"永兴"、"中建"、"中业"四舰前往,其中"太平"、"永兴"两舰赴

〔1〕　李长傅:《帝国主义侵略我国南海诸岛简史》,《光明日报》1954年9月16日。
〔2〕　《国际条约集(1934—1944)》,世界知识出版社,1961年,第407页。
〔3〕　《国际条约集(1945—1947)》,世界知识出版社,1959年,第78页。

南沙,"中建"、"中业"两舰赴西沙。[1]

各舰于 1946 年 10 月 26 日在上海集中,国防部、内政部、空军总司令部、后勤部代表及陆战队独立排官兵 59 人登舰。10 月 29 日由吴淞启航,11 月 2 日抵虎门,广州行辕代表张嵘胜和广东省接受西沙、南沙群岛专员及测量、农业、水产、气象、医务人员上舰。11 月 6 日由虎门续航,11 月 8 日抵达榆林。舰队在榆林补给后,并请了海南岛渔民十余人做向导,几次出航均因风浪太大而折返榆林。1946 年 11 月 24 日,由姚汝钰率领的"永兴"、"中建"两舰抵达西沙群岛的永兴岛,在岛上竖立起"海军收复西沙群岛纪念碑",碑正面刻"南海屏藩"四个大字,并鸣炮升旗,以示接收西沙群岛工作完成。12 月 9 日,接收南沙群岛的"太平"、"中业"两舰由林遵率领从榆林启航,12 月 12 日抵达南沙群岛的主岛长岛。为了纪念"太平"舰接收该岛,即以"太平"为该岛命名。在岛西南方的防波堤末端,通往电台的大路旁,即日军建立"纪念碑"的原址,竖立起"太平岛"石碑;并在岛之东端,另立"南沙群岛太平岛"石碑,永作凭志。立碑完毕,乃于碑旁举行接收和升旗典礼。随后接收人员又到中业岛、西月岛、南威岛竖立石碑。在太平岛设立南沙群岛管理处,隶属广东省政府管辖。[2]

然而,接收工作并非一帆风顺。当投降日军集中在榆林港候令遣送时,法国就赶在中国未派部队进驻南海诸岛之前,占领了若干岛屿,并派军舰经常在南海诸岛巡逻。1946 年 7 月 27 日,有一艘不明国籍的船只侵占中国南沙群岛,后因获悉中国海军总部决定派军舰接收西沙、南沙群岛的消息后,才于数日内自动撤离。10 月 5 日,又有法国军舰"希福维"(Chevereud)号入侵南沙群岛的南威岛和太平岛,并在太平岛竖立石碑。对中国政府决定收复西沙、南沙群岛,法国立即提出"抗议",并派军舰"东京"(Tonkinois)号到西沙群岛,当驶至永兴岛,发现该岛已有中国军队驻守时,则改驶至珊瑚岛,在岛上设立"行政中心"。[3] 对于法国方面的倒行逆施,中国政府立即发表声明,提出抗议,通过外交途径与之进行斗争。

1947 年 1 月 19 日,中国驻法大使馆就法国报纸新闻社报道,指责中国派军"侵占"西沙群岛一事,发表公告称:"海南之中国渔户,每出发捕鱼,照例必至西沙群岛。中国海军亦时临该岛,以保护中国领域。1909 年中国海关,拟在其中

〔1〕 《海军进驻后之南海诸岛》,海南出版社,1948 年,第 24 页。
〔2〕 中国科学院南沙综合科学考察队:《南沙群岛历史地理研究专集》,中山大学出版社,1991 年,第 110—111 页。
〔3〕 陈鸿瑜:《南海诸岛主权与国际冲突》,第 62—63 页。

一岛上建筑灯塔,以保障航运安全。1930 年 4 月国际气象会议在香港召开,曾建议中国政府在其中一岛上设立气象台。"公告中指出:"在 1932—1938 年,中法两国外交部曾为西沙群岛之地位交换无数照会,我政府在所有照会中,均坚持对上述群岛之绝对主权。中国政府在 1938 年中,从未承认法国以安南国君之名义,在该群岛造成之事实上占领。"[1]针对法国飞机至西沙群岛侦察和法国军舰巡行至永兴岛的非法行为,中国国防部于 1947 年 1 月 22 日发表声明:"西沙群岛主权属于我国,不仅历史地理上有所根据,且教科书上亦早载明。去年敌人投降,退出该群岛后我政府即派兵收复。本月 16 日有法国侦察机一架飞至该岛侦察,18 日法海军复有军舰一艘行至该群岛中之最主要一岛。我守军当即表示守土有责,不许登陆,并令其撤走。"[2]当获悉法舰驶抵永兴岛抛锚,妄图运送中方人员离岛,并威胁要强行登陆时,中国国防部一方面电令我驻岛官兵,"法舰如强登陆,应于抵抗并死守该岛";另一方面函请外交部向法方提出严重抗议。[3] 当时中国外交部长即于 1947 年 1 月 21 日约见法国驻华公使梅理蔼,郑重声明西沙群岛主权属于中国,并质问法国海军的行动究竟属于何种意义。梅理蔼答复说:"法国海军在西沙群岛之行动,并非出于法国政府之指使。"后来法国自知理屈,力求避免正面交涉,毫无理由地提出用国际仲裁的办法来解决这实际上并不存在的"纠纷",这在当时已经被中国政府所拒绝。[4]

为驳斥法方提出的所谓对西沙群岛主权要求的"理由",当时中国外交部情报司司长何凤山于 1947 年 1 月 26 日发表谈话,称法方所根据的理由有二:(一)越南曾于战前提出对该岛主权之要求,当时中国方面并未发表声明加以反对;(二)外国船只停在西沙群岛内时,曾遭盗劫,而广东省政府于接获外人之抗议后,并未有所行动。以第一点而论,法国从未发表正式公报。关于第二点,抗议应向外交部而不应向省政府提出,盖省政府非外交部,不能向外行使职权故也。以言中国之主权要求,则有地理与历史为根据。[5] 当时中国外交部次长亦于 1947 年 1 月 29 日在记者招待会上,郑重否认法外交部所谓"中国于 1938 年同意法国占领西沙群岛",声明"中国于彼时仅重申其一向立场,中国对这群岛之主权为无可争辩者"。[6] 至于法军在西沙群岛珊瑚岛登陆一事,当时中国

〔1〕《越华日报》1947 年 1 月 21 日。
〔2〕《中国海军》1947 年第 1 期,第 11 页。
〔3〕《关于法越侵略行为交涉经过》(1945 年 7 月—1947 年 6 月),中国第二历史档案馆藏。
〔4〕邵循正:《西沙群岛是中国之领土》,《人民日报》1956 年 7 月 8 日。
〔5〕法国新闻社南京 1947 年 1 月 27 日电,转引自《我国南海诸岛史料汇编》,第 248 页。
〔6〕1947 年 1 月 30 日中央社讯,转引自《我国南海诸岛史料汇编》,第 251 页。

外交部于 1947 年 1 月 28 日以欧字第 112 号和第 212 号两次向法国大使馆提出严重抗议,并请迅予转请法国政府,即饬登陆珊瑚岛之法国军队速行撤退,否则其可能招致之一切后果,应由法国政府单独负其责任。外交部并郑重声明,在上述法国军队未撤退前,中国政府实难考虑法方所提有关西沙群岛之问题,相应略请查照办理。[1] 但是,由于法国政府提不出有力的证据,加之越南战事告急,故双方的外交交涉暂告中止。

三、确定南海断续线以维护西沙、南沙群岛主权

20 世纪 30 年代初,由于缺乏全国实测详图,故中国各地出版的地图多抄袭陈编,以讹传讹,甚至不加审察地翻印外国出版的中国地图,以致造成国家疆域线任意出入,影响很坏,这显然对维护中国西沙、南沙群岛主权极为不利。因此,当时中国参谋本部与海军部于 1930 年 1 月会同请准公布《水陆地图审查条例》,至 1931 年 6 月,继由内政部召集参谋本部、外交部、海军部、教育部和蒙藏委员会协商成立水陆地图审查机关,并将 1930 年 1 月请准公布的条例进一步扩充修订,于 1931 年 9 月请准政府公布施行,名为《修正水陆地图审查条例》。1933 年 5 月,各部机关再次开会协商,决定依照水陆地图审查委员会规则的第二条规定,由有关各部、会派代表成立水陆地图审查委员会,于 1933 年 6 月 7 日开始办公。

水陆地图委员会成立后,在维护西沙、南沙群岛主权方面做了不少工作。他们在 1934 年 12 月 21 日举行的第 25 次会议上,审定了中国南海各岛屿的中英岛名,在 1935 年 1 月间编印的第一期会刊上,比较详细地罗列了南海诸岛 132 个岛礁沙滩的名称,其中西沙群岛 28 个,南沙群岛 96 个。[2] 在 1935 年 3 月 12 日举行的第 29 次会议上,根据亚新地学社陈述的意见,规定"东沙岛、西沙、南沙、团沙各群岛,除政区疆域各区必须添绘外,其余折类图中,如各岛位置轶出图幅范围,可不必添绘"。[3] 更值得一提的是,1935 年 4 月,该委员会出版了《中国南海岛屿图》,确定中国南海最南的疆域线至北纬 4°,把曾母暗沙标在中国的疆域线内。1936 年白眉初编的《中华建设新图》一书中的第二图《海疆南展后之中国全图》,在南海疆域内标有东沙群岛、西沙群岛、南沙群岛和团沙群岛,其周围用国界线标明,以示南海诸岛同属中国版图。南海诸岛最南的国界线标在北

---

[1] 《关于法越侵略行为交涉经过》(1945 年 7 月—1947 年 6 月),中国第二历史档案馆藏。
[2] 《水陆地图审查委员会会刊》1935 年第 1 期,第 61—69 页。
[3] 《水陆地图审查委员会会刊》1935 年第 3 期,第 79—80 页。

纬4°,并将曾母滩标在国界线内。有关这种画法的依据,作者在图中做了这样的注释:"廿二年七月,法占南海九岛,继由海军部海道测量局实测得南沙团沙两部群岛,概系我国渔民生息之地,其主权当然归我。廿四年四月,中央水陆地图审查委员会会刊发表中国南海岛屿图,海疆南展至团沙群岛最南至曾母滩,适履北纬四度,是为海疆南拓之经过。"[1] 这就是中国地图上"南海断续线"(或称"南海 U 形线")的雏形,它对于维护中国西沙、南沙群岛的主权无疑具有重大意义。

抗日战争胜利后,中国政府收复了西沙、南沙群岛,为了确定与公布西沙、南沙群岛的范围和主权,当时中国政府内政部于 1947 年 4 月 14 日邀请各有关机关派员进行商讨,其讨论结果是:(1)南海领土范围最南应至曾母滩,此项范围抗战前我国政府机关学校及书局出版物,均以此为准,并曾经内政部呈奉有案,仍照原案不变。(2)西沙、南沙群岛主权之公布,由内政部命名后,附具图说,呈请国民政府备案,仍由内政部通告全国周知,在公布前,并由海军总司令部将各该群岛所属各岛,尽可能予以进驻。(3)西沙、南沙群岛渔汛瞬届,前往各群岛渔民由海军总司令部及广东省政府予以保护及运输通讯等便利。[2] 这就是当时中国政府对确定西沙、南沙群岛主权范围,为维护群岛主权和管辖权而采取的必要措施。为了使确定西沙、南沙群岛的范围和主权具体化,当时的内政部方域司及时印制了《南海诸岛位置图》,该图在南海海域中标有东沙群岛、西沙群岛、中沙群岛和南沙群岛,并在其四周标有断续线,以示线内的岛礁及其附近海域属中国的领土,线的最南端标在北纬 4°左右,这种画法一直沿用至今。[3]

由此可见,这条"南海断续线"是数十年来中国政府一贯坚持的一条南海诸岛归属线,它表明线内的岛礁及其附近海域都是中国领土的组成部分,而不意味着线内的全部海域属于中国的内水。线内海域的地位,可根据《联合国海洋法公约》的有关规定,为南海诸岛的岛礁划定其管辖范围。[4] 因此,对"南海断续线"我们必须坚持不懈,这条线内的领土主权必须维护,那里的海洋资源应当加速勘探和开发。

四、抑制菲律宾对南沙群岛的觊觎

抗日战争前后,对中国南沙群岛怀有侵占野心的尚有菲律宾政府。早在

---

〔1〕　韩振华:《我国南海诸岛史料汇编》,第 360 页。
〔2〕　《测量西沙南沙群岛沙头角中英界石》,广东省政府档案馆。
〔3〕　韩振华:《我国南海诸岛史料汇编》,第 363 页。
〔4〕　赵理海:《海洋法问题研究》,北京大学出版社,1996 年,第 38 页。

1933 年法国侵占中国南沙群岛九小岛时,菲律宾前参议员陆雷彝就以巴黎条约为借口,妄称九小岛"应为菲律宾所有",要求菲律宾政府出面交涉。[1] 陆雷彝所谓的"巴黎条约",指的是 1898 年 12 月 10 日美国和西班牙在巴黎签订的和约,按其第三款规定,菲律宾西部领土界限是沿北纬 4°45′与东经 119°35′交接处往北,至北纬 7°40′处,复沿此纬度线往西,至东经 118°交接处,然后沿东经 118°往北,至其与北纬 20°交接处。[2] 而南沙群岛根本不在此条约线之内,据当时美国驻菲海岸测量处的人员称,这些岛屿位置在巴黎条约所规定的领海线之外200 海里,因此,当时的菲律宾总督墨斐对陆雷彝的说法不以为然,仅将其要求转达华盛顿而未加本人意见。[3] 陆雷彝的提议虽然不能得逞,但从某种意义上说,它反映了菲律宾政府对中国南沙群岛早就怀有觊觎之心。

　　抗日战争胜利后,菲律宾乘中国未接收西沙、南沙群岛之机,妄图把南沙群岛占为己有,时任外长的季里诺于 1946 年 7 月 23 日声称:"中国已因西南群岛之所有权与菲律宾发生争议,该小群岛在巴拉望岛以西 200 海里,菲律宾拟将其合并于国防范围之内。"[4]这里所说的"西南群岛"是日军占领南沙群岛时所谓"新南群岛"的译名。季里诺的声明当时就引起中国外交部的注意,但因事态未继续发展,故未引起两国外交上的纠纷。

　　1949 年 4 月,菲律宾外交部次长礼尼(Felino Neri)获悉巴拉望岛上的菲律宾渔民经常到南沙群岛捕鱼时,即向菲律宾总统季里诺建议,鼓励菲律宾渔民移居南沙群岛,以便在菲律宾国防安全需要时,把南沙群岛吞并入菲律宾版图。于是,季里诺则下令国防部长江良,转饬菲海防司令安纳达(Jose V. Andrada)前往南沙群岛的太平岛视察。[5] 当时中国驻菲律宾公使陈质平从巴基窝(Baguio)地方报纸获悉此消息后,立即以大使馆第 635 号电呈中国外交部,要求电告南沙群岛上的中国驻军严加防范,并致函菲律宾外交部,要求他们严重关注这个问题,落实此项报道的真实性,且反复强调太平岛是中国领土。礼尼在复函中不敢承认菲律宾有吞并南沙群岛的企图,推说是"内阁仅讨论对在埃土亚巴岛(太平岛)附近水面捕鱼的菲律宾渔民,必须予以较多之保护而已",表示对声明太平岛为中国领土一事,业经存录备考。[6] 此项外交斗争虽无直接后果,但起码抑

〔1〕《申报》1933 年 8 月 23 日。

〔2〕 海洋国际问题研究会:《中国海洋邻国海洋法规和协定选编》,海洋出版社,1984 年,第 79—80 页。

〔3〕《申报》1933 年 8 月 23 日。

〔4〕 曾达葆:《新南群岛是我们的》,《大公报》1946 年 8 月 4 日。

〔5〕《华侨商报》1949 年 4 月 13 日。

〔6〕《外交部为菲政府奖励渔民向中国领土南沙群岛中之太平岛移植俾将来并入版图》(1949 年 6月—11 月),中国第二历史档案馆藏。

制了菲律宾政府欲吞并南沙群岛的野心,使之暂时不敢行动,维护了中国在西沙、南沙群岛的主权。

综上所述,中国南海疆域内的西沙、南沙群岛,由于地处战略要地,早在抗日战争前就受到日本、法国的侵占,当时的中国政府为了维护西沙、南沙群岛的主权,曾开展了一系列的外交斗争,在某种程度上抑制了侵略者的野心。抗日战争胜利后,当时的中国政府在收复西沙、南沙群岛时虽然遇到种种阻力,但能坚持外交斗争,并及时采取措施,确定与公布西沙、南沙群岛的范围和主权,把中国南海断续线的南端标在北纬 4°左右,表明线内的岛礁及其附近海域都是中国领土的组成部分。这对于维护中国在西沙、南沙群岛的主权和管辖权起到了一定的积极作用,是值得肯定的。

参 考 文 献

一、古籍文献

班固:《汉书》,中华书局,1964 年。

陈伦炯:《海国闻见录》,中州古籍出版社,1985 年。

陈寿:《三国志》,中华书局,1964 年。

陈锳等:乾隆《海澄县志》,乾隆二十七年刻本。

陈子龙等:《明经世文编》,中华书局,1962 年。

程敏政:《皇明文衡》,《文渊阁四库全书》本。

董诰:《全唐文》,中华书局,1983 年。

鄂尔泰:《雍正朱批谕旨》,《四库荟要》本。

范晔:《后汉书》,中华书局,1973 年。

房乔:《晋书》,中华书局,1974 年。

冯承钧:《海录注》,中华书局,1955 年。

冯承钧:《星槎胜览校注》,中华书局,1954 年。

冯承钧:《瀛涯胜览校注》,商务印书馆,1935 年。

傅维鳞:《明书》,中华书局,1985 年。

巩珍著,向达校注:《西洋番国志》,中华书局,1961 年。

谷应泰:《明史纪事本末》,中华书局,1977 年。

顾玠:《海槎余录》,《纪录汇编》商务印书馆,1935 年。

顾炎武:《天下郡国利病书》,光绪二十七年二林斋藏本。

顾祖禹:《读史方舆纪要》,《续修四库全书》本。

海外散人:《榕城纪闻》,厦门大学出版社,2004 年。

何乔远:《闽书》,福建人民出版社,1994 年。

贺长龄:《皇朝经世文编》,岳麓书社,2004 年。

怀荫布:乾隆《泉州府志》,乾隆二十八年刻本。

黄省曾:《西洋朝贡典录》,中华书局,1982年。

黄瑜:《双槐岁钞》,中华书局,1999年。

黄衷:《海语》,《文渊阁四库全书》本。

黄佐:《南雍志》,伟文图书,1976年。

嵇璜:《清朝文献通考》,《万有文库》本。

姜宸英:《海防总论》,《学海类编》本。

[越]黎贵惇:《抚边杂录》。

李昉:《太平御览》,中华书局,1966年。

李肇:《唐国史补》,古典文学出版社,1957年。

刘琳等:《宋会要辑稿》,上海古籍出版社,2014年。

刘昫:《旧唐书》,中华书局,1975年。

罗懋登:《三宝太监西洋记通俗演义》,上海古籍出版社,1985年。

欧阳修、宋祁:《新唐书》,中华书局,1975年。

《清世祖实录》,《清圣祖实录》,《清世宗实录》,《清高宗实录》,《清仁宗实录》,《清宣宗实录》,中华书局,1985年。

屈大均:《广东新语》,中华书局,1985年。

阮元:道光《广东通志》,广东人民出版社,1981年。

申时行:《大明会典》,《续修四库全书》本。

沈约:《宋书》,中华书局,1974年。

司马迁:《史记》,中华书局,1963年。

宋濂:《元史》,中华书局,1976年。

苏继顾:《岛夷志略校释》,中华书局,1981年。

苏天爵:《元文类》,商务印书馆,1958年。

台北故宫博物院:《宫中档乾隆朝奏折》,台北故宫博物院,1982年。

汪文泰:《红毛番英吉利考略》,道光二十三年抄本。

王邦维:《大唐西域求法高僧传校注》,中华书局,1988年。

王尔准:道光《福建通志》,同治十年正谊书院刻本。

王临亨:《粤剑篇》,中华书局,1987年。

王圻:《续文献通考》,《文渊阁四库全书》本。

王钦若:《册府元龟》,凤凰出版社,2006年。

王胜时:《漫游纪略》,江苏广陵古籍刻印社,1995年。

王象之:《舆地纪胜》,《续修四库全书》本。

王彦威:《清季外交史料》,文海出版社,1985年。

王之春：《国朝柔远记》，岳麓书社，2010 年。

魏源：《圣武记》，岳麓书社，2004 年。

魏徵：《隋书》，中华书局，2000 年。

吴堂：嘉庆《同安县志》，光绪十二年刻本。

席裕福：《皇朝政典类纂》，光绪二十九年刻本。

夏琳：《海纪辑要》，《台湾文献史料丛刊》本。

夏鼐：《真腊风土记校注》，中华书局，2000 年。

向达：《两种海道针经》，中华书局，1961 年。

萧子显：《南齐书》，中华书局，1972 年。

谢杰：《虔台倭纂》，书目文献出版社，2000 年。

谢肇淛：《五杂俎》，中华书局，1959 年。

徐葆光：《中山传信录》，大通书局，1987 年。

徐家干：《洋防说略》，道光十三年刻本。

徐学聚：《国朝典汇》，学生书局，1965 年。

严从简：《殊域周咨录》，中华书局，1993 年。

杨博文：《诸蕃志校释》，中华书局，1996 年。

杨武泉：《岭外代答校注》，中华书局，1999 年。

姚思廉：《梁书》，中华书局，1973 年。

伊桑阿等：《（康熙朝）大清会典》，凤凰出版社，2016 年。

义净：《南海寄归内法传》，中华书局，1995 年。

允禄：《世宗宪皇帝上谕内阁》，《文渊阁四库全书》本。

张瀚：《松窗梦语》，中华书局，1985 年。

张隽等：《崖州志》，广东人民出版社，1983 年。

张廷玉：《明史》，中华书局，1974 年。

张燮：《东西洋考》，中华书局，1981 年。

赵尔巽等：《清史稿》，中华书局，1977 年。

［日］真人元开著，汪向荣校注：《唐大和上东征传》，中华书局，1979 年。

郑若曾：《筹海图编》，中华书局，2007 年。

中国第一历史档案馆：《康熙起居注》，中华书局，1984 年。

"中研院"史语所：《明清史料》，"中研院"史语所本。

"中研院"史语所：《明太祖实录》《明太宗实录》《明仁宗实录》《明宣宗实录》《明英宗实录》《明宪宗实录》《明世宗实录》《明神宗实录》《明实录附录·崇祯长编》，"中研院"史语所，1962 年。

周凯：道光《厦门志》，道光十九年刻本。

朱纨：《甓余杂集》，《四库全书存目丛书》本。

朱彧：《萍洲可谈》，中华书局，2017 年。

二、著作

［法］伯希和著，冯承钧译：《交广印度两道考》，中华书局，1955 年。

［法］伯希和著，冯承钧译：《郑和下西洋考》，商务印书馆，1935 年。

蔡廷兰：《海南杂著》，《台湾文献丛刊》本。

陈佳荣等：《古代南海地名汇释》，中华书局，1986 年。

陈舜臣：《鸦片战争实录》，友谊出版公司，1985 年。

陈天锡：《东沙岛成案汇编》，商务印书馆，1928 年。

陈天锡：《西沙岛成案汇编》，商务印书馆，1928 年。

戴可来、童力：《越南关于西南沙群岛归属问题文件资料汇编》，河南人民出版社，1991 年。

［英］道比著，赵松乔等译：《东南亚》，商务印书馆，1959 年。

丁名楠等：《帝国主义侵华史》第一卷，人民出版社，1973 年。

樊百川：《中国轮船航运业的兴起》，四川人民出版社，1985 年。

方豪：《中西交通史》，岳麓书社，1987 年。

［法］费瑯编，耿昇、穆根来译：《阿拉伯波斯突厥人东方文献辑注》，中华书局，1989 年。

［法］费瑯著，冯承钧译：《昆仑及南海古代航行考、苏门答剌古国考》，中华书局，2002 年。

冯承钧：《西域地名》，中华书局，1982 年。

冯承钧：《西域南海史地考证译丛七编》，中华书局，1957 年。

冯承钧：《西域南海史地考证译丛四编》，商务印书馆，1940 年。

福建省博物馆：《漳州窑——福建漳州地区明清窑址调查发掘报告之一》，福建人民出版社，1997。

高育春：《大南一统志》，东京印度支那研究会，1941 年影印本。

［英］格林堡著，康成译：《鸦片战争前中英通商史》，商务印书馆，1961 年。

广东省博物馆：《西沙文物——中国南海诸岛之一西沙群岛文物调查》，文物出版社，1974 年。

广东省文物考古研究所等：《"南澳 I 号"水下考古 2010 年度工作报告》。

广东文史研究馆：《鸦片战争史料选译》，中华书局，1983 年。

广东文史研究馆：《鸦片战争与林则徐史料选译》，广东人民出版社，1986 年。

郭廷以等：《中法越南交涉档五》，"中研院"近代史研究所，1959 年。

《国际条约集（1945—1947）》，世界知识出版社，1959 年。

《国际条约集（1934—1944）》，世界知识出版社，1961 年。

韩振华：《南海诸岛史地考证论集》，中华书局，1981 年。

韩振华：《我国南海诸岛史料汇编》，东方出版社，1988 年。

贺昌群：《古代西域交通与法显印度巡礼》，湖北人民出版社，1956 年。

黄月波等：《中外条约汇编》，商务印书馆，1935 年。

［英］霍尔著，中山大学东南亚历史研究所译：《东南亚史》上册，商务印书馆，1982 年。

［英］李约瑟著，《中国科学技术史》翻译小组译：《中国科学技术史》第四卷，科学出版社，1975 年。

凌纯声：《中国今日之边疆问题》，学生书局，1975 年。

［美］马士、宓亨利著，姚曾廙译：《远东国际关系史》上册，商务印书馆，1975 年。

［美］马士著，张汇文等译《中华帝国对外关系史》第一卷，商务印书馆，1963 年。

［阿］马素第著，耿昇译：《黄金草原》，青海人民出版社，1998 年。

［日］木宫泰彦著，胡锡年译：《日中文化交流史》，商务印书馆，1980 年。

穆根来等：《中国印度见闻录》，中华书局，2001 年。

南京大学海岸与海岛开发教育部重点实验室：《数字南海研究文摘》，2013 年 1 月。

倪健民、宋宜昌：《海洋中国：文明重心转移与国家利益空间》，中国国际广播出版社，1997 年。

潘石英：《南沙群岛·石油政治·国际法》，香港经济导报社，1996 年。

彭信威：《中国货币史》，上海人民出版社，1965 年。

［越］阮雅等：《黄沙和长沙特考》，商务印书馆，1978 年。

［日］桑原骘藏著，陈裕菁译：《蒲寿庚考》，中华书局，1929 年。

［日］桑原骘藏著，杨练译：《唐宋贸易港研究》，商务印书馆，1935 年。

邵循正等：《中法战争》（七），新知识出版社，1955 年。

盛庆绂：《越南地舆图说》，《小方壶斋舆地丛钞》第十帙。

［英］斯当东著，叶笃义译：《英使谒见乾隆纪实》，商务印书馆，1963 年。

[阿]苏莱曼著,刘半农等译:《苏莱曼东游记》,中华书局,1937年。

孙淡宁:《明报月刊所载钓鱼台群岛资料》,香港明报出版社,1979年。

[越]陶维英著,钟石岩译:《越南历代疆域》,商务印书馆,1973年。

[日]藤田丰八著,何健民译:《中国南海古代交通丛考》,商务印书馆,1936年。

王赓武:《南海贸易与南洋华人》,(香港)中华书局,1988年。

王铁崖:《中外旧约章汇编》第一册,生活·读书·新知三联书店,1982年。

西·甫·里默著,卿汝楫译:《中国对外贸易》,三联书店,1958年。

《西沙群岛和南沙群岛自古以来就是中国的领土》,人民出版社,1981年。

萧德浩:《邓承修勘界资料汇编》,广西人民出版社,1990年。

许崇灏:《海南岛志》,学生书局,1975年。

姚楠、许钰:《古代南海史地丛考》,商务印书馆,1958年。

姚薇元:《鸦片战争史实考》,人民出版社,1984年。

[日]引田利章著,毛乃庸译:《安南史》,教育世界社,光绪二十九年刻本。

张俊彦:《古代中国与西亚非洲的海上往来》,海洋出版社,1986年。

张礼千:《东西洋考中之针路》,新加坡南洋书局,1947年。

张铁生:《中非交通史初探》,生活·读书·新知三联书店,1973年。

张星烺:《中西交通史料汇编》,中华书局,1977年。

张振国:《南沙行》,学生书局,1975年。

赵焕庭:《接收南沙群岛——卓振雄和麦蕴瑜论著集》,海洋出版社,2012年。

郑鹤声、郑一钧:《郑和下西洋资料汇编(增编本)》,海洋出版社,2005年。

郑资约:《南海诸岛地理志略》,商务印书馆,1947年。

朱杰勤:《中外关系史译丛》,海洋出版社,1984年。

[日]足立喜六著,何健民、张小柳译:《法显传考证》,商务印书馆,1937年。

三、论文

北平故宫博物院:《史料旬刊》,京华印书局,1930—1931年。

[法]伯希和:《扶南考》,《西域南海史地考证译丛七编》,中华书局,1957年。

费维恺:《宋代以来的中国政府与中国经济》,《中国史研究》1981年第4期。

顾卫民:《广州通商制度与鸦片战争》,《历史研究》1989年第1期。

郭嵩焘：《使西纪程》,《小方壶斋舆地丛钞》第十一帙。

韩槐准：《旧柔佛之研究》,《南洋学报》第五卷第二辑,1950 年。

韩振华：《公元六、七世纪中印关系史料考释三则》,《厦门大学学报(社科版)》1954 年第 1 期。

韩振华：《公元前二世纪至公元一世纪间中国与印度、东南亚的海上交通》,《厦门大学学报(社科版)》1957 年第 2 期。

韩振华：《唐代南海贸易志》,《福建文化》1948 年第 3 期。

韩振华：《魏晋南北朝时期海上丝绸之路的航线研究》,《中国与海上丝绸之路》,福建人民出版社,1991 年。

韩振华：《我国历史上的南海海域及其界限》,《南洋问题》1984 年第 1 期。

何纪生：《谈西沙群岛古庙遗址》,《文物》1976 年第 9 期。

兰鼎元：《论南洋事宜书》,《小方壶斋舆地丛钞》第十帙。

凌纯声：《法占南海诸岛之地理》,《方志月刊》1934 年第 5 期。

吕坚：《试述清康熙时期禁止与南洋贸易和华侨限期回国问题》,《文献》1986 年第 1 期。

莫任南：《汉代有罗马人迁来河西吗》,《中外关系史论丛(第三辑)》,世界知识出版社,1991 年。

[日] 浦廉一著,赖永祥译：《清初迁界令考》,《台湾文献》1955 年第 4 期。

苏继顾：《汉书地理志已程不国即锡兰说》,《南洋学报》第五卷第二辑,1950 年。

[日] 田中健夫：《东亚国际交往关系格局的形成和发展》,《中外关系史译丛(第二辑)》,上海译文出版社,1985 年。

汪熙：《研究中国近代史的取向问题》,《历史研究》1993 年第 5 期。

王胜时：《闽游纪略》,《小方壶斋舆地丛钞》第九帙。

魏源：《征抚安南记》,《小方壶斋舆地丛钞》第十帙。

许永璋：《汪大渊生平考辨三题》,《海交史研究》1997 年第 2 期。

许云樵：《据风向考订法显航程之商榷》,《南洋学报》第六卷第二辑,1950 年。

颜斯综：《南洋蠡测》,《小方壶斋舆地丛钞再补编》第十帙。

晏明：《〈真腊风土记〉柬文本及其译者李添丁》,《印支研究》1983 年第 3 期。

杨永占：《清代对妈祖的敕封与祭祀》,《历史档案》1994 年第 4 期。

姚文柟：《安南小志》,《小方壶斋舆地丛钞》,第十帙。

姚文栅:《江防海防策》,《小方壶斋舆地丛钞》第九帙。

曾昭璇:《元代南海测验在林邑考——郭守敬未到中、西沙测量纬度》,《历史研究》1990 年第 5 期。

张德夷:《随使日记》,《小方壶斋舆地丛钞》第十一帙。

张顺洪:《马戛尔尼和阿美士德对华评价与态度的比较》,《近代史研究》1992 年第 3 期。

赵和曼:《中外学术界对〈真腊风土记〉的研究》,《世界历史》1984 年第 4 期。

周连宽:《汉使航程问题——评岑、韩二氏的论文》,《中山大学学报(社科版)》1964 年第 3 期。

四、英文论著

Alfonso Felix, Jr., The Chinese in the Philippines, Manila, Solidariclad Publishing, 1966.

C. F. Remer, The Foreign Trade Of China, Shanghai, 1926.

C. G. F. Simkim, The Traditional Trade of Asia, London, 1968.

C. Le Corbeiller, China Trade Porcelain, New York, 1973.

C. R. Boxer, Fidalgos in the Far East 1550 - 1770, The Hague, 1948.

C. R. Boxer, Macao as a Religious and Commercial Entrepot in the 16th and 17th Centuries, Acta Asiatica, No.26, Tokyo, 1974.

C. R. Boxer, "Notes on Chinese Abroad in the Late Ming and Early Manchu Periods Compiled from Contemporary European Sources 1500 - 1750, " Tien Hsia Monthly, December 1939.

C. R. Boxer, Portuguese Conquest and Commerce in Southern Asia 1500 - 1750, London, Variorum Reprints, 1985.

C. R. Boxer, Portuguese Conquest and Commerce in Southern Asia 1500 - 1750, Variorum Reprints, London, 1985.

C. R. Boxer, The Dutch Seaborne Empire 1600 - 1800, London, 1977.

C. R. Boxer, The Great Ship from Amacon: Annals of Macao and the Old Japan Trade 1555 - 1640 , Lisbon, Centro de Estudos Historicos Ultramarinos, 1959 .

D. P. O. Connell, International Law, London, 1970.

D. W. Davies, A Primer of Dutch Seventeenth Century Overseas Trades, The Hague, 1961.

E. H. Blair and T. A. Robertson, The Philippine Islands 1493 – 1898, Cleveland, The Arthur H. Clark Co., 1903 – 1909.

F. B. Eldridge, The Background of Eastern Sea Power, London, Phoenix House, 1948.

G. A. Godden, Oriental Export Market Porcelain and lts lnfluence on European Wares, New York, 1979.

Geoffrey C. Gunn, Encountering Macau: A Portuguese City-State on the Periphery of China, 1557 – 1999, Westview Press, Boulder, 1996.

Great Britain Hydrographer of the Navy, China Sea Pilot, London, 1938, Vol.1.

G. V. Scammell, The World Encompassed: The First European Maritime Empires, Berkeley, University of California Press, 1981.

H. B. Morce, The Chronicles Of the East lndia Company Trading to China, Oxford, 1926.

Henry Yule, Cathay and the Way Thither, London, The Hakluym Society, 1916, Vol.1.

Henry Yule, Travel of Marco Polo, London, John Murray, 1926, vol.2.

H. Furber, Rival Empires Of Trade in the Orient 1600 – 1800, Minneapolis, 1976.

Iwao Seiichi, Japanese Foreign Trade in the 16th and 17th Centuries, in Acta Asiatica, No.30, Tokyo, 1976.

James lngram, Economic Change in Thailand Since 1850, Stanford, 1955.

J. C. van Leur, Indonesian Trade and Society, The Hague, W. van Hoeve Ltd., 1955.

Jean Louis: Note in the Geography of Cochinchina, In JRASB, Sept. 1837.

J. K. Fairbank & S. Y. Teng , On the Ching Tributary System , Harvard Journal of Asiatic Studies , vol.6 , 1941.

J. Kumar, Indo-Chinese Trade 1793 – 1833, Bombay. 1974.

John F. Cady, Southeast Asia: It's Historical Development, New York, McGraw-Hill, 1964.

John Foreman, The Philippine Islands, London, S. Low. Marston and Co., 1899.

J. W. Cushman, Field from the Sea: Chinese Junk Trade with Siam During the Late Eighteenth Century and Early Nineteenth Century, Cornell University, Ph.

D.,1975.

Kato Eiichi, The Japanese-Dutch Trade in the Formative Period of the Soclusion Policy, in Acta Asiatica, No. 30, Tokyo, 1976.

K. M. Panikkar, Asia and Western Dominance : A Survey Of the Vasco Da Gama Epoch Of Asian History 1498－1945,London,1955.

Kristif Glamann, Dutch-Asiatic Trade 1620 － 1740, Danish Science Press, Copenhagen, 1958.

M. A. P. Meilink-Roelifsz, Asian Trade and European Influence, Martinus Nijhoff, The Hague, 1962.

Michael Greenberg,British Trade and the Opening Of China,Cambridge,1951.

Peter Borschberg edited, Iberians in the Singapore-Melaka Area (16th to 18th Century), Lisboa, Harrassowitz Verlag, 2004.

Pierre Chaunu, Les Philippines et le Pacifique des Iberiques , Paris, S.E.V. P. E.N., 1960.

Robert Gardella,The Antebellum Canton Tea Trade：Recent Perspective,in The American Neptune,vol. XL VIII,No.4.

Sanjay Subrahmanyam, The Portuguese Empire in Asia, 1500 － 1700：A Political and Economic History, Longman, London and New York, 1993.

Sarasin Viraphol,Tribute and Profit,Sino-Siamese Trade 1652－1853,Harvard, 1977.

T. Volker, Porcelain and the Dutch East India Company, Leiden, 1954.

T. Volker, The Japanese Porcelain Trade of the Dutch East India Company After 1683, Leiden,1959.

William Foster,England's Quest Of Eastern Trade,London,1933.

William Lytle Schurz, The Manila Galleon, New York, E. P. Dutton & Co., 1959.

五、报刊文章

《李准巡海记》,（天津）《大公报》1933 年 8 月 10 日。

吴福自:《西沙群岛的真面目》,香港《星岛日报》1947 年 1 月 27 日。

余思宙:《南沙群岛主权属于中国》,《中央日报》1947 年 2 月 25 日。

曾达葆:《新南群岛是我们的》,《大公报》1946 年 8 月 4 日。

后　记

　　中国是一个海域辽阔的国家，海岸线长达 18 400 公里，拥有渤海、黄海、东海和南海四大海区，面积达 490 万平方公里。根据 1994 年 11 月 16 日开始生效的《联合国海洋法公约》规定，沿海国有权划定 12 海里领海和 200 海里专属经济区，确定了大陆架是沿海国陆地领土自然延伸的原则。因此，中国的海域管辖面积将扩大到 300 万平方公里，相当于中国陆地面积的 1/3，勘称为一个海洋大国。然而，与海洋大国不大相称的是，中国至今尚未出版过一部比较完整的《中国海域史》。

　　2013 年 5 月，久未见面的上海古籍出版社副总编辑林斌先生忽然到厦门找我，谈到他打算组织出版《中国海域史》的设想，要求我能支持他，把南海卷承担下来。我当时为他有这种超前的海洋意识，能看到海洋对祖国未来发展的重要性所感动，于是欣然应允。后来，林斌先生又聘请德高望重的中国社会科学院学部委员张海鹏先生任《中国海域史》总主编，经过两次编纂工作会议，随即将整部书的撰写任务落实下来。本书除第五章第三节、第七章第四节和第九章第三、七、八节为廖大珂撰写外，其余章节均由本人撰写。

　　我从事南海研究虽说已有 30 来年，但在编撰《中国海域史·南海卷》的过程中还是很有感触。因为它是在南海局势趋于紧张、南海争议不断升温的今天成书的。相信通过这部书的出版，将会为捍卫中国南海诸岛的领土主权、维护中国合法的海洋权益提供一些史实依据；能为增强全民族的海洋意识、构建"21 世纪海上丝绸之路"作出一些应有的贡献。